똑똑한 **하루**

지루하고 힘든 연산은 OUT!

쉽고 재미있는 **빅터연산으로 연산홀릭**

3·A

초등 3 수준

빅터 연산 단/계/별 학습 내용

똑똑한 하루
빅터
연산

**Chunjae
Makes
Chunjae**

▼

기획총괄	박금옥
편집개발	지유경, 정소현, 조선영, 최윤석,
	김장미, 유혜지, 김혜진, 유가현
디자인총괄	김희정
표지디자인	윤순미, 심지현
내지디자인	이은정, 김정우, 퓨리터
제작	황성진, 조규영
발행일	2024년 8월 15일 초판 2025년 4월 15일 2쇄
발행인	(주)천재교육
주소	서울시 금천구 가산로9길 54
신고번호	제2001-000018호
고객센터	1577-0902

빅터 연산

구성과 특징

3단계 **A권**

흥미

만화로 흥미 UP

학습할 내용을 만화로 먼저 보면 흥미와 관심을 높일 수 있습니다.

개념 & 원리

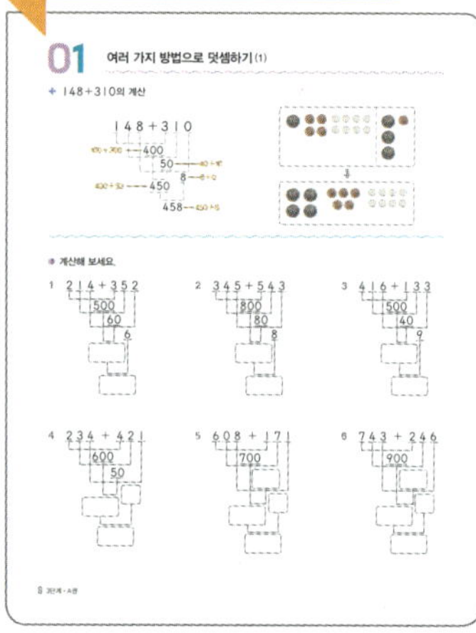

개념 & 원리 탄탄

연산의 원리를 쉽고 재미있게 확실히 이해하도록 하였습니다.
원리 이해를 돕는 문제로 연산의 기본을 다집니다.

정확성

집중 연산

집중 연산을 통해 연산을 더 빠르고 더 정확하게 해결할 수 있게
됩니다.

다양한 유형

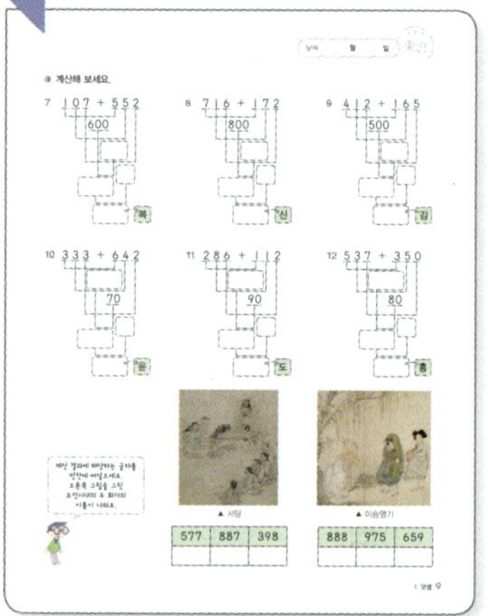

다양한 유형으로 흥미 UP

수수께끼, 연상퀴즈 등 다양한 형태의 문제로
게임보다 더 쉽고 재미있게 연산을 학습하면서
실력을 쌓을 수 있습니다.

Contents

차례

1 덧셈

안녕하세요. 저는 성냥팔이 소녀입니다!
성냥을 많이 팔아서 맛있는 것도 사 먹고….
예쁜 옷도 사 입고 싶어요.
악~ 너무 추워~
휘
잉
성냥이 빨리 팔리면 좋겠다!
손님
추운 날씨에 기특하게 성냥을 팔고 있구나.
내가 성냥이 필요하니까 좀 살게.
감사합니다.

540원짜리와 350원짜리 중 어떤 것을 드릴까요?

음….

각각 1개씩 주겠니?
네, 감사합니다.

학습내용

▶ 여러 가지 방법으로 덧셈하기
▶ 받아올림이 없는 (세 자리 수)+(세 자리 수)
▶ 받아올림이 있는 (세 자리 수)+(세 자리 수)

연산력 게임

스마트폰을 이용하여 QR을 찍으면 재미있는 연산 게임을 할 수 있습니다.

여러 가지 방법으로 덧셈하기 (1)

✤ 148+310의 계산

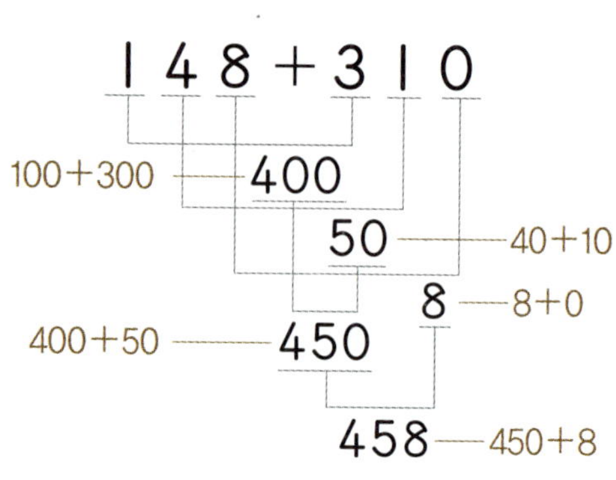

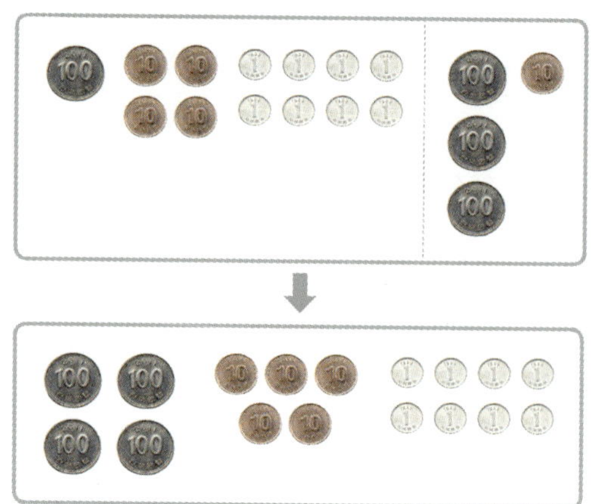

● 계산해 보세요.

1 214+352

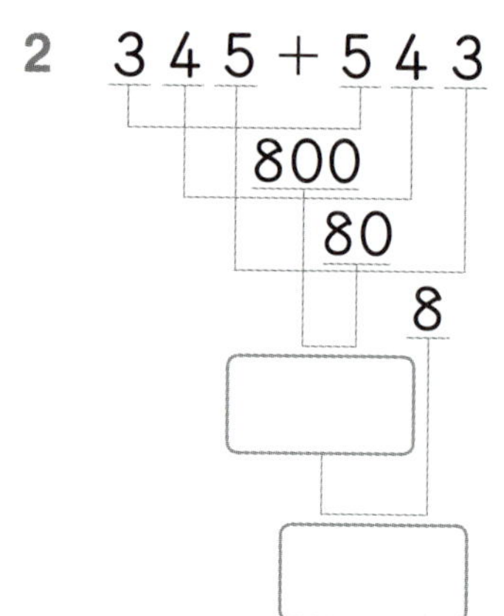

500
60
6

2 345+543

800
80
8

3 416+133

500
40
9

4 234 + 421

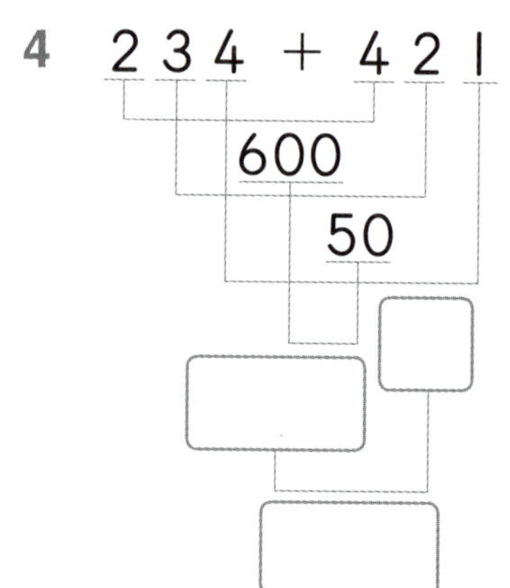

600
50

5 608 + 171

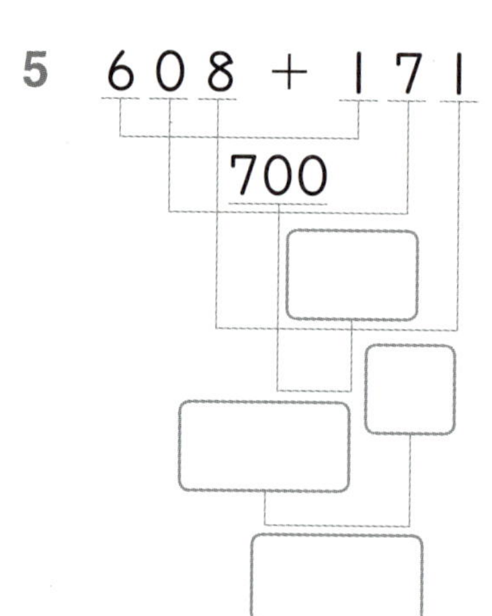

700

6 743 + 246

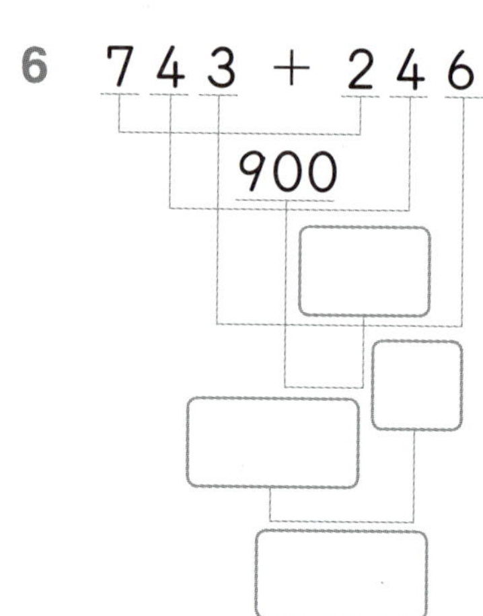

900

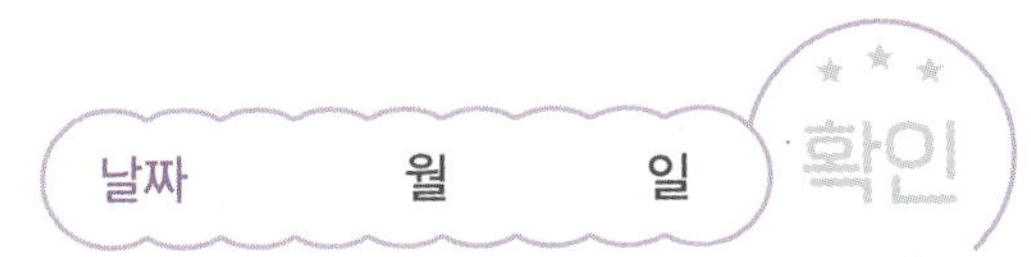

● 계산해 보세요.

7 $107 + 552$

600

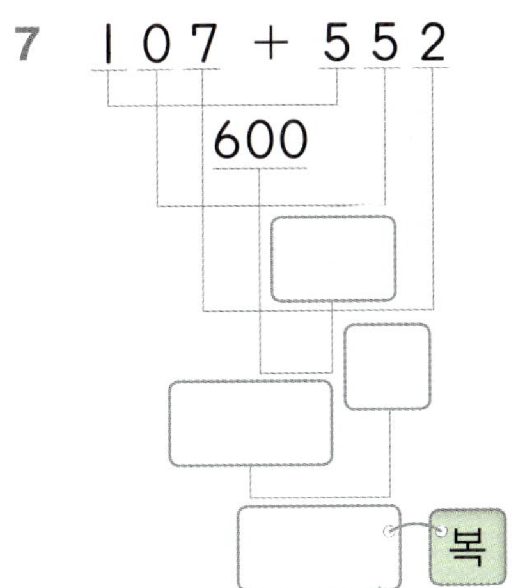

복

8 $716 + 172$

800

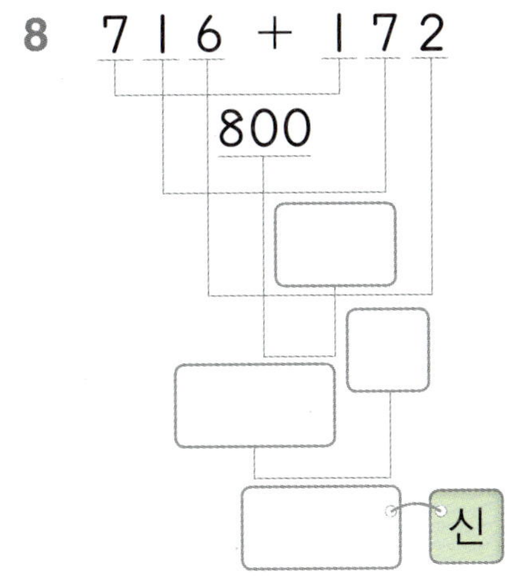

신

9 $412 + 165$

500

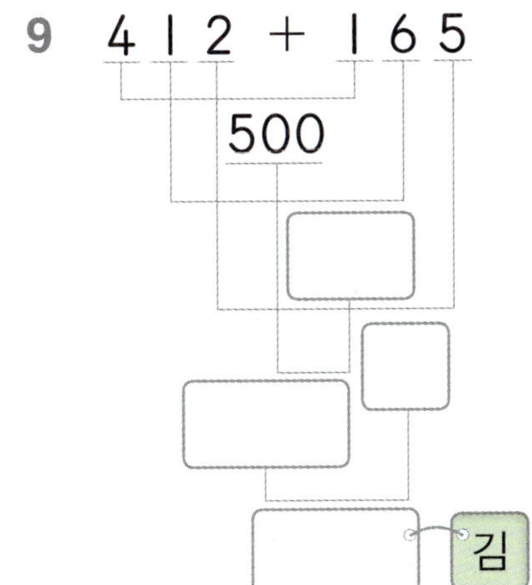

김

10 $333 + 642$

70

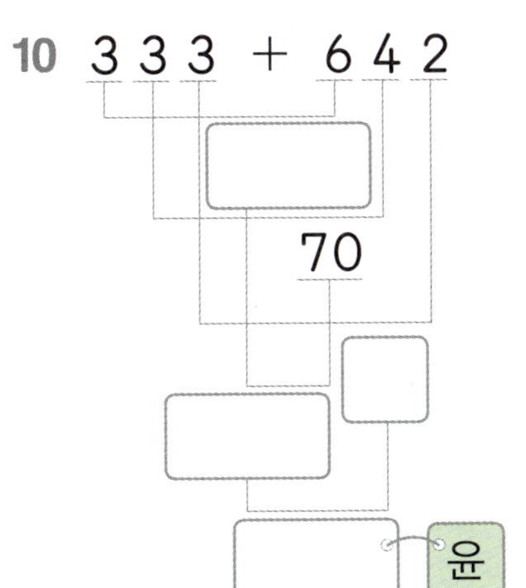

윤

11 $286 + 112$

90

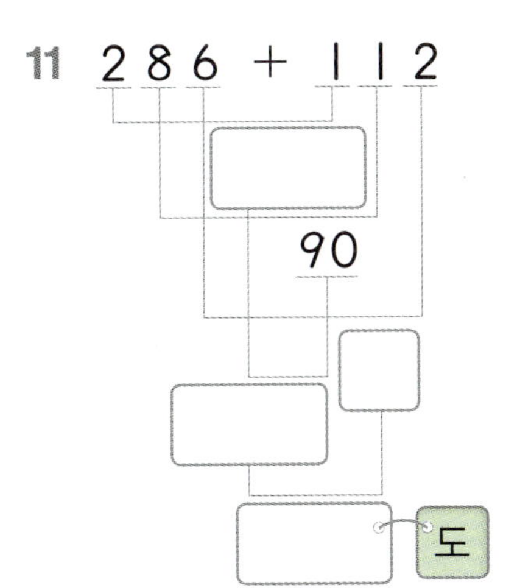

도

12 $537 + 350$

80

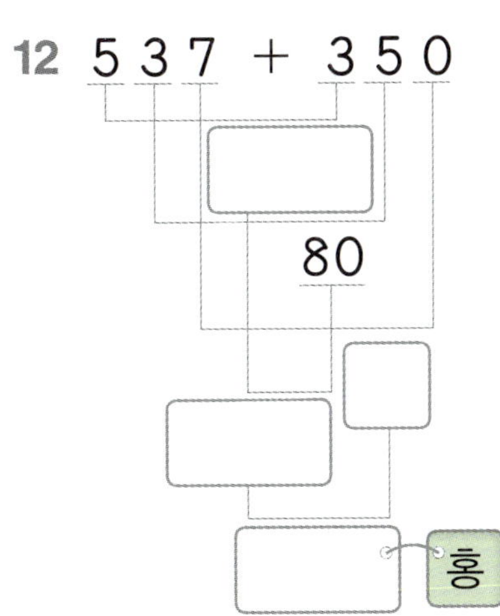

홍

▲ 서당

▲ 이승영기

577	887	398

888	975	659

✤ 148＋310의 계산

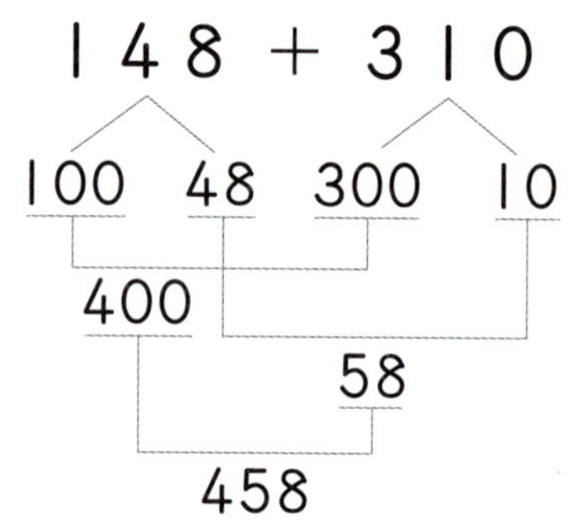

● 계산해 보세요.

1   381 ＋ 507

2   150 ＋ 824

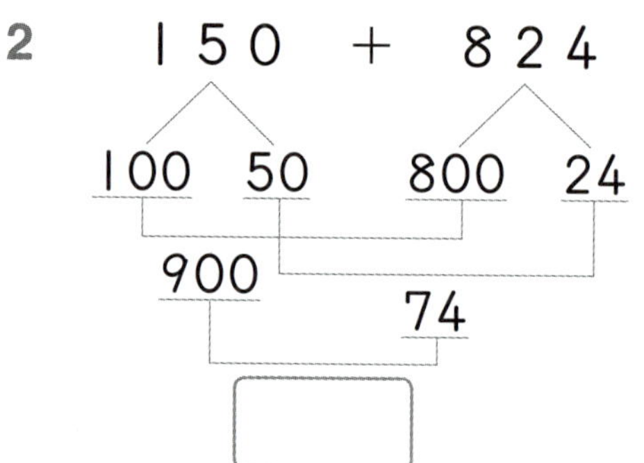

3   264 ＋ 731

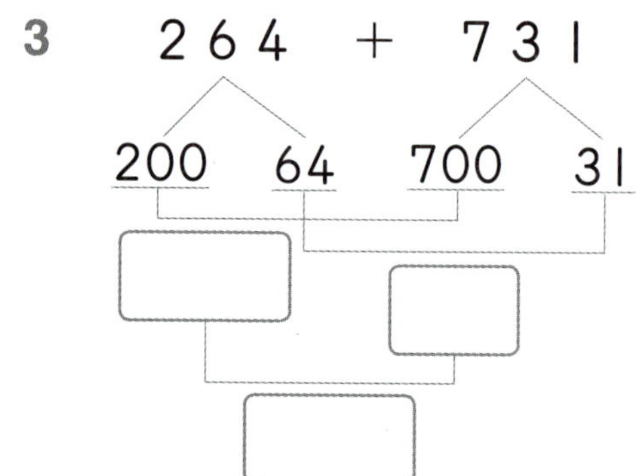

4   362 ＋ 615

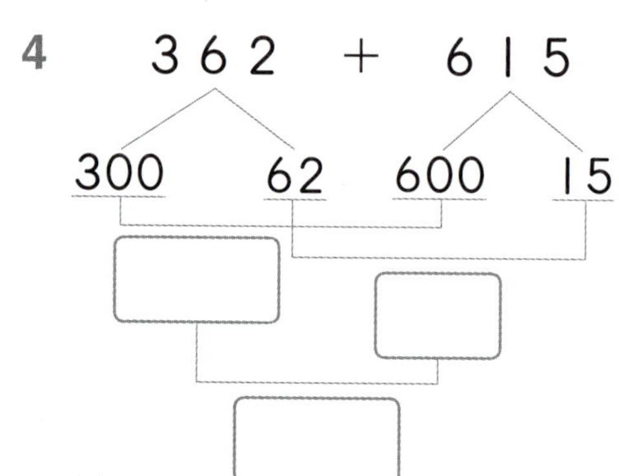

5   486 ＋ 503

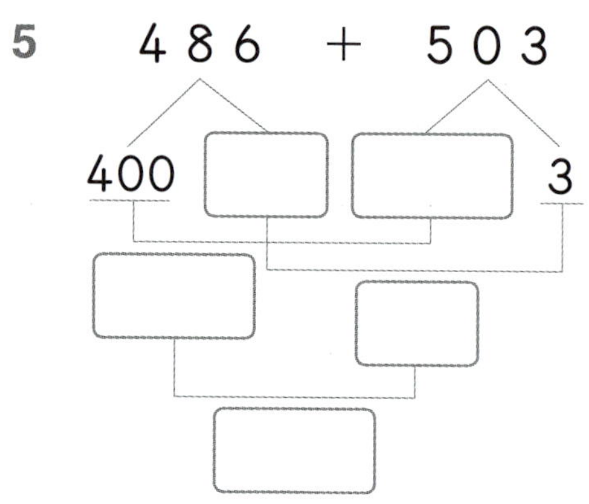

6   542 ＋ 214

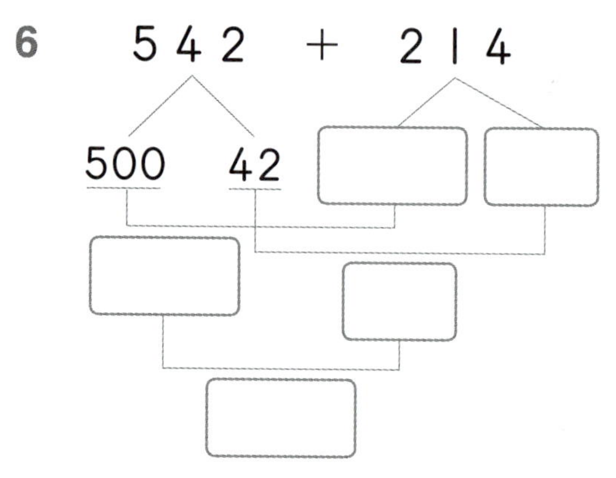

● 계산해 보세요.

7 142 + 735

100 42 700 35

[ ] [ ]

[ ] — 센

8 605 + 291

600 5 200 91

[ ] [ ]

[ ] — 빈

9 316 + 342

300 16 300 42

[ ] [ ]

[ ] — 트

10 530 + 146

500 30 100 46

[ ] [ ]

[ ] — 고

11 475 + 213

[ ] 75 [ ] 13

[ ] [ ]

[ ] — 반

12 463 + 204

400 63 [ ] [ ]

[ ] [ ]

[ ] — 흐

▲ 자화상

896	877	658	688	676	667

03 받아올림이 없는 (세 자리 수)+(세 자리 수)

✦ 135+412의 계산

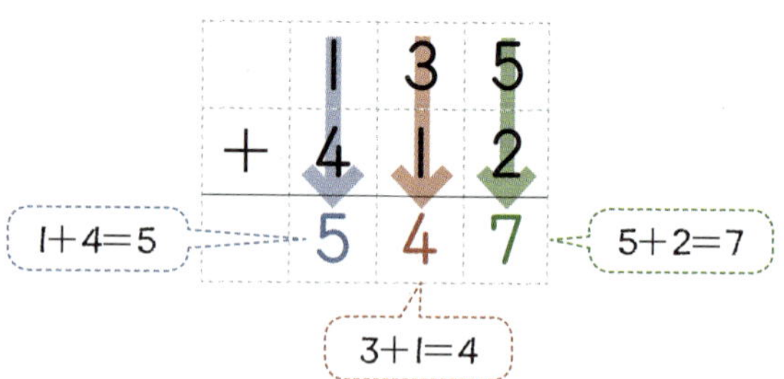

● 계산해 보세요.

1
```
    2 0 5
  + 3 7 2
```

2
```
    4 6 5
  + 5 1 3
```

3
```
    7 2 0
  + 2 5 9
```

4
```
    5 3 7
  + 2 4 1
```

5
```
    8 5 1
  + 1 0 6
```

6
```
    3 3 4
  + 2 1 5
```

7
```
    4 1 6
  + 4 5 3
```

8
```
    3 7 2
  + 5 0 4
```

9
```
    7 3 6
  + 2 3 1
```

● 두 수의 합이 화분 안의 수가 되는 잎을 찾아 색칠해 보세요.

10

11

12

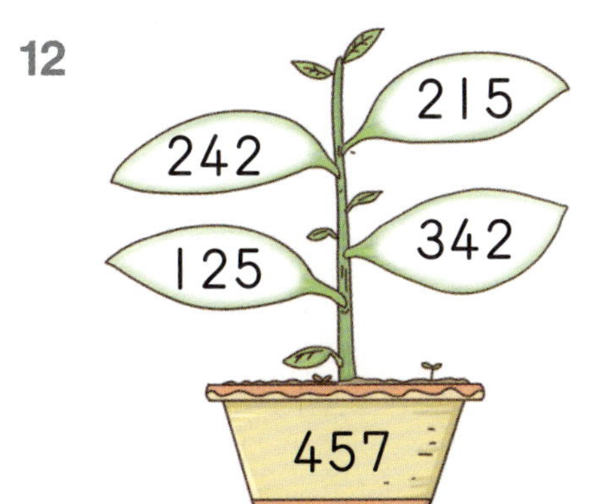

13

14

15

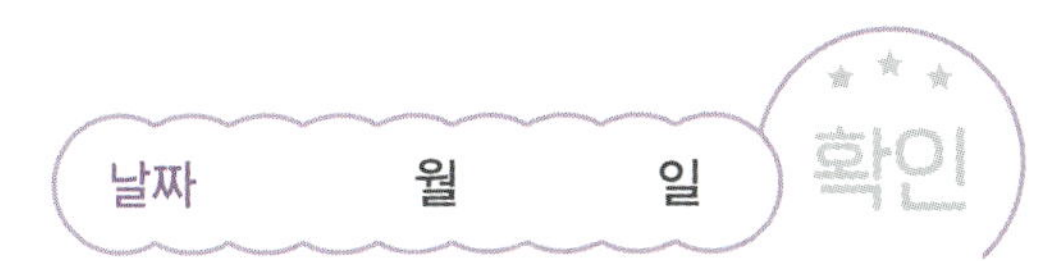

04 받아올림이 1번 있는 (세 자리 수)+(세 자리 수) (1)

✤ 347+125의 계산

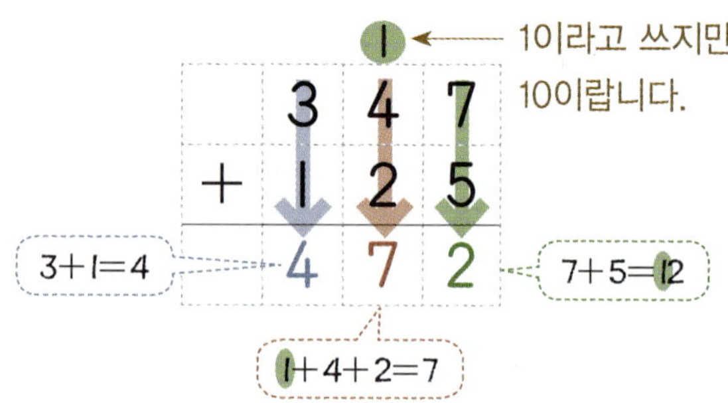

● 계산해 보세요.

1

	2	5	6
+	3	2	5

2

	4	1	3
+	5	7	9

3

	6	2	7
+	3	4	6

4

	5	0	4
+	2	8	9

5

	2	3	5
+	5	2	7

6

	4	4	7
+	2	1	9

7

	3	5	6
+	5	1	8

8

	6	4	3
+	1	2	8

9

	7	5	8
+	2	0	7

● **주어진 두 사료의 무게의 합을 구하세요.**

g: 무게의 단위로 '그램'이라고 읽어요.

10  

	2	1	4
+	4	2	9
			(g)

11  

	3	0	7
+	5	6	8
			(g)

12  

(g)

13  

(g)

14  

(g)

15  

(g)

05 받아올림이 1번 있는 (세 자리 수)+(세 자리 수) (2)

✤ 451+172의 계산

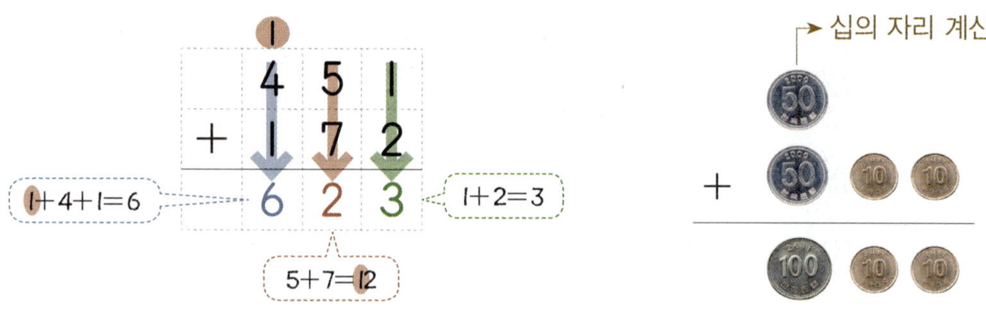

● 계산해 보세요.

1
```
    4 7 0
+   3 9 6
```

2
```
    1 6 5
+   7 8 2
```

3
```
    5 8 3
+   2 7 4
```

4
```
    3 6 4
+   1 8 5
```

5
```
    2 3 7
+   5 9 0
```

6
```
    6 5 1
+   1 5 2
```

7
```
    2 9 3
+   3 4 5
```

8
```
    7 6 4
+   1 7 4
```

9
```
    4 8 7
+   2 5 2
```

● 보기 와 같이 계산하여 빈칸에 알맞은 수를 써넣으세요.

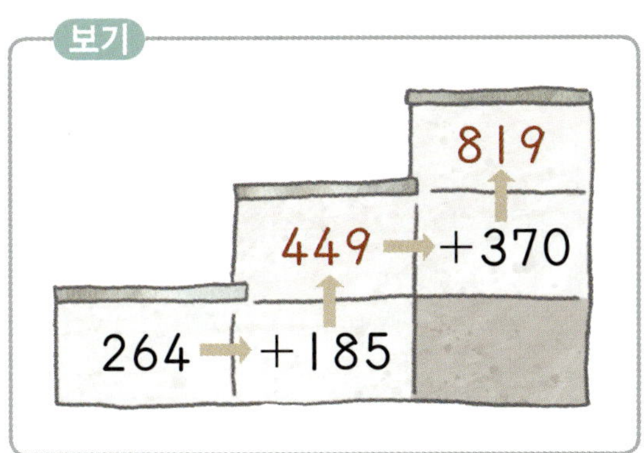

10

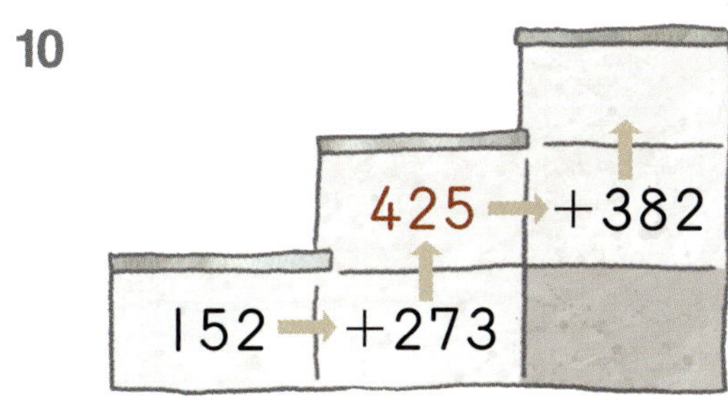

11

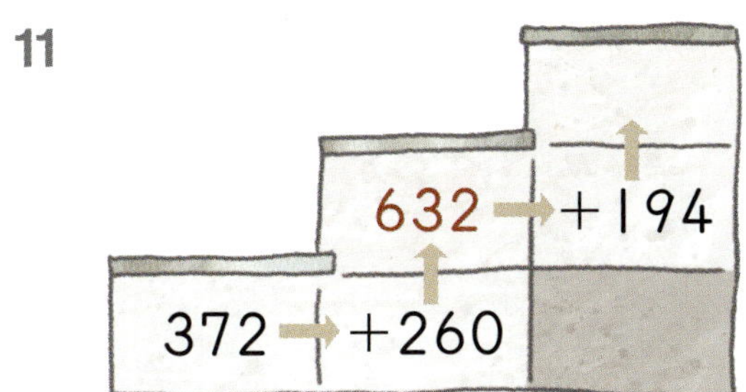

12

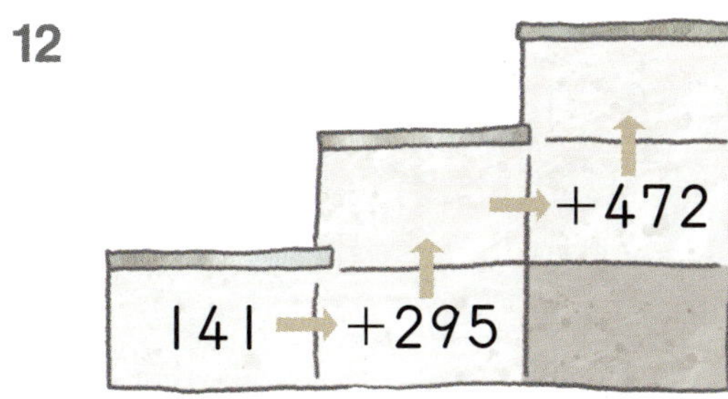

13

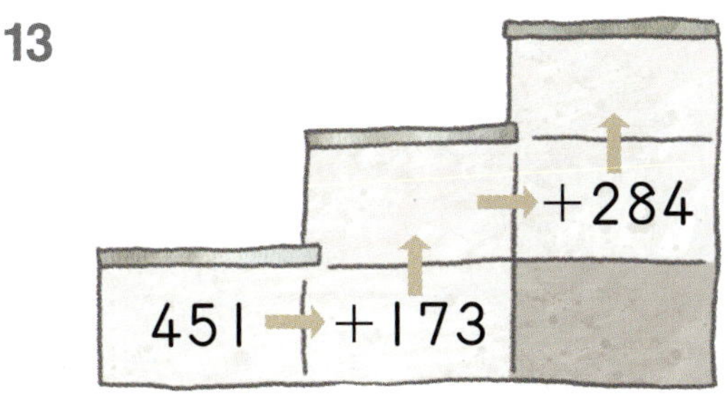

14

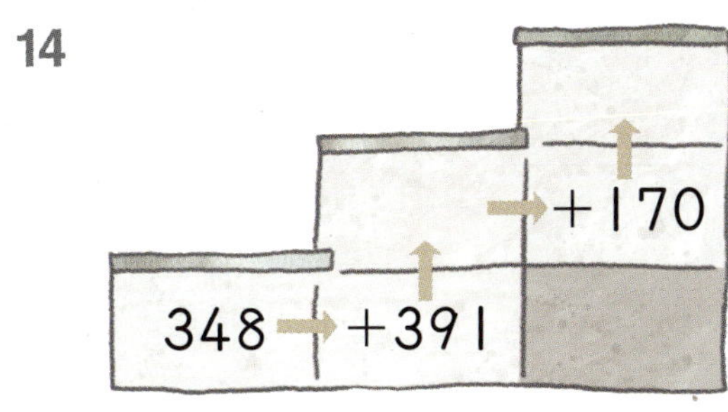

15

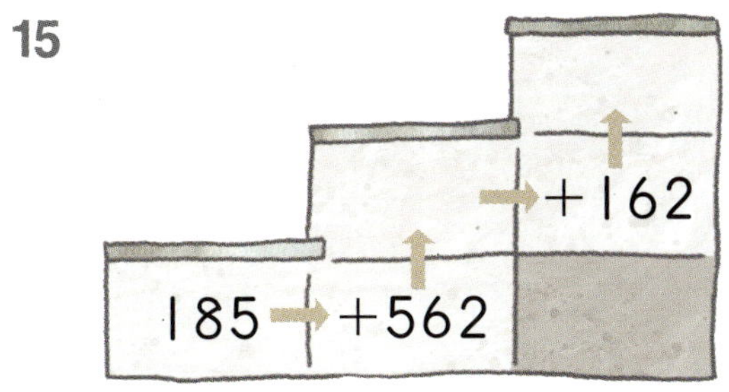

16

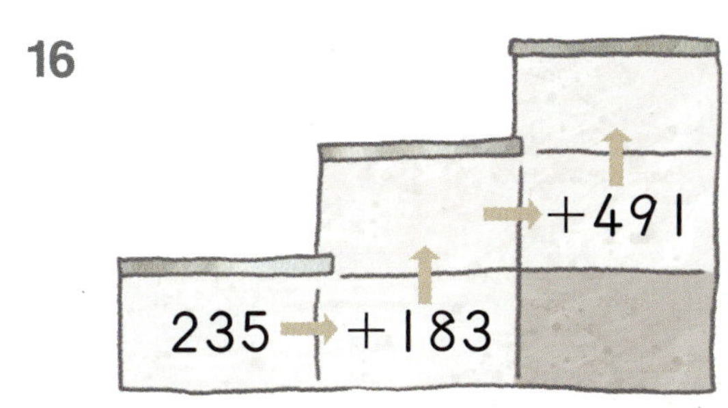

06 받아올림이 1번 있는 (세 자리 수)+(세 자리 수) ⑶

✦ 721+543의 계산

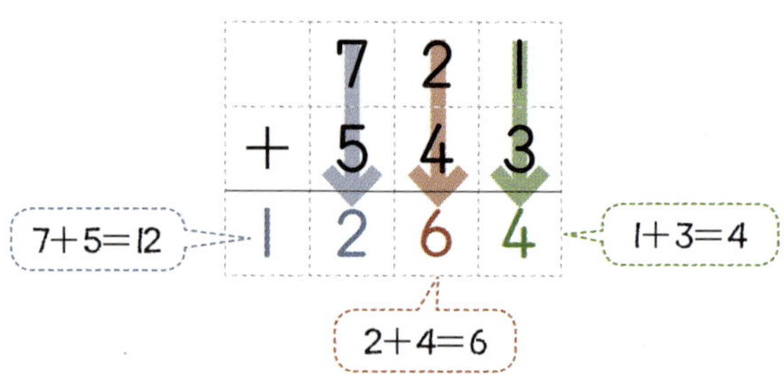

● 계산해 보세요.

1
```
    6 0 5
+   4 8 1
```

2
```
    3 6 5
+   9 1 4
```

3
```
    8 3 0
+   5 6 7
```

4
```
    7 4 2
+   8 5 0
```

5
```
    5 3 6
+   6 4 2
```

6
```
    2 7 3
+   9 2 5
```

7
```
    4 7 5
+   8 1 3
```

8
```
    6 5 1
+   7 3 3
```

9
```
    5 4 1
+   5 2 6
```

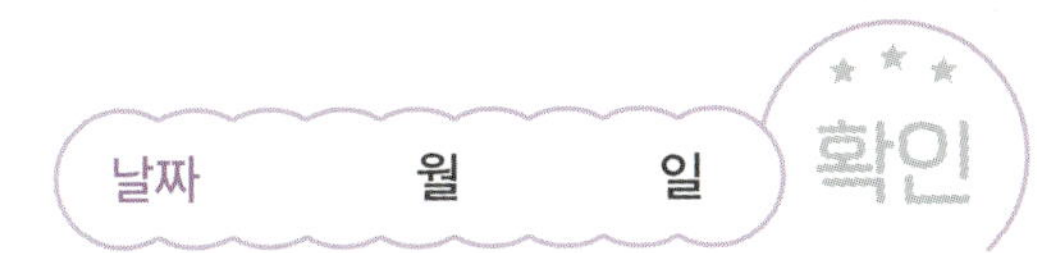

● **지도를 보고 거리를 구하세요.**

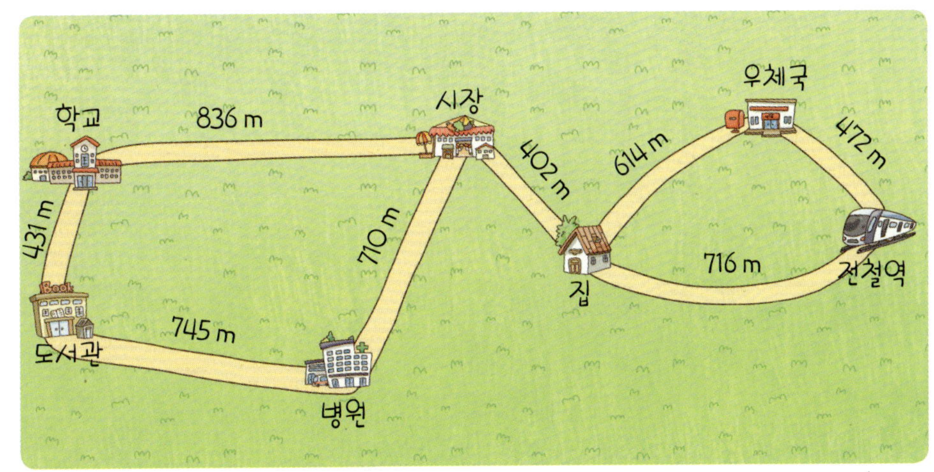

m: 길이의 단위로
'미터'라고 읽어요.

10 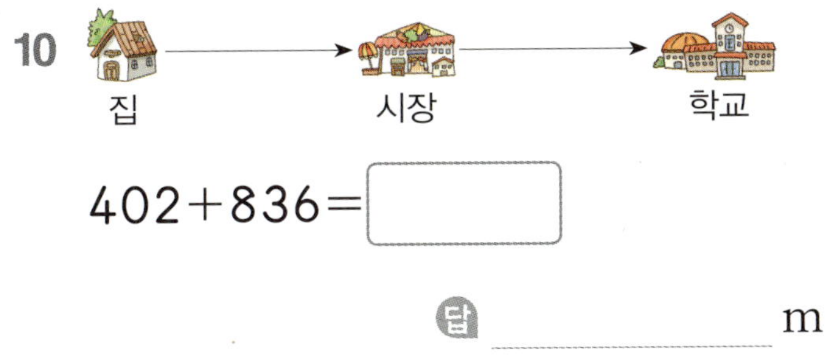

집 → 시장 → 학교

$402+836=$ ☐

답 _____________ m

11 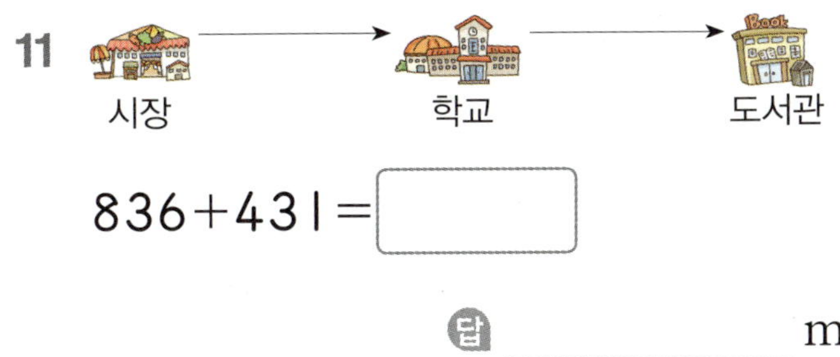

시장 → 학교 → 도서관

$836+431=$ ☐

답 _____________ m

12 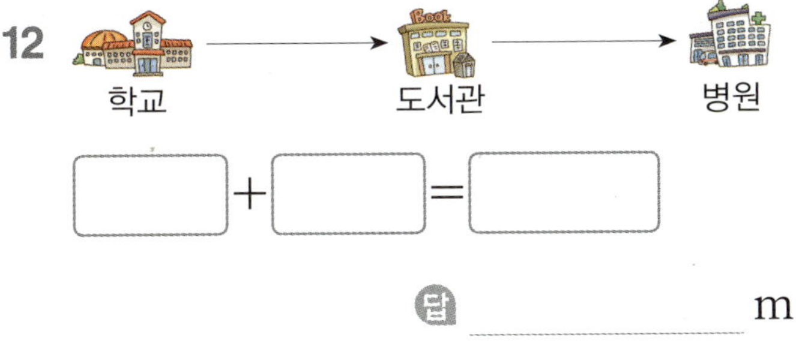

학교 → 도서관 → 병원

☐ $+$ ☐ $=$ ☐

답 _____________ m

13 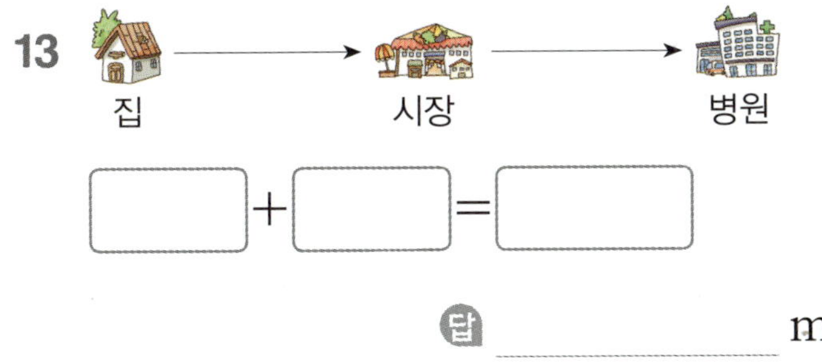

집 → 시장 → 병원

☐ $+$ ☐ $=$ ☐

답 _____________ m

14 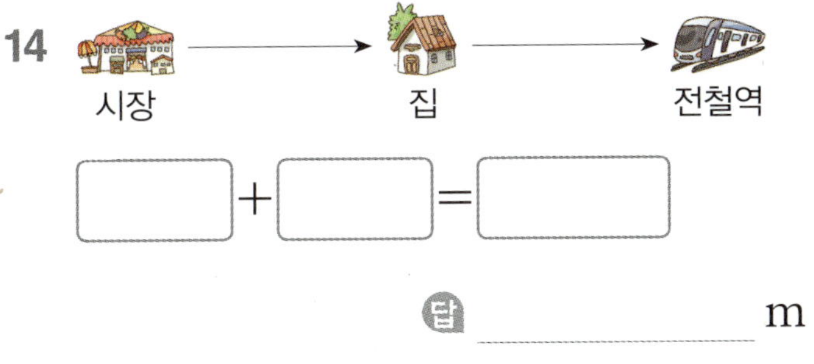

시장 → 집 → 전철역

☐ $+$ ☐ $=$ ☐

답 _____________ m

15 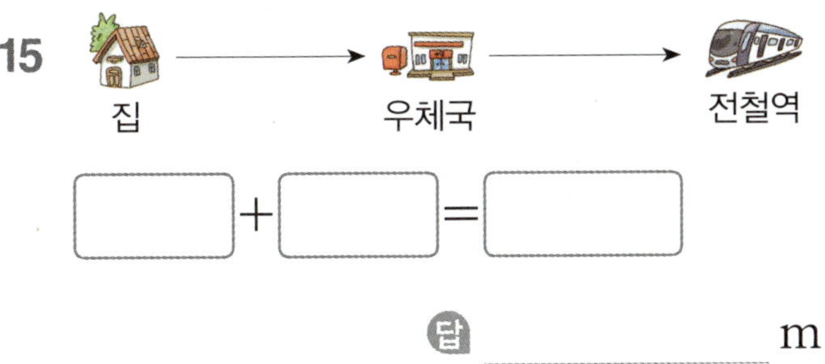

집 → 우체국 → 전철역

☐ $+$ ☐ $=$ ☐

답 _____________ m

07 받아올림이 2번 있는 (세 자리 수)＋(세 자리 수) (1)

✦ 457＋269의 계산

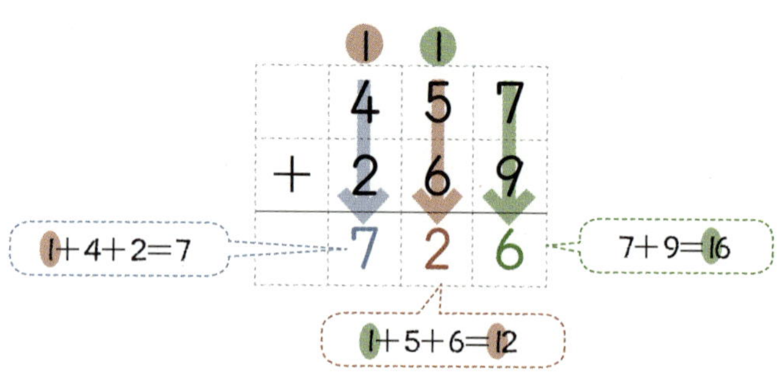

● 계산해 보세요.

1
```
    3  4  9
 +  1  6  5
```

2
```
    3  2  8
 +  4  8  7
```

3
```
    1  3  6
 +  2  9  6
```

4
```
    7  5  3
 +  1  7  8
```

5
```
    6  4  8
 +  2  7  5
```

6
```
    3  3  7
 +  5  7  9
```

7
```
    4  9  2
 +  2  3  8
```

8
```
    1  2  9
 +  4  7  6
```

9
```
    4  6  8
 +  3  9  7
```

● 상자 무게의 합을 구하여 저울에 써넣으세요.

10 
257 g
183 g
g

11 
379 g
465 g
g

12 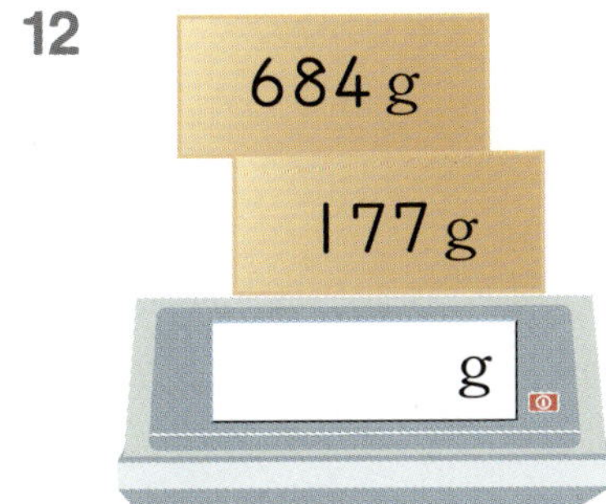
684 g
177 g
g

13 
548 g
397 g
g

14 
254 g
486 g
g

15 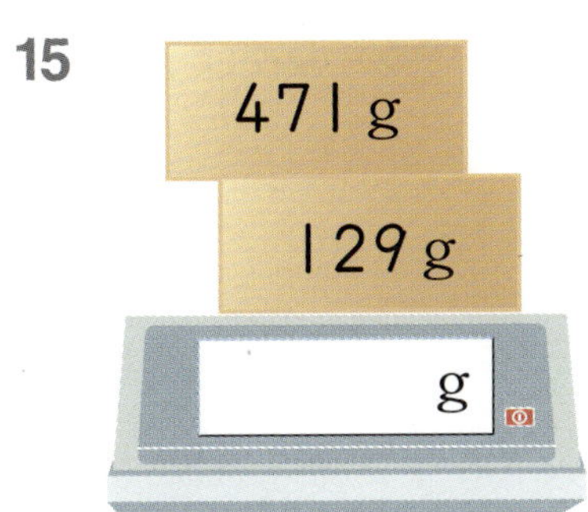
471 g
129 g
g

16 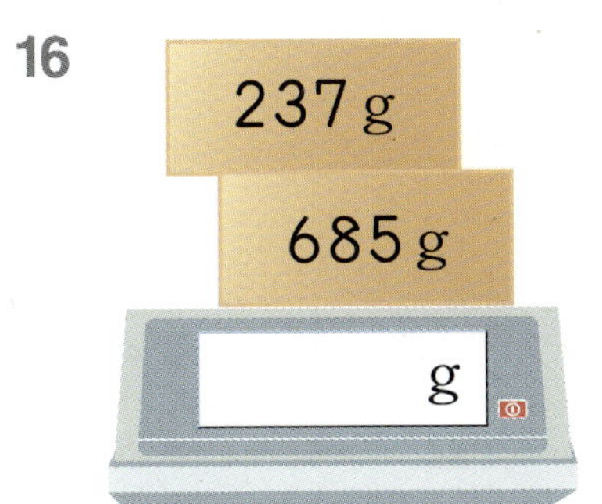
237 g
685 g
g

17 
177 g
593 g
g

18 
486 g
316 g
g

08 받아올림이 2번 있는 (세 자리 수)+(세 자리 수) (2)

✦ 617+954의 계산

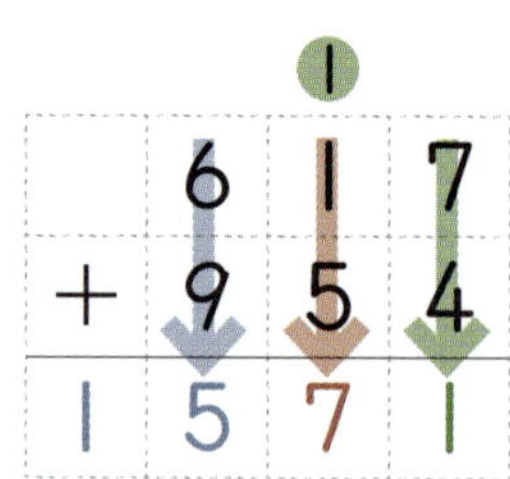

● 계산해 보세요.

1

```
    9 3 6
 +  2 5 7
─────────
```

2

```
    6 2 3
 +  5 4 9
─────────
```

3

```
    7 4 9
 +  4 2 8
─────────
```

4

```
    8 7 4
 +  3 1 8
─────────
```

5

```
    5 2 6
 +  9 2 7
─────────
```

6

```
    6 1 9
 +  7 3 5
─────────
```

7

```
    7 0 9
 +  5 6 2
─────────
```

8

```
    4 5 3
 +  8 0 7
─────────
```

9

```
    9 4 6
 +  2 3 8
─────────
```

● 돛에 적힌 수의 합을 구하세요.

계산 결과의 글자를 써넣어 만든 수수께끼의 답은 무엇일까요?

수수께끼

1272	1380	1094	1141		1192	1065		1060	1191	1255	
									날짜		?

09 받아올림이 2번 있는 (세 자리 수)+(세 자리 수) (3)

✤ 781+634의 계산

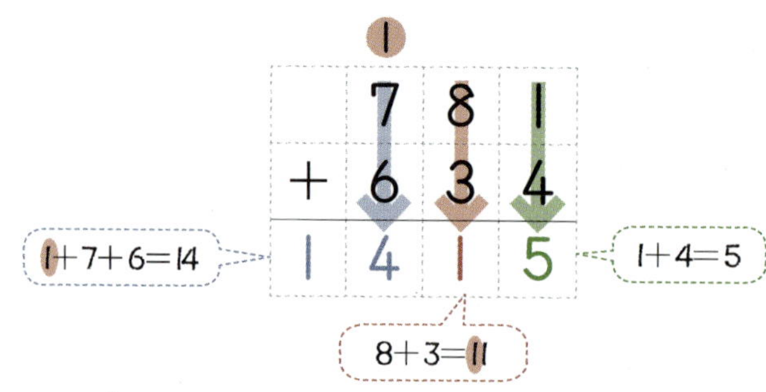

● 계산해 보세요.

1
```
    5 6 1
+   5 7 8
```

2
```
    7 9 2
+   4 2 3
```

3
```
    8 5 4
+   3 6 0
```

4
```
    2 4 7
+   9 8 1
```

5
```
    6 5 0
+   8 5 6
```

6
```
    9 4 3
+   7 9 5
```

7
```
    4 5 6
+   6 7 2
```

8
```
    5 9 5
+   8 1 2
```

9
```
    3 7 0
+   9 6 4
```

● 저금통에 동전을 넣으면 저금통에 들어 있는 돈은 모두 얼마가 되는지 구하세요.

10

485+650= ☐ (원)

11

748+570= ☐ (원)

12

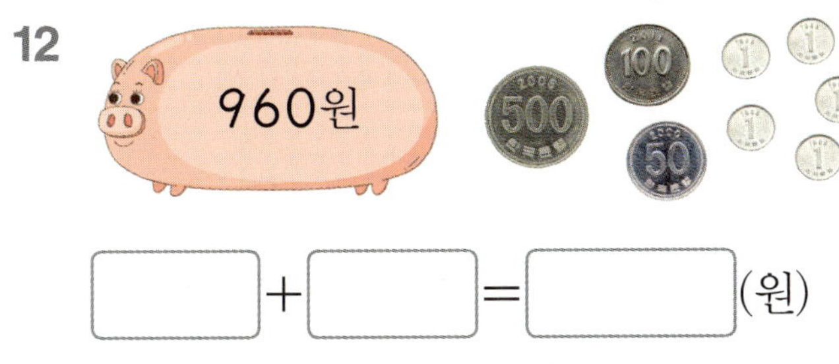

☐ + ☐ = ☐ (원)

13

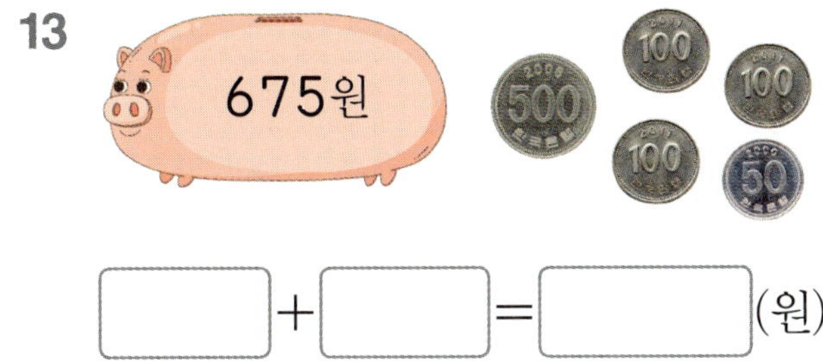

☐ + ☐ = ☐ (원)

14

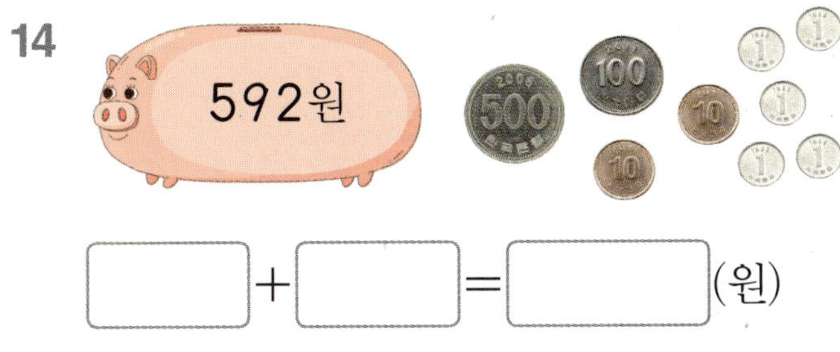

☐ + ☐ = ☐ (원)

15

☐ + ☐ = ☐ (원)

16

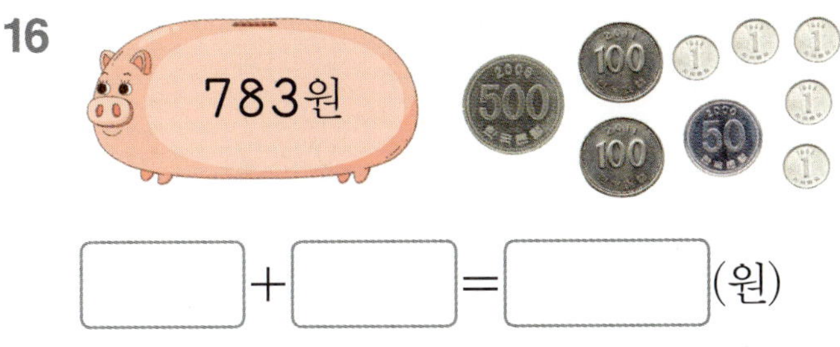

☐ + ☐ = ☐ (원)

17

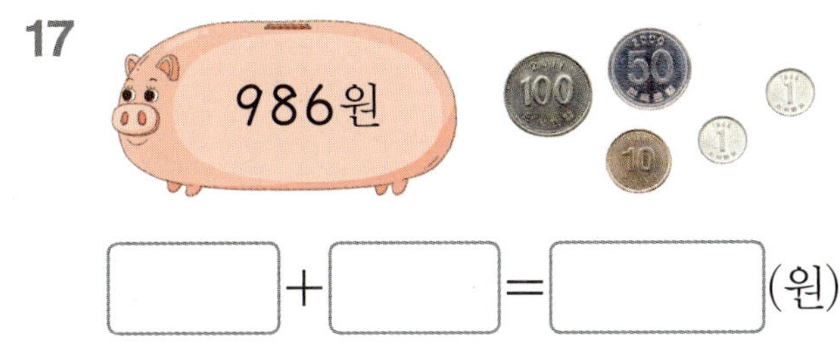

☐ + ☐ = ☐ (원)

10 받아올림이 3번 있는 (세 자리 수)+(세 자리 수)

✛ 546+697의 계산

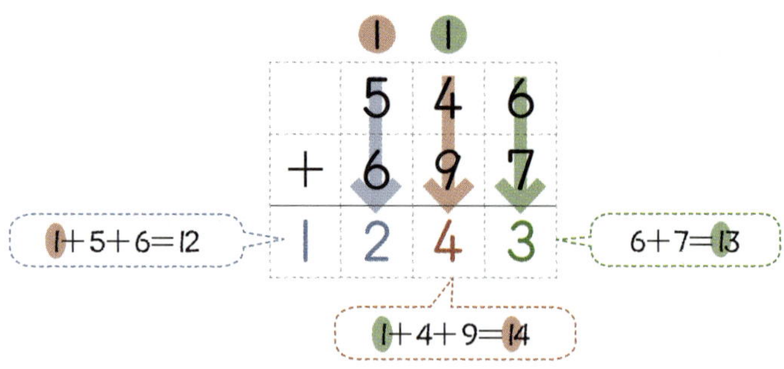

● 계산해 보세요.

1
```
   4 7 3
 + 8 5 7
```

2
```
   6 9 5
 + 8 4 6
```

3
```
   1 3 8
 + 9 6 7
```

4
```
   5 2 9
 + 5 8 2
```

5
```
   2 9 4
 + 7 5 6
```

6
```
   3 7 1
 + 8 4 9
```

7
```
   9 9 4
 + 6 5 8
```

8
```
   4 6 5
 + 5 7 6
```

9
```
   5 9 7
 + 8 2 7
```

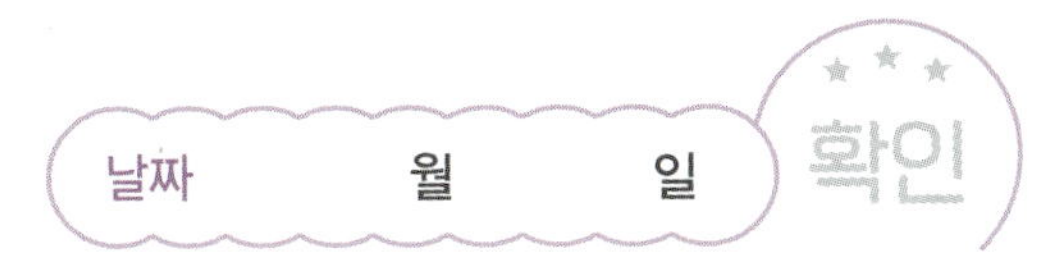

10 계산 결과를 가로와 세로에 알맞게 써넣으세요.

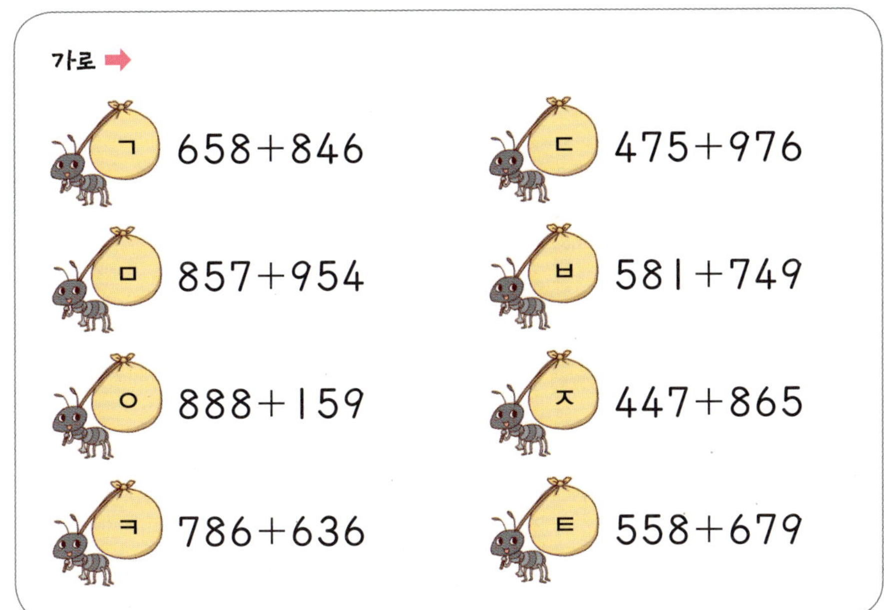

11 집중 연산 ❶

● 보기와 같이 사다리를 타면서 계산한 결과를 빈칸에 써넣으세요.

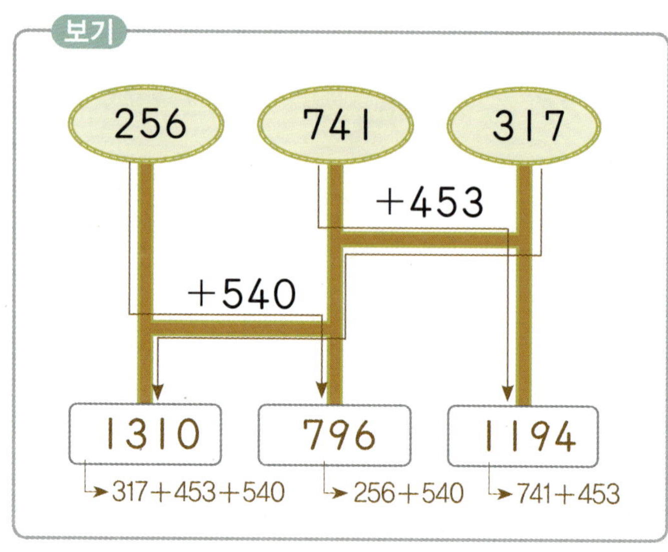

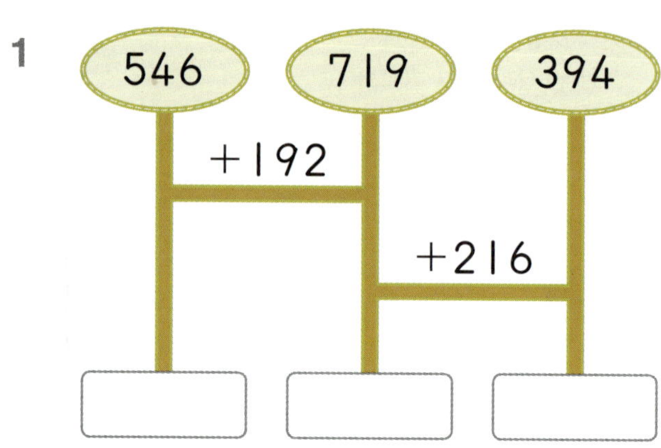

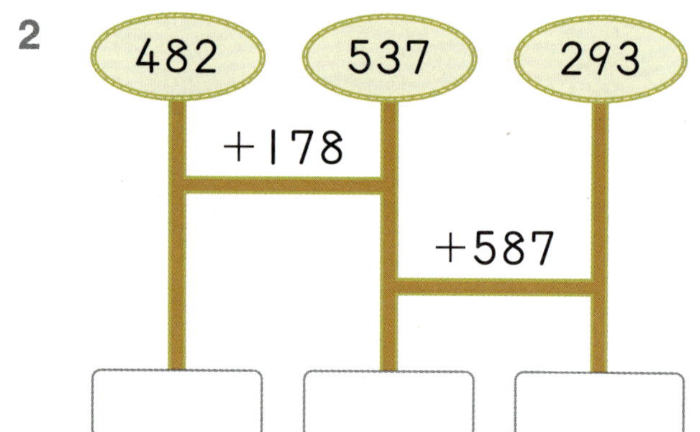

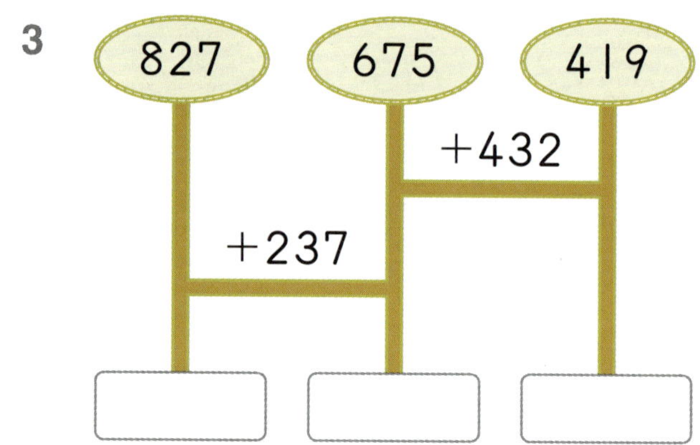

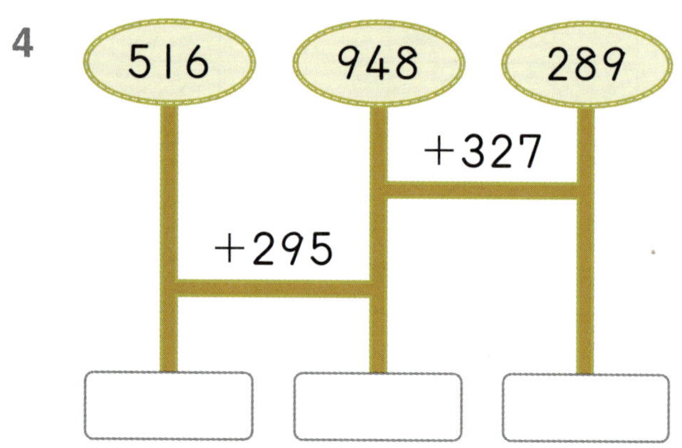

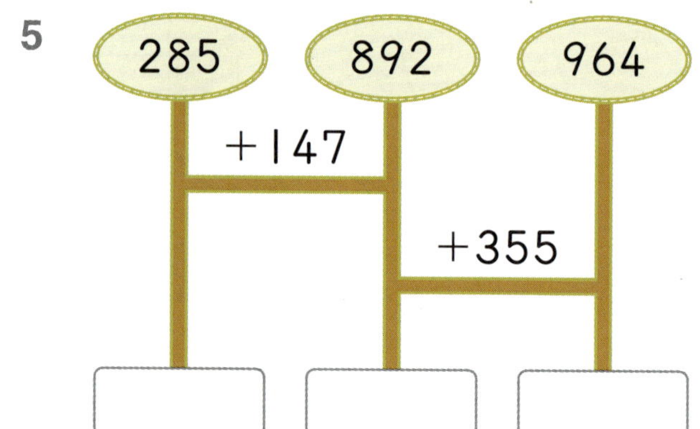

● 주어진 방향으로 계산을 하여 빈칸에 알맞은 수를 써넣으세요.

6

	+	
479	212	
198	720	

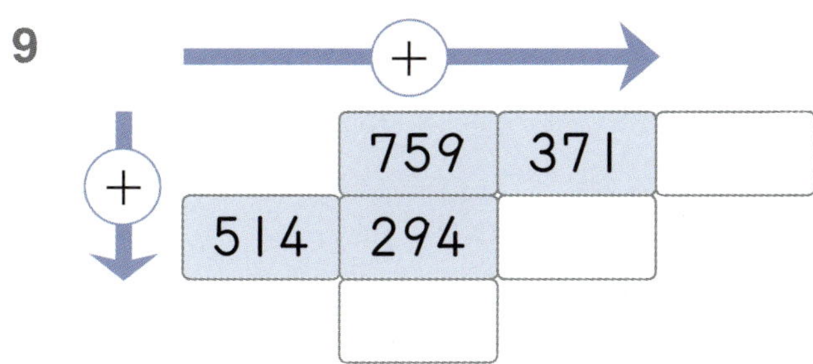

7

	+	
538	467	
359	276	

8

	+	
427	138	
265	344	

9

	+	
759	371	
514	294	

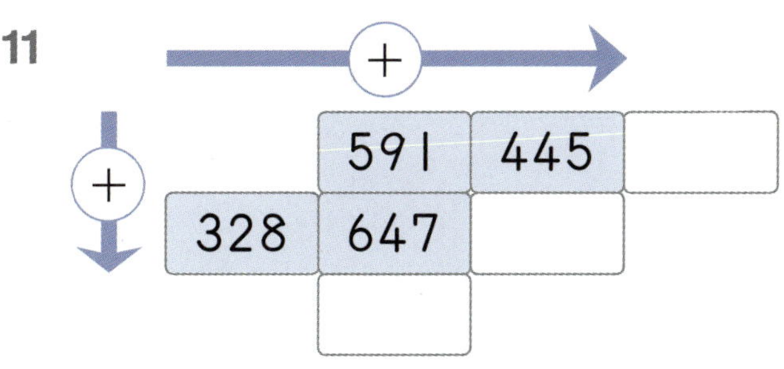

10

	+	
872	429	
216	735	

11

	+	
591	445	
328	647	

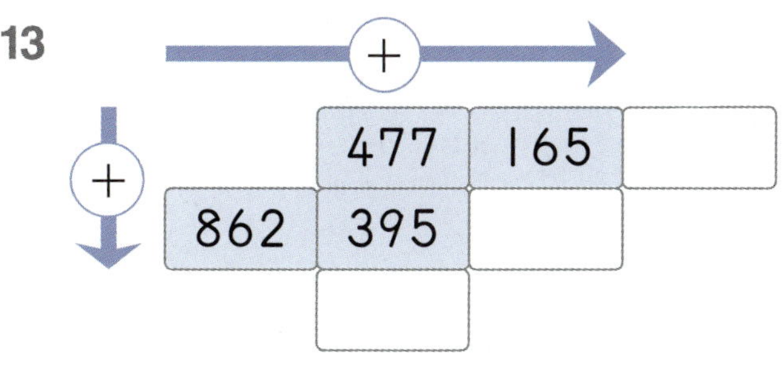

12

	+	
675	238	
162	451	

13

	+	
477	165	
862	395	

● 계산해 보세요.

1
$$\begin{array}{r} 1\ 4\ 6 \\ +\ 5\ 1\ 3 \\ \hline \end{array}$$

2
$$\begin{array}{r} 4\ 2\ 7 \\ +\ 2\ 5\ 0 \\ \hline \end{array}$$

3
$$\begin{array}{r} 3\ 8\ 4 \\ +\ 6\ 7\ 5 \\ \hline \end{array}$$

4
$$\begin{array}{r} 2\ 3\ 8 \\ +\ 5\ 5\ 6 \\ \hline \end{array}$$

5
$$\begin{array}{r} 3\ 5\ 9 \\ +\ 1\ 7\ 0 \\ \hline \end{array}$$

6
$$\begin{array}{r} 4\ 3\ 3 \\ +\ 6\ 2\ 4 \\ \hline \end{array}$$

7
$$\begin{array}{r} 7\ 9\ 4 \\ +\ 1\ 5\ 7 \\ \hline \end{array}$$

8
$$\begin{array}{r} 4\ 3\ 5 \\ +\ 7\ 4\ 6 \\ \hline \end{array}$$

9
$$\begin{array}{r} 2\ 7\ 1 \\ +\ 7\ 8\ 2 \\ \hline \end{array}$$

10
$$\begin{array}{r} 6\ 8\ 2 \\ +\ 2\ 1\ 9 \\ \hline \end{array}$$

11
$$\begin{array}{r} 8\ 5\ 4 \\ +\ 3\ 5\ 1 \\ \hline \end{array}$$

12
$$\begin{array}{r} 5\ 6\ 2 \\ +\ 4\ 8\ 9 \\ \hline \end{array}$$

13
$$\begin{array}{r} 3\ 3\ 5 \\ +\ 9\ 7\ 8 \\ \hline \end{array}$$

14
$$\begin{array}{r} 1\ 4\ 7 \\ +\ 6\ 5\ 3 \\ \hline \end{array}$$

15
$$\begin{array}{r} 7\ 6\ 8 \\ +\ 9\ 6\ 5 \\ \hline \end{array}$$

16 243+132

324+257

17 546+182

448+293

18 625+843

552+781

19 218+647

359+780

20 173+485

592+724

21 963+537

388+716

22 471+853

554+659

23 426+987

748+236

24 326+598

914+468

25 605+798

956+183

2 뺄셈

나한테도 성냥을 팔겠니?

성냥은 작은 나뭇개비의 한쪽 끝에 타는 물질을 입혀서 만든 것이에요.

성냥의 가격은 얼마니?
540원짜리와 350원짜리가 있어요.

350원짜리로 1개 주겠니?
500
쓰
억

헉!

이러면 거스름돈을 드려야 하는데….
어
쩔

요정님, 도와줘~.
울지마~ 눈물 튀면 나 꺼진다. 도와줄게.

이번엔 덧셈을 해야 할까, 뺄셈을 해야 할까?
그걸 모르겠다니까~.

- ▶ 여러 가지 방법으로 뺄셈하기
- ▶ 받아내림이 없는 (세 자리 수)−(세 자리 수)
- ▶ 받아내림이 있는 (세 자리 수)−(세 자리 수)
- ▶ 받아내림이 있는 (네 자리 수)−(세 자리 수)

연산력 게임

스마트폰을 이용하여 QR을 찍으면 재미있는 연산 게임을 할 수 있습니다.

✤ 754−341의 계산

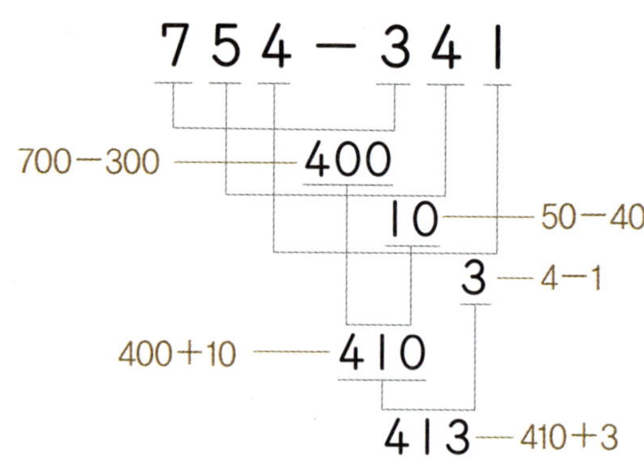

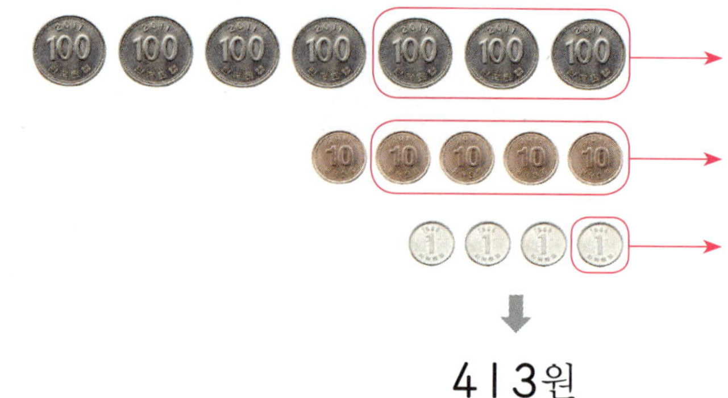

● 계산해 보세요.

1 567−431
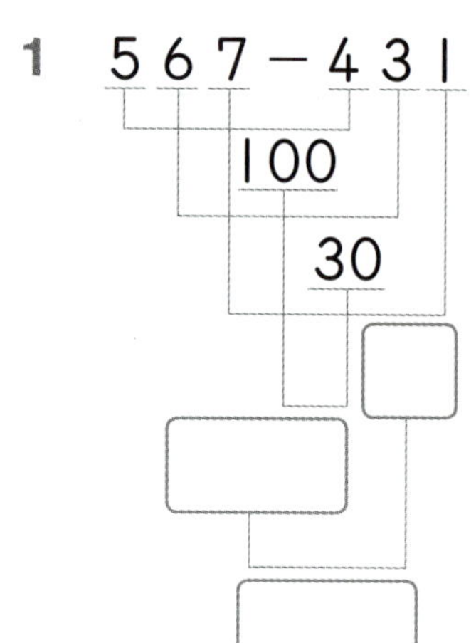

2 675−542
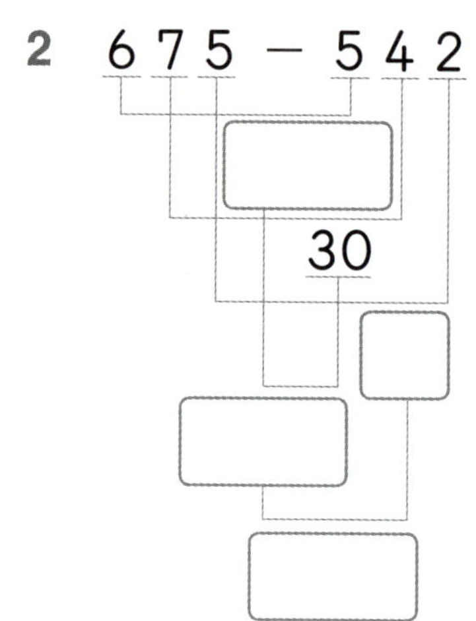

3 765−344
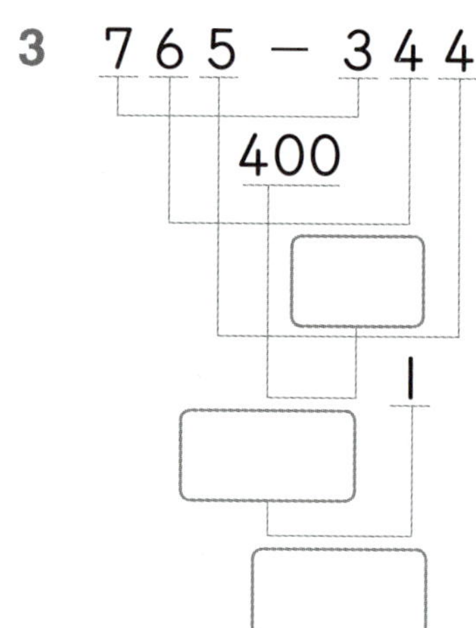

4 876−503
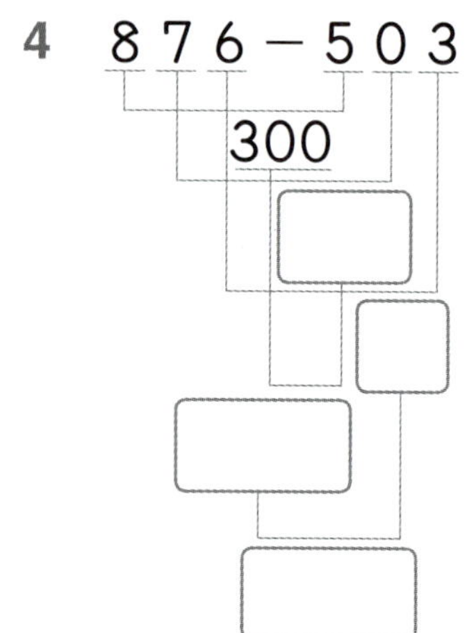

5 998−215
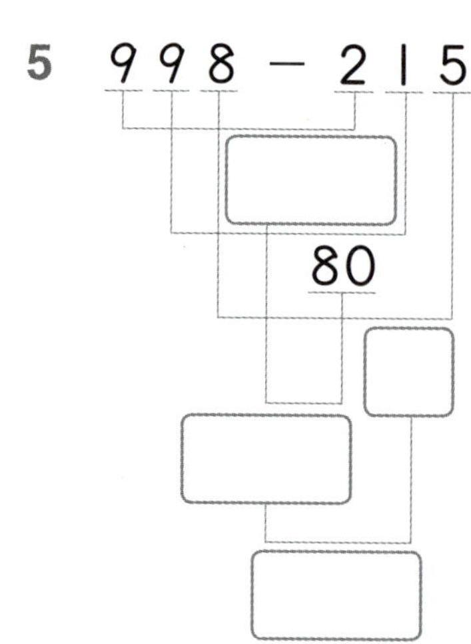

6 376−122
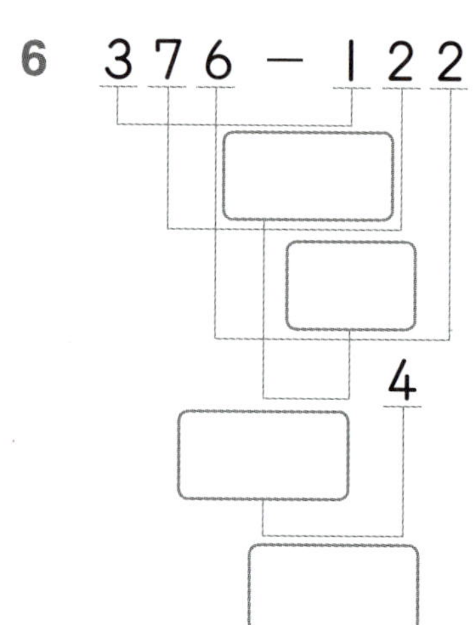

● 계산해 보세요.

7 6 5 9 − 2 1 0
400
40
9
☐ 실

8 7 4 5 − 4 2 1
300
20
4
☐ 호

9 8 5 9 − 2 1 6
600
40
3
☐ 영

10 5 7 8 − 3 5 7
☐
20
☐
☐
☐ 김

11 9 3 8 − 5 2 0
☐
10
☐
☐
☐ 장

12 4 7 9 − 2 6 8
☐
10
☐
☐
☐ 정

▲ 대동여지도

221	211	324

▲ 물시계

418	643	449
날짜		일

02 여러 가지 방법으로 뺄셈하기 (2)

✤ 754−341의 계산

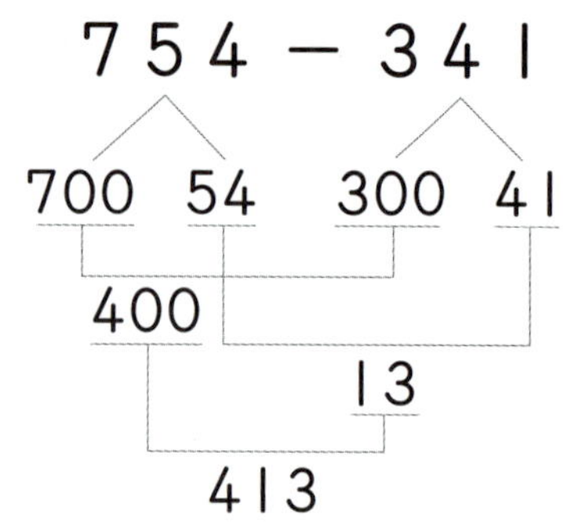

● 계산해 보세요.

1
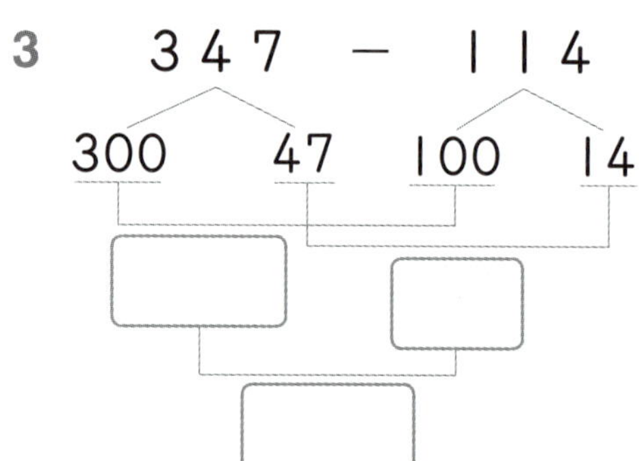

2

3
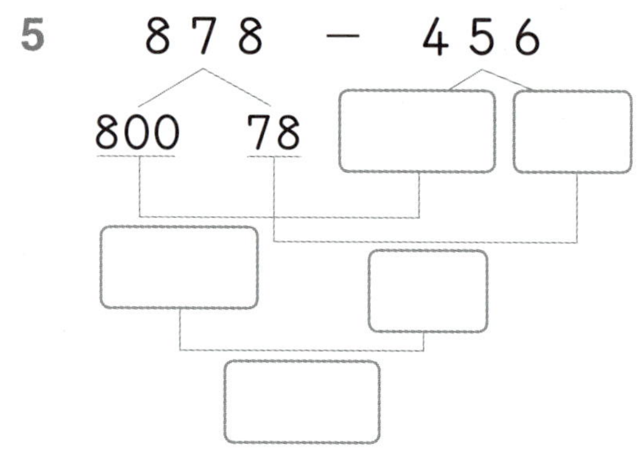

4

5

6

● 계산해 보세요.

2. 빼셈

7   288 − 176
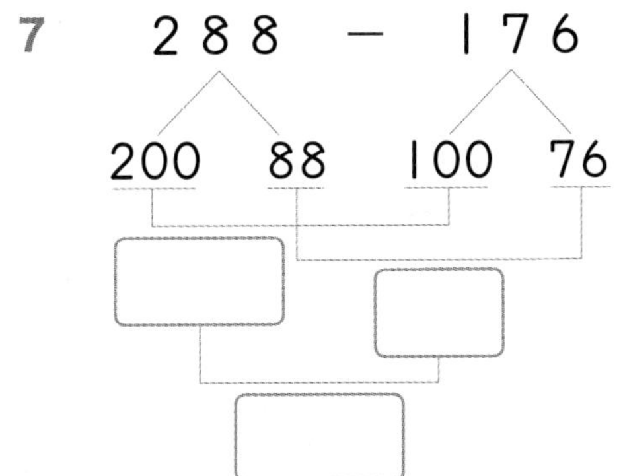

8   375 − 213
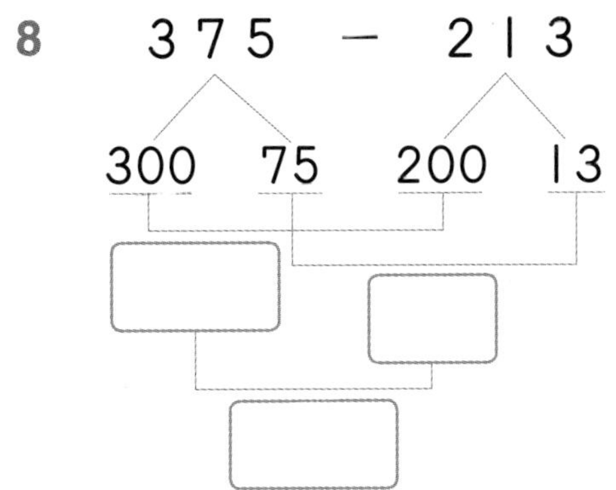

9   424 − 311
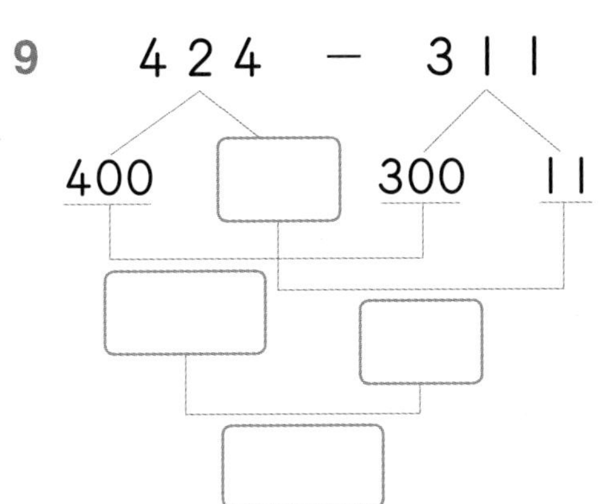

10   798 − 256
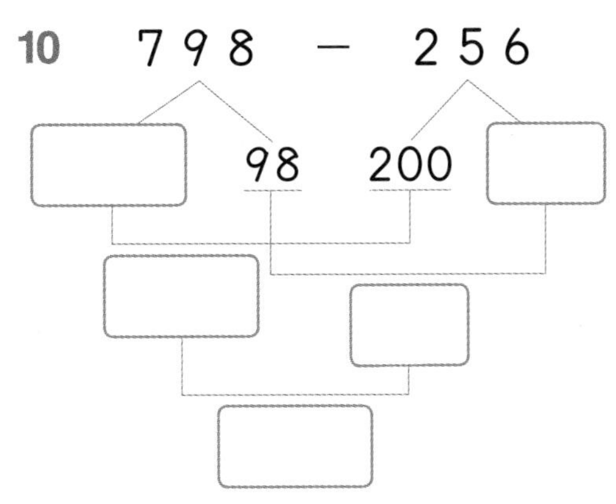

11   477 − 123
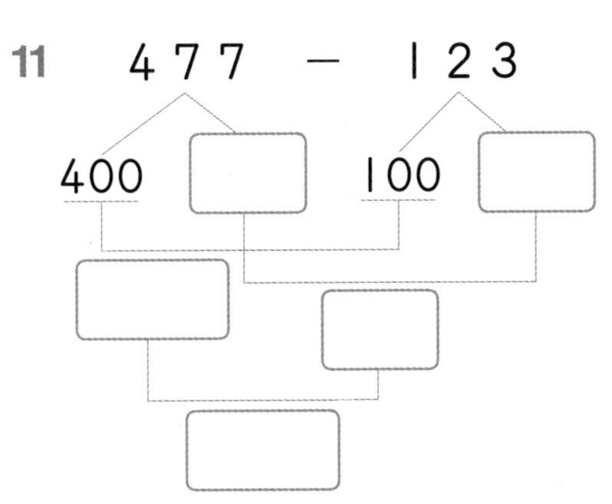

12   373 − 152
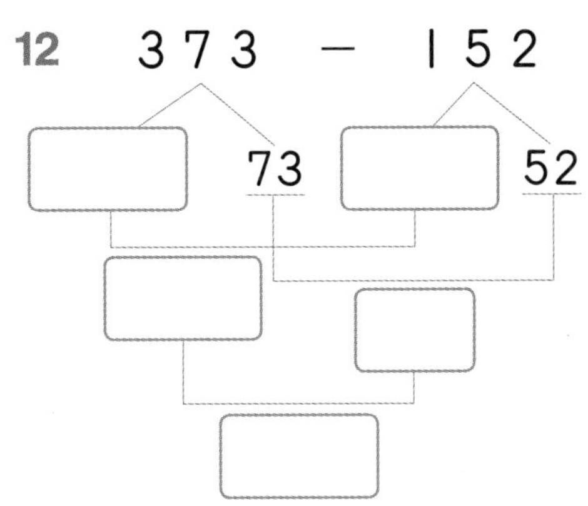

03 받아내림이 없는 (세 자리 수)−(세 자리 수)

✚ 279−152의 계산

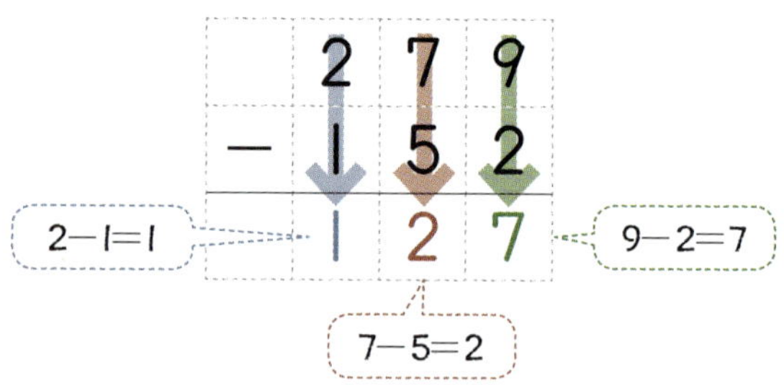

● 계산해 보세요.

1
```
   3 4 5
 − 1 4 3
```

2
```
   7 5 8
 − 2 4 1
```

3
```
   9 5 4
 − 1 4 3
```

4
```
   6 5 7
 − 3 1 4
```

5
```
   4 3 6
 − 2 3 0
```

6
```
   5 1 7
 − 3 0 4
```

7
```
   9 7 5
 − 6 2 4
```

8
```
   3 8 6
 − 1 7 1
```

9
```
   7 3 5
 − 4 2 5
```

● 보기 와 같이 계산 결과가 나머지와 <u>다른</u> 깃발을 찾아 ✕표 하세요.

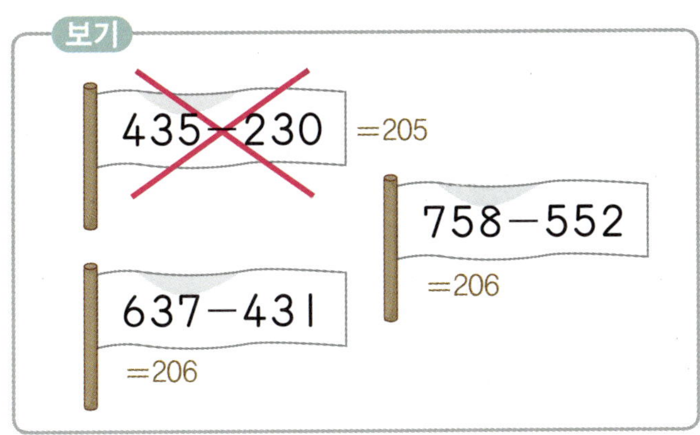

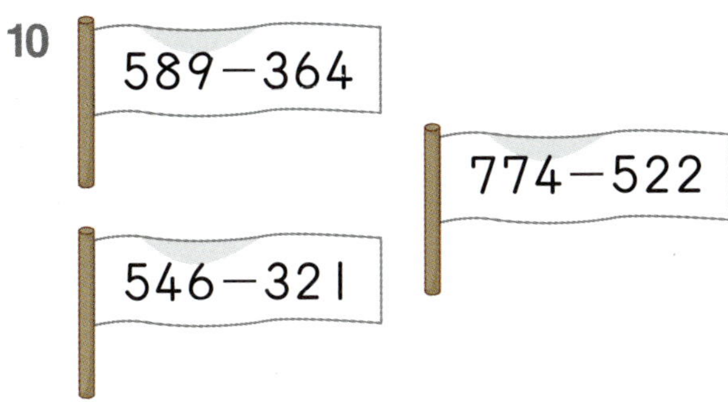

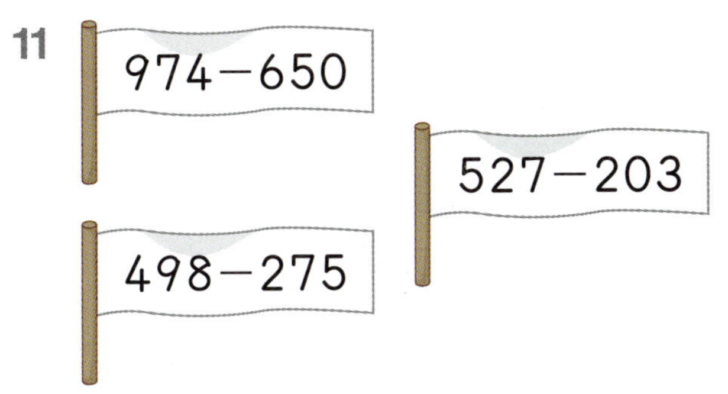

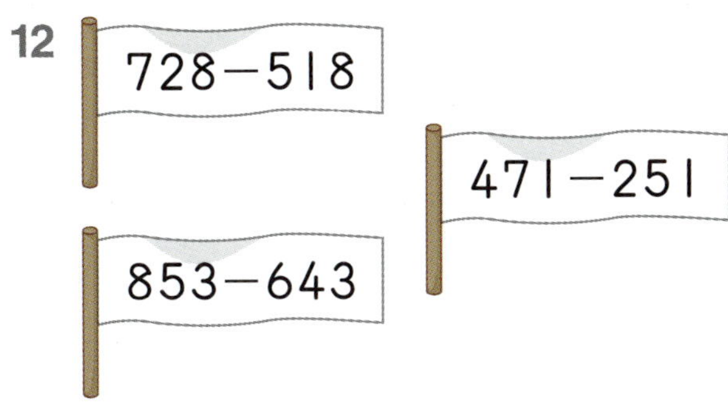

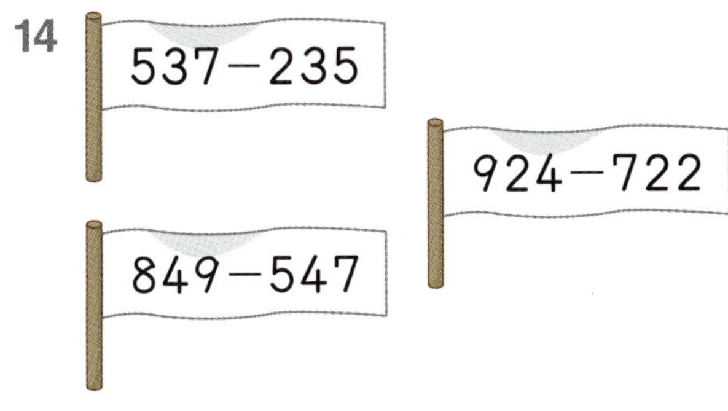

✚ 382−137의 계산

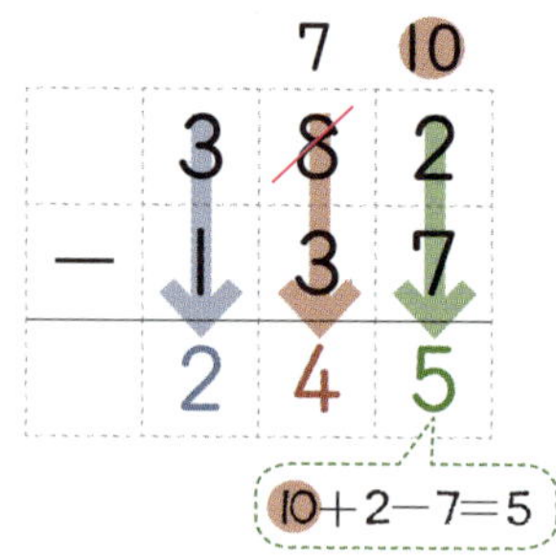

● 계산해 보세요.

1
```
    6 5 2
  − 4 1 7
```

2
```
    6 4 0
  − 1 3 5
```

3
```
    7 9 1
  − 3 8 4
```

4
```
    5 4 9
  − 1 6 2
```

5
```
    5 1 6
  − 2 6 3
```

6
```
    4 3 5
  − 2 7 4
```

7
```
    7 3 6
  − 5 1 9
```

8
```
    9 8 2
  − 4 5 7
```

9
```
    8 6 3
  − 5 2 9
```

● 수레로 동물들의 먹이를 나르고 있습니다. 무게의 차를 구하세요.

2. 뺄셈

10 고양이 − 새

```
    6  4  3
 −  1  8  2
            (g)
```

11 토끼 − 물고기

```
    5  3  6
 −  3  7  0
            (g)
```

12 강아지 − 고양이

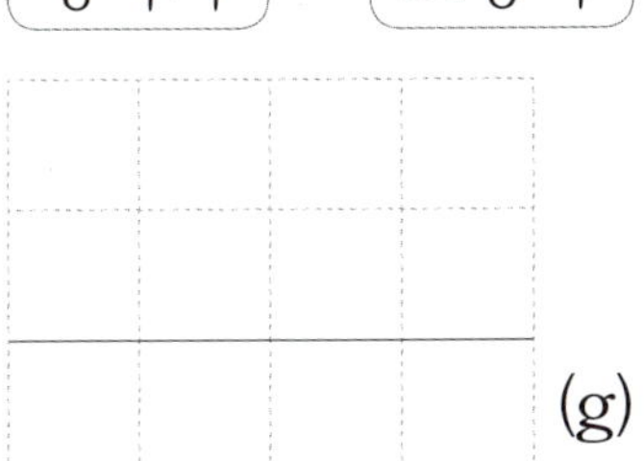

(g)

13 원숭이 − 토끼

(g)

14 강아지 − 새

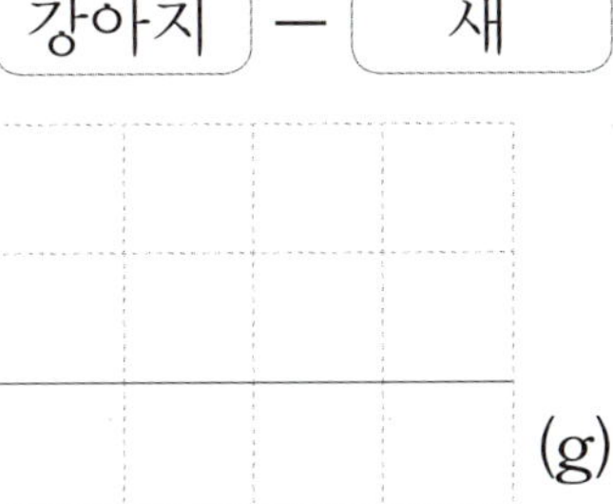

(g)

15 원숭이 − 물고기

(g)

05 받아내림이 2번 있는 (세 자리 수)−(세 자리 수)

✦ 352−167의 계산

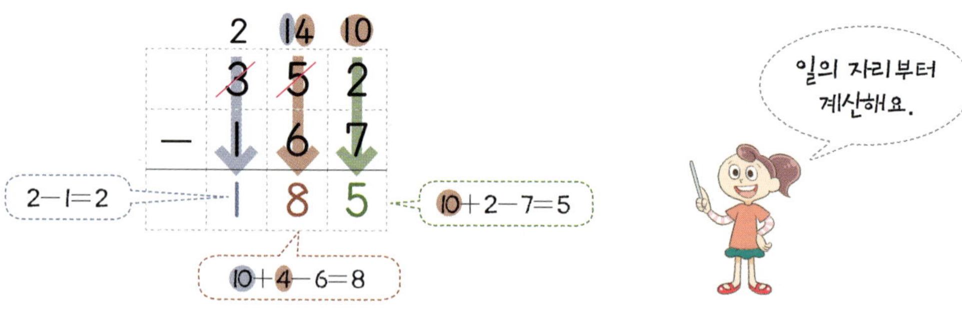

● 계산해 보세요.

1
```
    5 7 4
  − 2 9 8
```

2
```
    6 3 2
  − 3 8 7
```

3
```
    7 5 1
  − 2 6 4
```

4
```
    8 6 2
  − 3 8 5
```

5
```
    7 4 8
  − 3 7 9
```

6
```
    8 3 7
  − 4 3 8
```

7
```
    8 2 5
  − 4 9 6
```

8
```
    6 8 0
  − 5 9 6
```

9
```
    2 8 4
  − 1 8 5
```

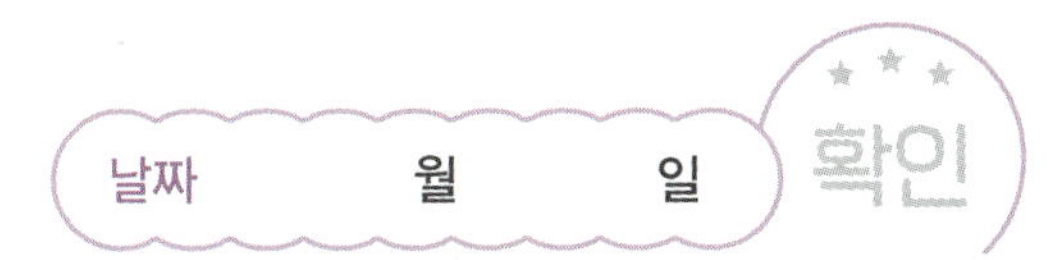

10 올바른 답을 따라가 얻을 수 있는 보석에 ○표 하고, 답을 따라 가며 얻은 보석은 모두 몇 개인지 구하세요.

470-175 · 295 / 285 · 852-593 · 249 / 259

435-268 · 167 / 177 · 264 / 364 · 713-449

861-374 · 497 / 487 · 658-179 · 469 / 479

405-187 · 218 / 318 · 466 / 566 · 820-354

700-589 · 111 / 121 · 950-671 · 389 / 279

개

✤ 1475−926의 계산

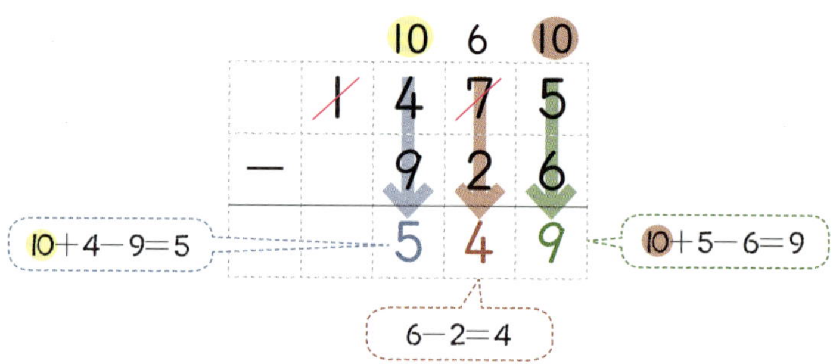

● 계산해 보세요.

1

```
   1 2 8 4
 −   7 6 5
```

2

```
   1 5 9 1
 −   9 4 3
```

3

```
   1 3 3 0
 −   4 1 7
```

4

```
   1 6 4 2
 −   8 2 9
```

5

```
   1 7 5 3
 −   9 2 4
```

6

```
   1 0 4 5
 −   2 3 6
```

7

```
   1 2 2 6
 −   4 1 7
```

8

```
   1 5 3 0
 −   6 1 3
```

9

```
   1 0 9 2
 −   9 7 5
```

● **오른쪽 표를 보고 산의 높이의 차를 구하세요.**

우리나라 산의 높이

오대산	속리산	태백산	무등산
1565 m	1058 m	1567 m	1187 m
마니산	북한산	관악산	청계산
469 m	837 m	629 m	618 m

10 [오대산] − [관악산]

식 $1565-629=\boxed{}$

답 _______ m

11 [속리산] − [관악산]

식 $1058-629=\boxed{}$

답 _______ m

12 [태백산] − [청계산]

식 _______________

답 _______ m

13 [무등산] − [청계산]

식 _______________

답 _______ m

14 [오대산] − [북한산]

식 _______________

답 _______ m

15 [무등산] − [마니산]

식 _______________

답 _______ m

받아내림이 2번 있는 (네 자리 수)−(세 자리 수) (2)

✦ 1428−452의 계산

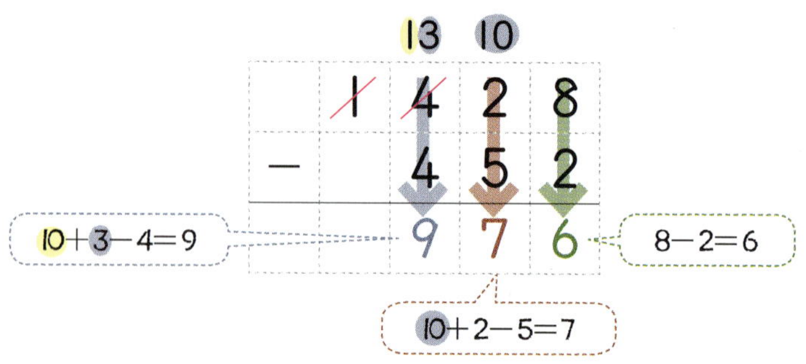

● 계산해 보세요.

1

```
  1 2 5 9
−   8 6 1
```

2

```
  1 1 3 7
−   9 5 0
```

3

```
  1 5 0 4
−   7 1 3
```

4

```
  1 0 7 2
−   3 9 0
```

5

```
  1 4 2 8
−   4 7 2
```

6

```
  1 6 4 9
−   7 8 6
```

7

```
  1 3 6 5
−   6 8 4
```

8

```
  1 0 8 3
−   8 9 1
```

9

```
  1 0 0 7
−   9 5 4
```

● 지갑에서 그림만큼 동전을 꺼냈습니다. 지갑에 남아 있는 돈은 얼마인지 구하세요.

10

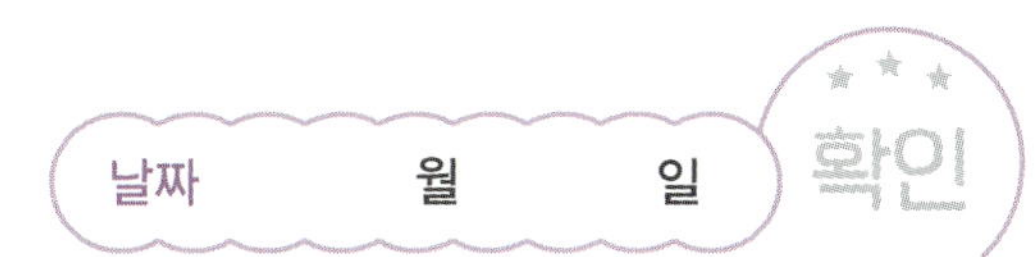

$1200 - 570 = \boxed{}$ (원)

11

$1420 - \boxed{} = \boxed{}$ (원)

12

$\boxed{} - \boxed{} = \boxed{}$ (원)

13

$\boxed{} - \boxed{} = \boxed{}$ (원)

14

$\boxed{} - \boxed{} = \boxed{}$ (원)

15

$\boxed{} - \boxed{} = \boxed{}$ (원)

16

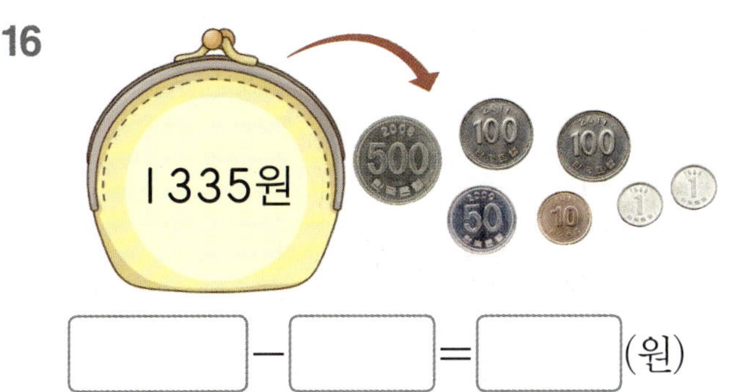

$\boxed{} - \boxed{} = \boxed{}$ (원)

17

$\boxed{} - \boxed{} = \boxed{}$ (원)

08 받아내림이 3번 있는 (네 자리 수)−(세 자리 수)

✜ 1245−769의 계산

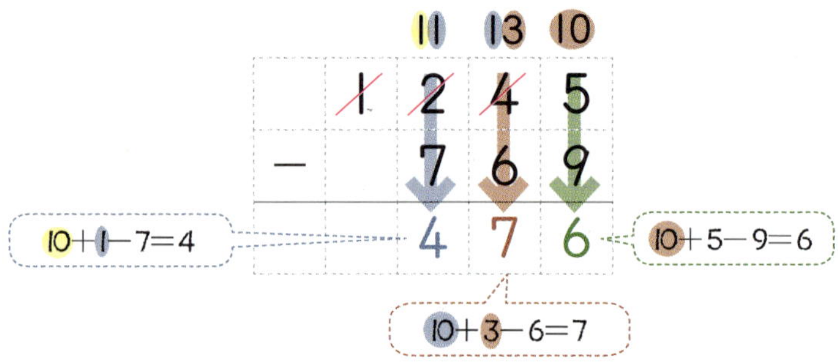

● 계산해 보세요.

1
```
    1 4 2 7
  −   5 7 8
```

2
```
    1 3 6 0
  −   3 9 4
```

3
```
    1 7 9 2
  −   8 9 7
```

4
```
    1 2 5 3
  −   6 7 5
```

5
```
    1 5 1 3
  −   8 3 6
```

6
```
    1 2 4 7
  −   4 4 9
```

7
```
    1 4 2 0
  −   9 2 1
```

8
```
    1 3 7 6
  −   5 7 8
```

9
```
    1 1 5 0
  −   2 9 3
```

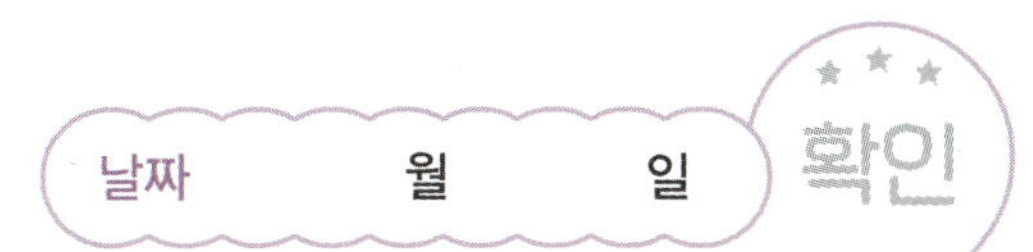

● 일주일 동안 판매한 빵의 개수의 차를 구하세요.

2. 뺄셈

10  − 

	1	0	2	1
−		7	9	4

(개)

11 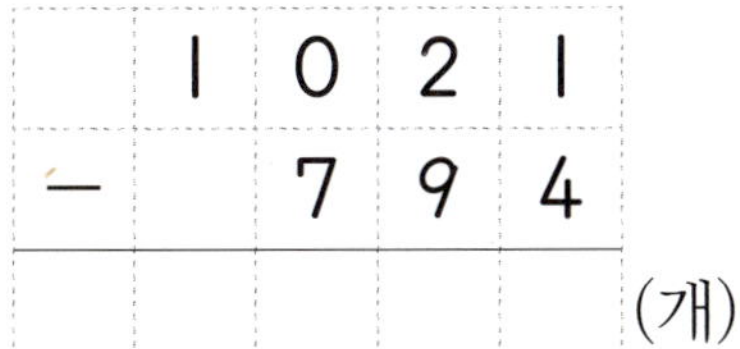 − 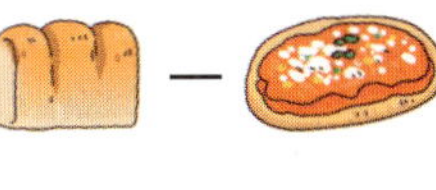

(개)

12 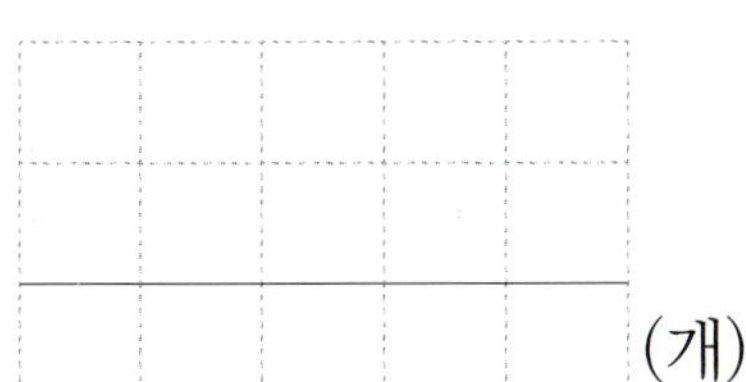 − 

(개)

13  − 

(개)

14 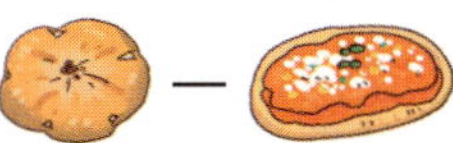 − 

(개)

15  − 

(개)

● **보기** 와 같이 두 수의 차를 아래 빈칸에 써넣으세요.

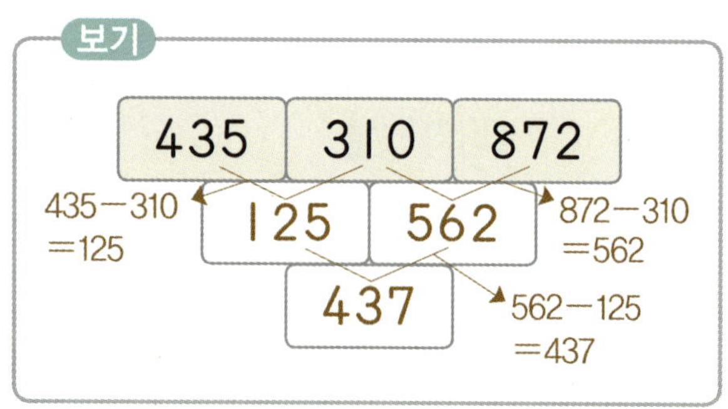

1

2

3

4

5

6

7
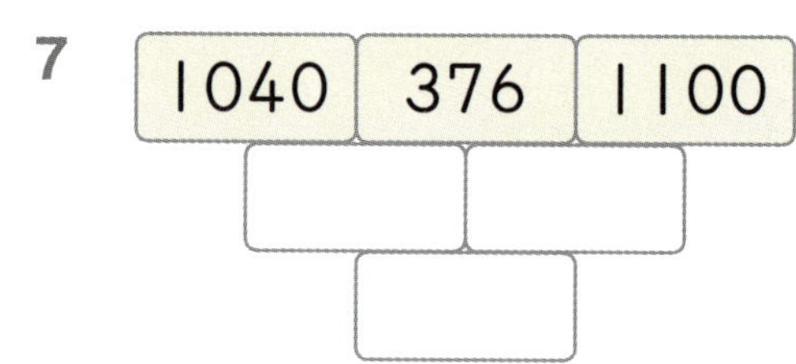

8
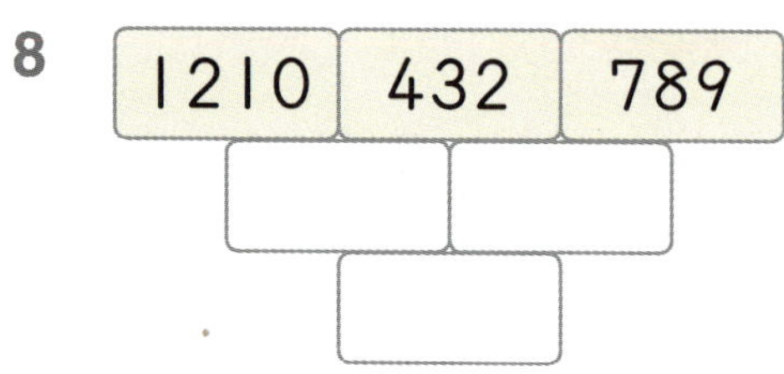

9

● 주어진 방향으로 계산을 하여 빈칸에 알맞은 수를 써넣으세요.

10
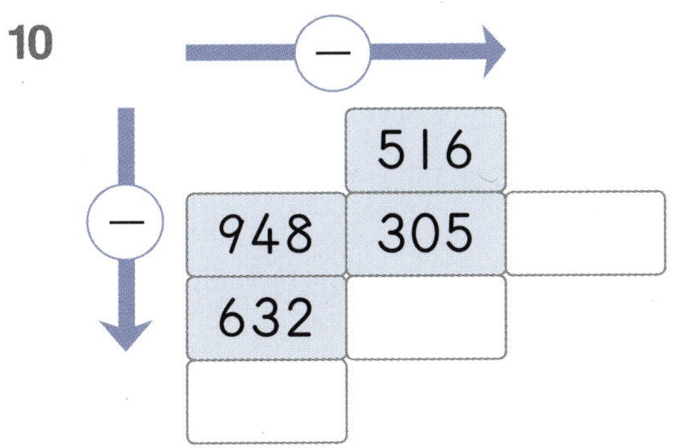

11
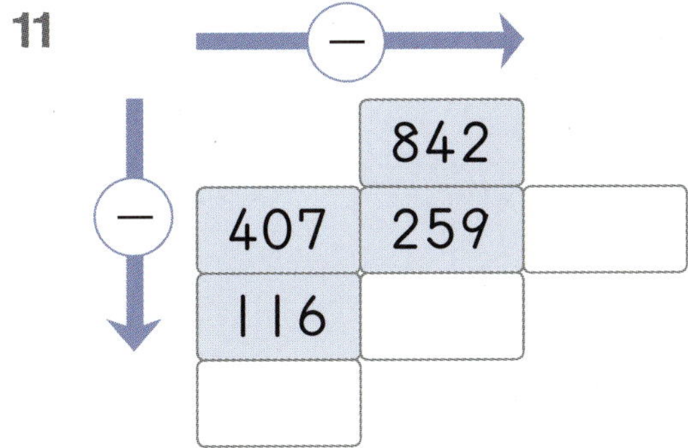

12
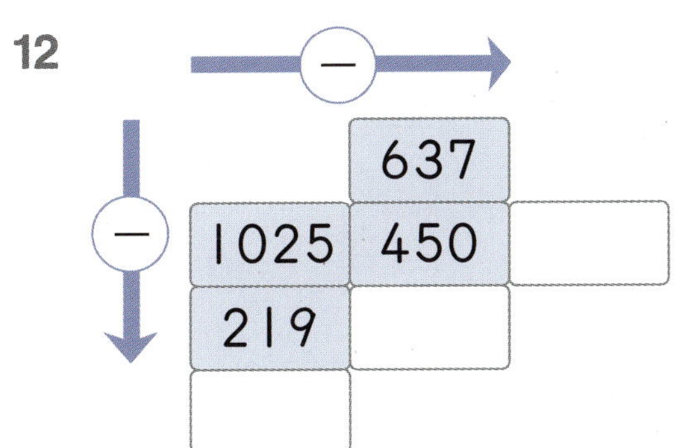

13
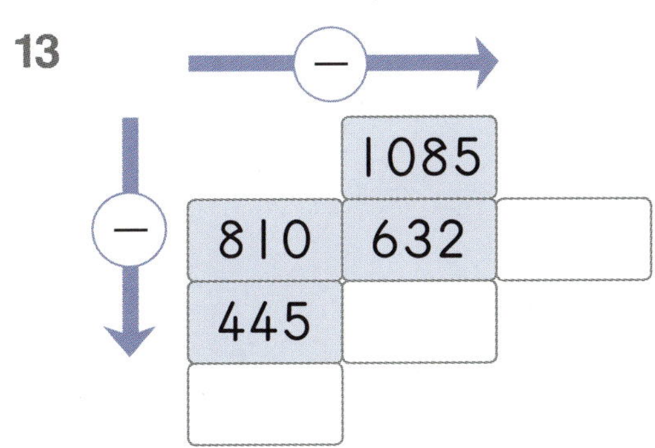

14
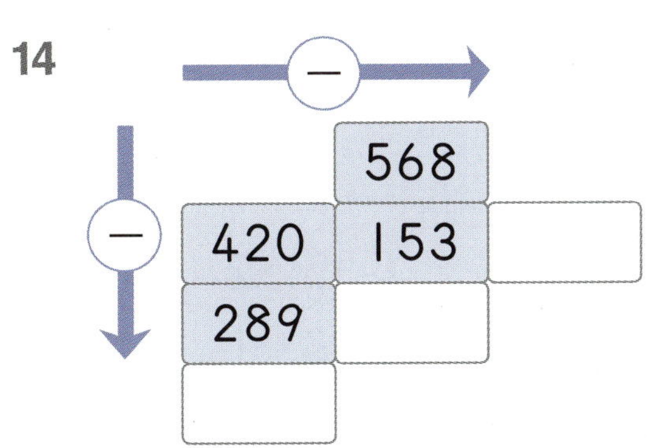

15
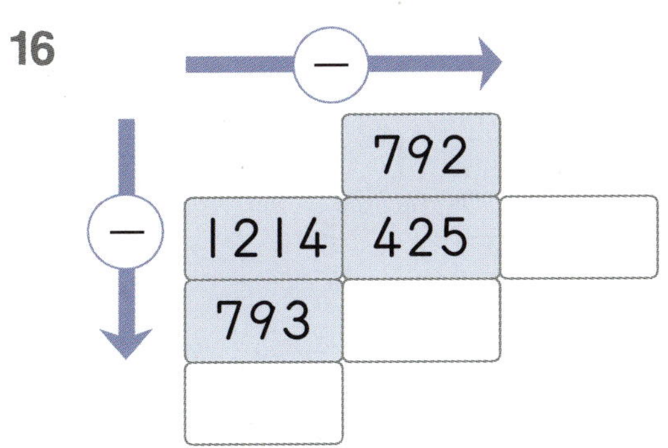

16
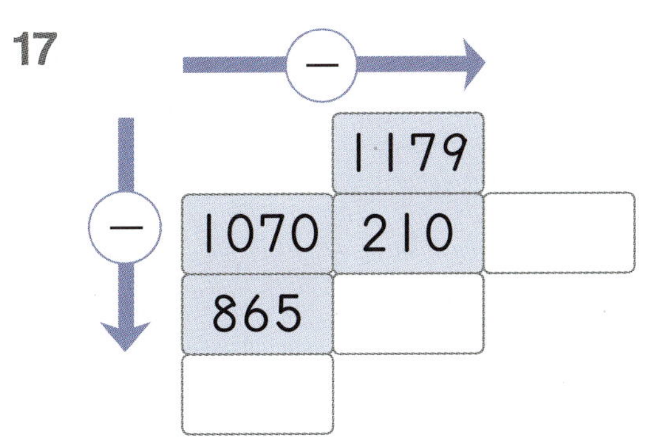

17

● 계산해 보세요.

1
```
    6 8 4
  − 2 5 1
```

2
```
    9 6 7
  − 8 5 2
```

3
```
    5 7 0
  − 1 4 6
```

4
```
    5 3 9
  − 1 7 5
```

5
```
    7 2 5
  − 5 8 4
```

6
```
    8 6 4
  − 3 7 2
```

7
```
    4 1 8
  − 1 9 5
```

8
```
    9 1 6
  − 2 5 8
```

9
```
    5 2 0
  − 3 7 5
```

10
```
  1 2 3 4
  −   5 4 3
```

11
```
  1 1 6 0
  −   4 8 1
```

12
```
  1 5 2 7
  −   8 1 9
```

13
```
  1 1 3 3
  −   3 0 6
```

14
```
  1 6 2 4
  −   8 9 5
```

15
```
  1 0 4 1
  −   6 7 8
```

16 628−514

745−370

17 427−220

835−116

18 620−456

813−597

19 285−198

450−259

20 400−162

731−493

21 750−683

512−467

22 1156−589

1073−278

23 1540−924

1625−640

24 1024−518

1280−746

25 1400−566

1900−984

으어어~
너무 춥네.

하하하하
따뜻하다

뭘 하고 있을까?
빼꼼

아하하아하
맛있겠다

아…
부럽다….

맛있는 음식도
많네.

완전
부럽다….

내 거야!
아니야.
내가 먹을 거야!
투닥
투닥

으잉?
뭐야,
싸우는 거야?

▶ 똑같이 나누기
▶ 곱셈과 나눗셈의 관계
▶ 곱셈식에서 나눗셈의 몫 구하기
▶ 곱셈구구로 나눗셈의 몫 구하기

연산력 게임

스마트폰을 이용하여 QR을 찍으면 재미있는 연산 게임을 할 수 있습니다.

01 똑같이 나누기 (1)

✤ 6을 2묶음으로 똑같이 나누기

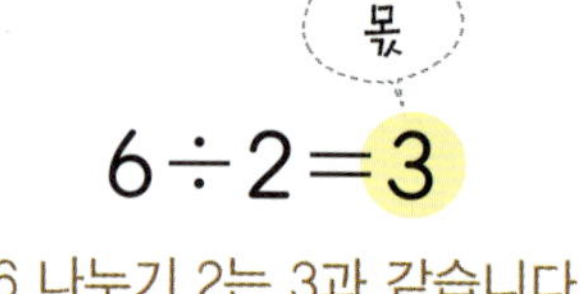

$$6 \div 2 = 3$$

6 나누기 2는 3과 같습니다.

● 주어진 묶음으로 공을 똑같이 나누면 한 묶음에 몇 개씩인지 알아보세요.

1
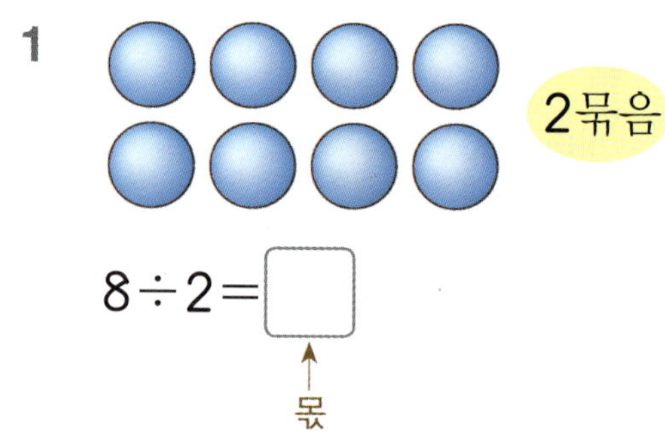

$$8 \div 2 = \boxed{}$$

↑
몫

2
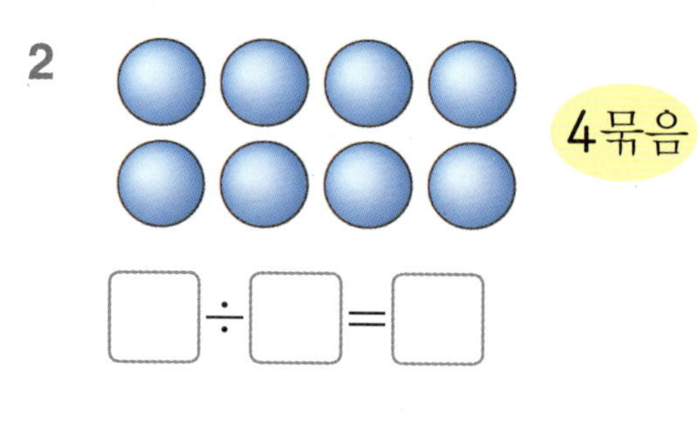

$$\boxed{} \div \boxed{} = \boxed{}$$

3
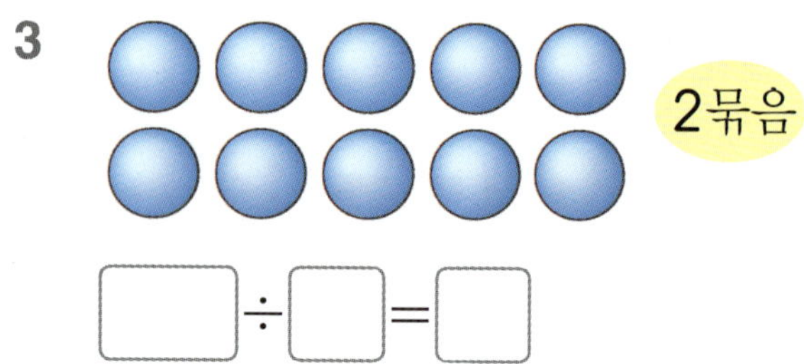

$$\boxed{} \div \boxed{} = \boxed{}$$

4
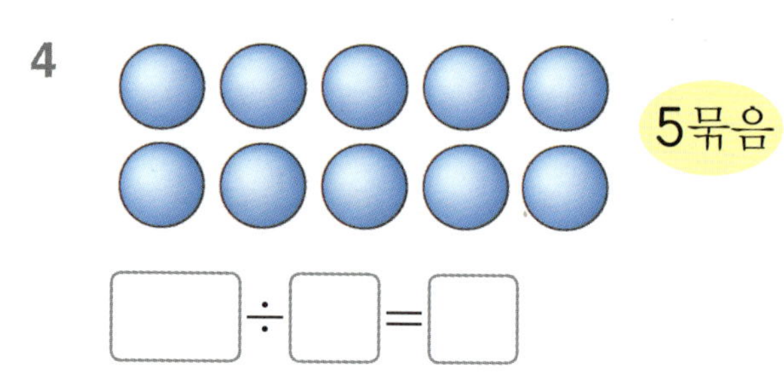

$$\boxed{} \div \boxed{} = \boxed{}$$

5
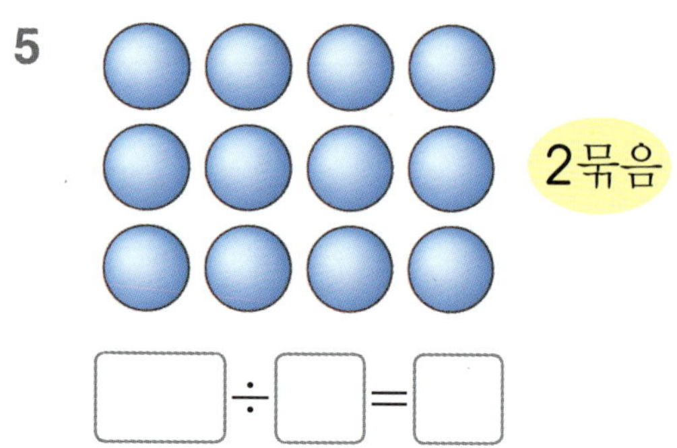

$$\boxed{} \div \boxed{} = \boxed{}$$

6
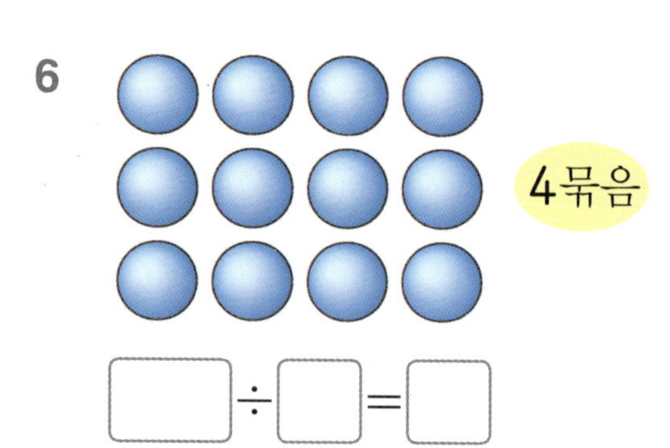

$$\boxed{} \div \boxed{} = \boxed{}$$

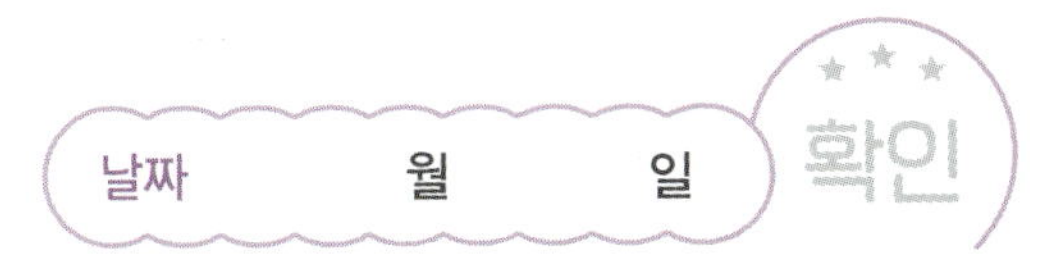

● 주어진 봉지에 과자를 똑같이 나누어 담으려고 합니다. 한 봉지에 몇 개씩 담아야 하는지 봉지에
　○를 그리고 알아보세요.

7

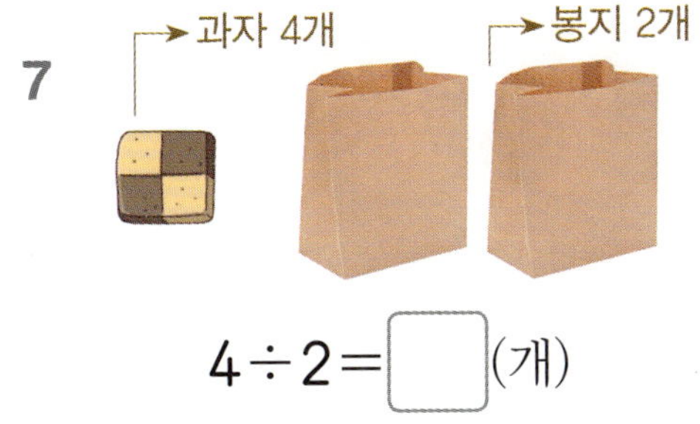

$$4 \div 2 = \boxed{} \text{(개)}$$

8

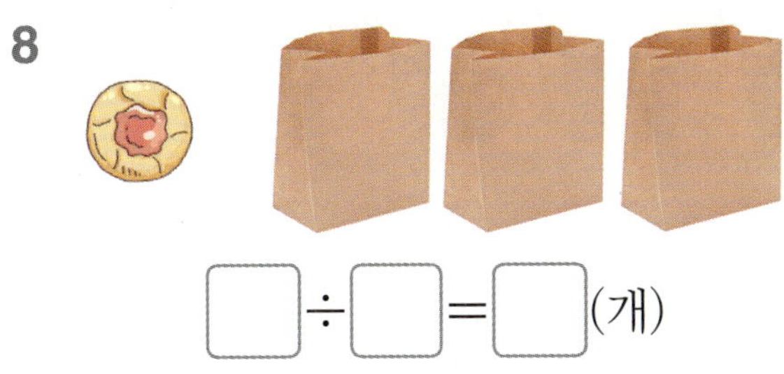

$$\boxed{} \div \boxed{} = \boxed{} \text{(개)}$$

9

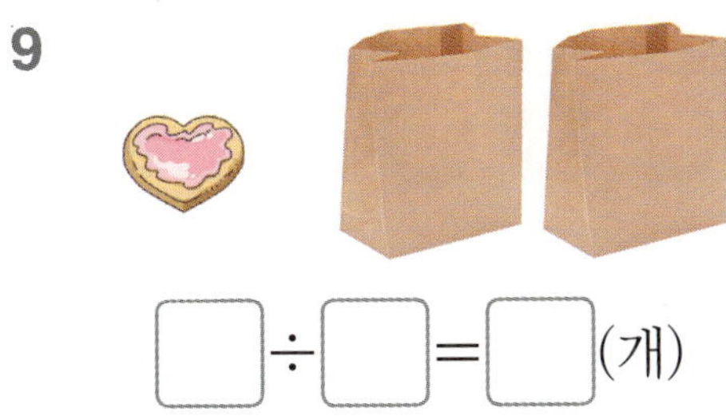

$$\boxed{} \div \boxed{} = \boxed{} \text{(개)}$$

10

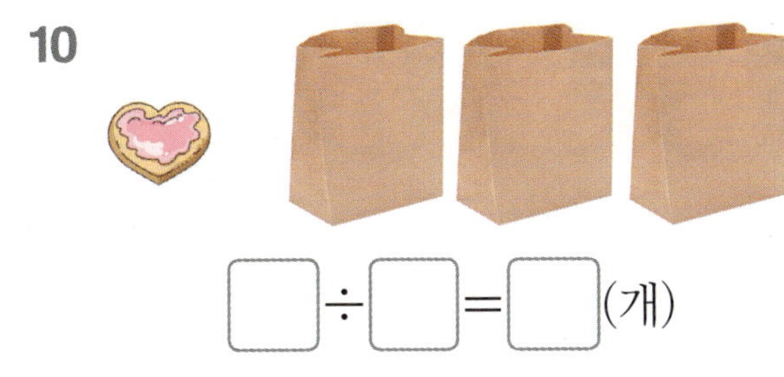

$$\boxed{} \div \boxed{} = \boxed{} \text{(개)}$$

11

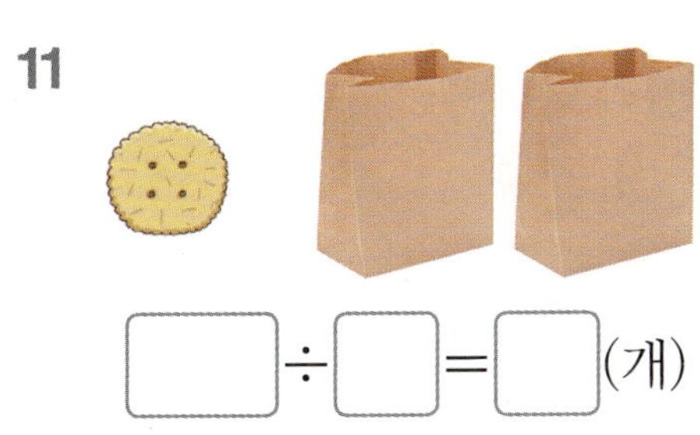

$$\boxed{} \div \boxed{} = \boxed{} \text{(개)}$$

12

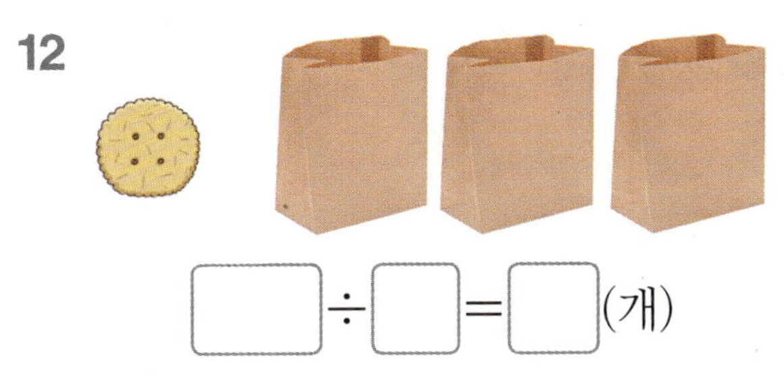

$$\boxed{} \div \boxed{} = \boxed{} \text{(개)}$$

02 똑같이 나누기 (2)

✛ 12를 3개씩 묶기

$$12 \div 3 = 4$$

12 나누기 3은 4와 같습니다.

● 공을 주어진 수만큼씩 묶으면 몇 묶음이 되는지 알아보세요.

1

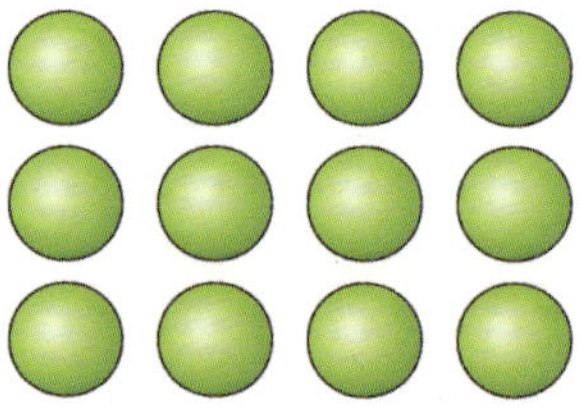

6개씩

$$12 \div 6 = \boxed{}$$

↑
몫

2

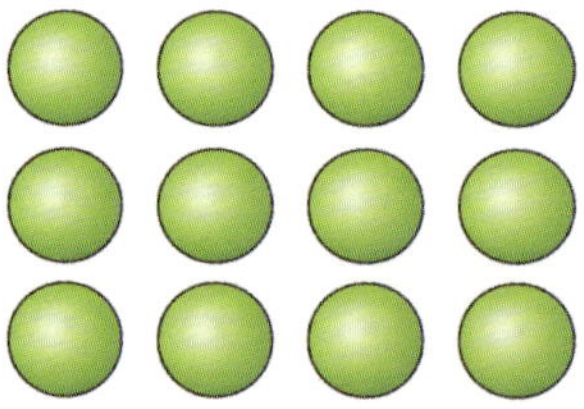

4개씩

$$\boxed{} \div \boxed{} = \boxed{}$$

3

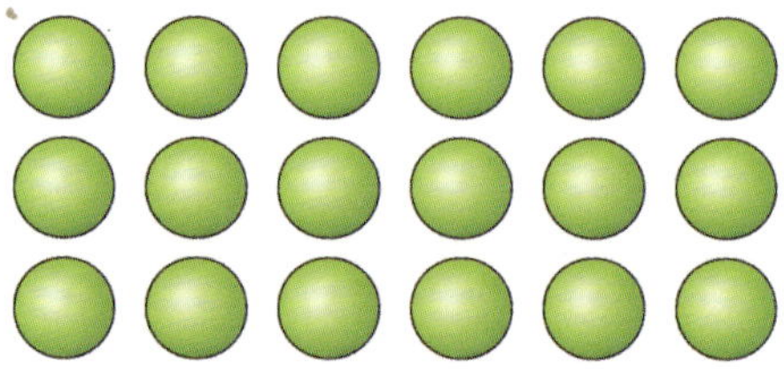

6개씩

$$\boxed{} \div \boxed{} = \boxed{}$$

4

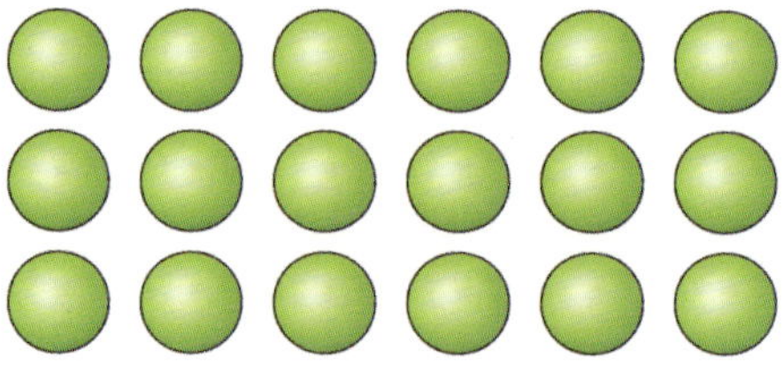

9개씩

$$\boxed{} \div \boxed{} = \boxed{}$$

5

4개씩

$$\boxed{} \div \boxed{} = \boxed{}$$

6

8개씩

$$\boxed{} \div \boxed{} = \boxed{}$$

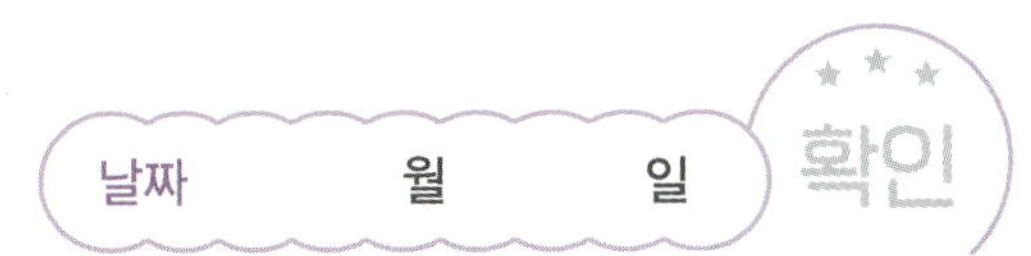

● 과자를 주어진 개수만큼 묶으면 몇 묶음이 되는지 알아보세요.

7

$15 \div 3 = \boxed{}$ (묶음)

8

$18 \div 3 = \boxed{}$ (묶음)

9

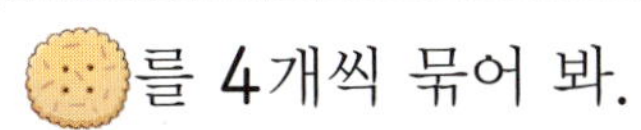

$24 \div 4 = \boxed{}$ (묶음)

10

$30 \div 6 = \boxed{}$ (묶음)

11

$21 \div 7 = \boxed{}$ (묶음)

12

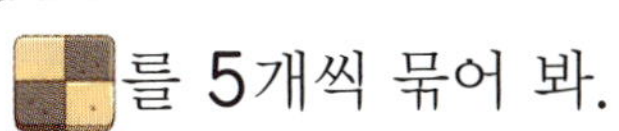

$20 \div 5 = \boxed{}$ (묶음)

03 곱셈과 나눗셈의 관계

✤ 곱셈식을 보고 나눗셈식 만들기

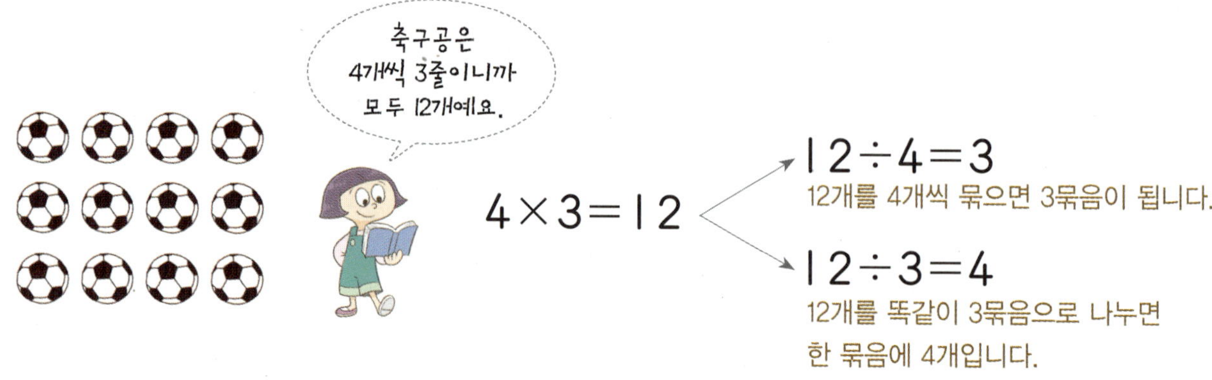

$4 \times 3 = 12$

$12 \div 4 = 3$
12개를 4개씩 묶으면 3묶음이 됩니다.

$12 \div 3 = 4$
12개를 똑같이 3묶음으로 나누면
한 묶음에 4개입니다.

● 그림을 보고 곱셈식과 나눗셈식으로 나타내 보세요.

1

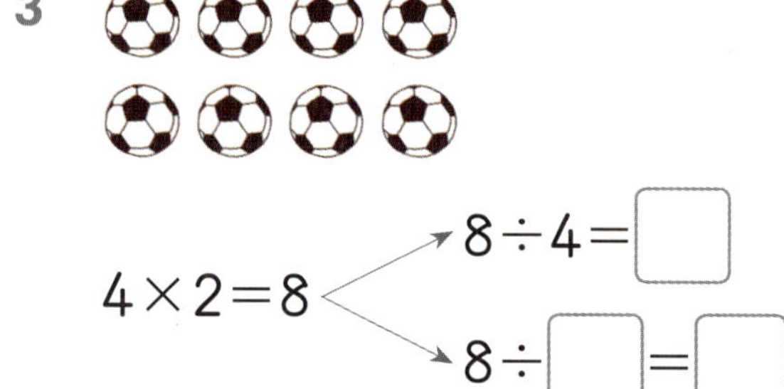

$3 \times 2 = 6$

$6 \div 3 = \boxed{}$

$6 \div 2 = \boxed{}$

2

$5 \times 2 = 10$

$10 \div 5 = \boxed{}$

$10 \div 2 = \boxed{}$

3

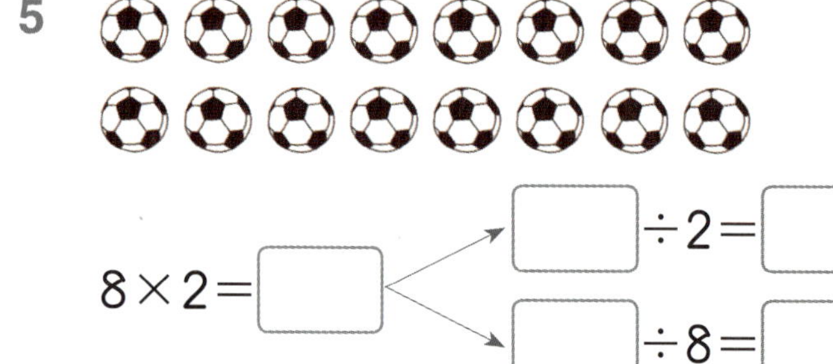

$4 \times 2 = 8$

$8 \div 4 = \boxed{}$

$8 \div \boxed{} = \boxed{}$

4

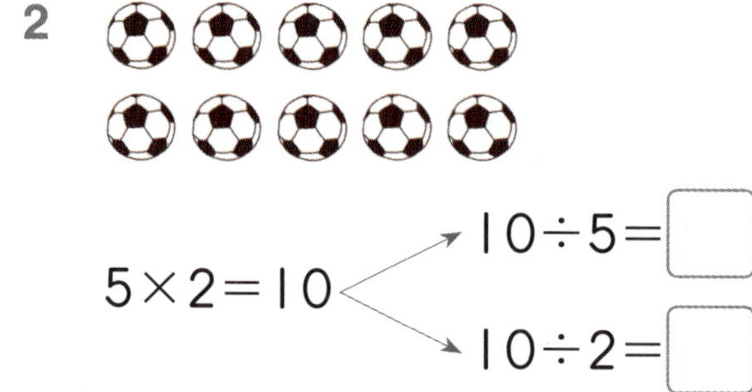

$6 \times 2 = \boxed{}$

$12 \div 6 = \boxed{}$

$12 \div \boxed{} = \boxed{}$

5

$8 \times 2 = \boxed{}$

$\boxed{} \div 2 = \boxed{}$

$\boxed{} \div 8 = \boxed{}$

6

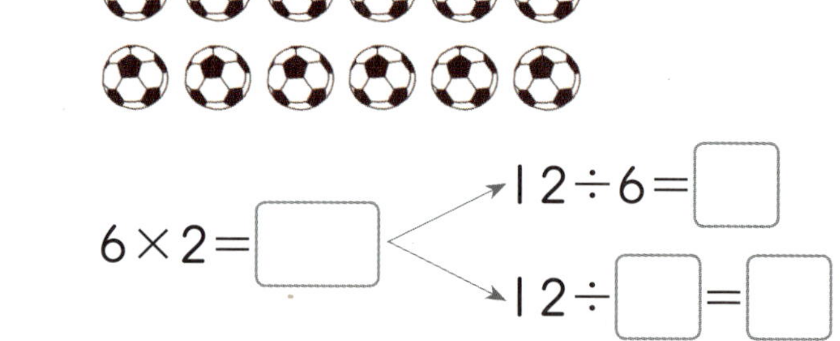

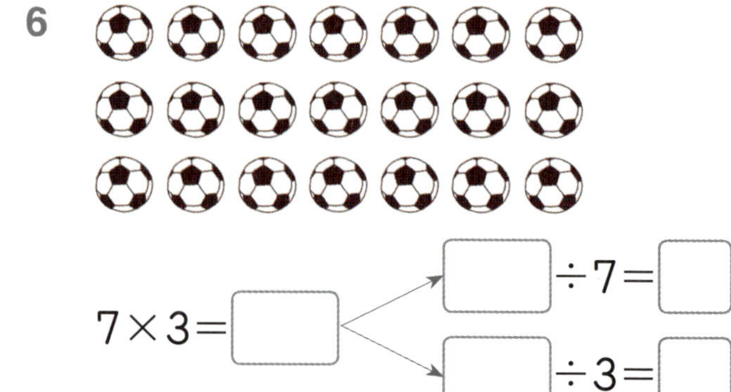

$7 \times 3 = \boxed{}$

$\boxed{} \div 7 = \boxed{}$

$\boxed{} \div 3 = \boxed{}$

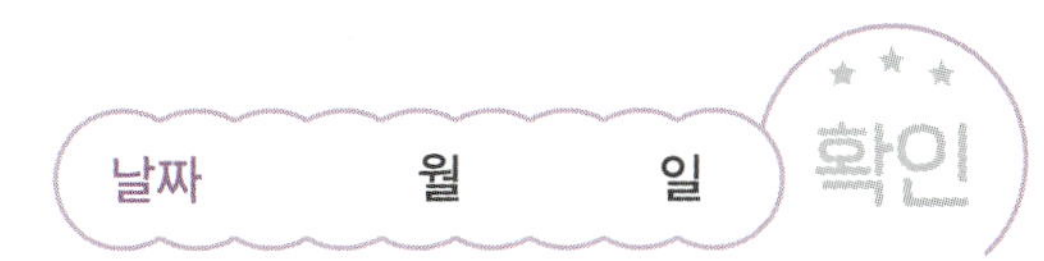

● 과일이 종류별로 한 상자에 같은 개수씩 들어 있습니다. ☐ 안에 알맞은 수를 써넣으세요.

7 $2 \times 9 = 18$

$18 \div 2 = \boxed{}$

$18 \div 9 = \boxed{}$

8 $6 \times 8 = 48$

$48 \div 6 = \boxed{}$

$48 \div 8 = \boxed{}$

9 $9 \times 5 = \boxed{}$

$\boxed{} \div 9 = \boxed{}$

$\boxed{} \div 5 = \boxed{}$

10 $4 \times 7 = \boxed{}$

$\boxed{} \div 4 = \boxed{}$

$\boxed{} \div 7 = \boxed{}$

11 $7 \times 6 = \boxed{}$

$\boxed{} \div 7 = \boxed{}$

$\boxed{} \div 6 = \boxed{}$

12 $8 \times 7 = \boxed{}$

$\boxed{} \div 8 = \boxed{}$

$\boxed{} \div 7 = \boxed{}$

04 곱셈식에서 나눗셈의 몫 구하기

✛ 5×7＝35에서 나눗셈의 몫 구하기

① 5×7＝35

  35÷7＝5
      ↑
     몫

② 5×7＝35

  35÷5＝7
      ↑
     몫

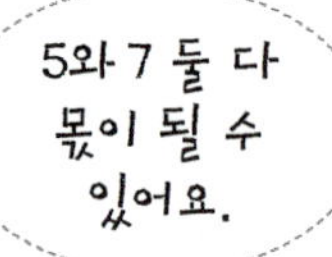

● 곱셈식을 이용하여 나눗셈의 몫을 구하세요.

1   5×4＝20

  20÷4＝□
      ↑
     몫

2   3×8＝24

  24÷8＝□

3   3×□＝21

  21÷3＝□

4   5×□＝25

  25÷5＝□

5   □×6＝36

  36÷6＝□

6   □×6＝48

  48÷6＝□

7   9×□＝36

  36÷9＝□

8   7×□＝56

  56÷7＝□

● 저울의 양쪽 무게가 같도록 분동을 올려놓았습니다. 오른쪽에 올려놓은 분동 1개의 무게를 구하세요.

9

$$\boxed{} \times 2 = 16 \ (g)$$

$$16 \div 2 = \boxed{} \ (g)$$

10

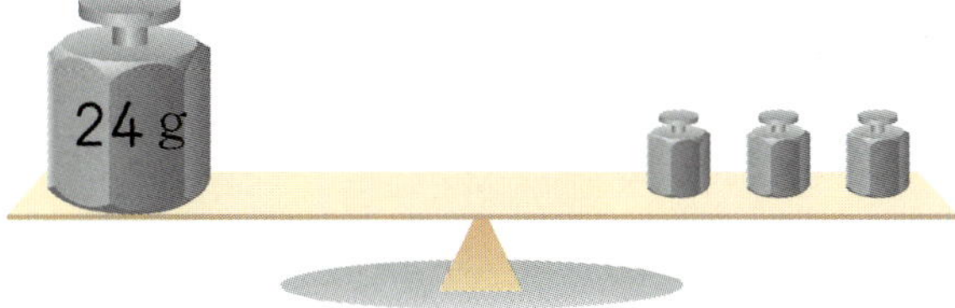

$$\boxed{} \times 3 = 24 \ (g)$$

$$24 \div 3 = \boxed{} \ (g)$$

11

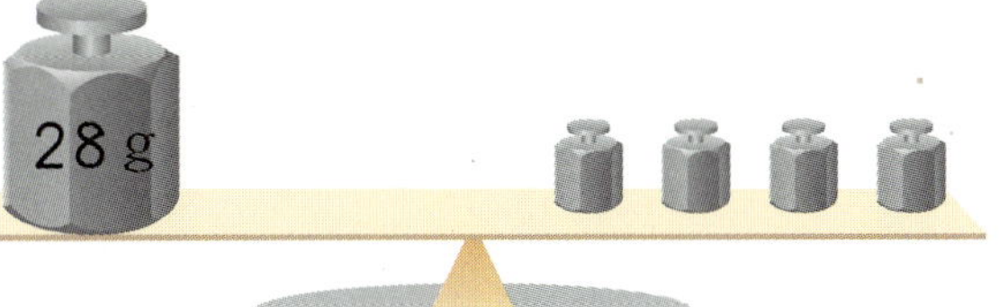

$$\boxed{} \times 4 = 28 \ (g)$$

$$28 \div 4 = \boxed{} \ (g)$$

12

$$\boxed{} \times 4 = 36 \ (g)$$

$$36 \div 4 = \boxed{} \ (g)$$

13

$$\boxed{} \times \boxed{} = 30 \ (g)$$

$$30 \div \boxed{} = \boxed{} \ (g)$$

14

$$\boxed{} \times \boxed{} = 45 \ (g)$$

$$45 \div \boxed{} = \boxed{} \ (g)$$

15

$$\boxed{} \times \boxed{} = 49 \ (g)$$

$$49 \div \boxed{} = \boxed{} \ (g)$$

16

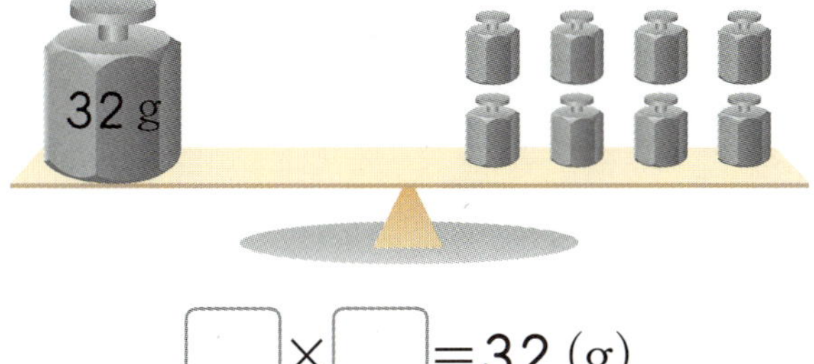

$$\boxed{} \times \boxed{} = 32 \ (g)$$

$$32 \div \boxed{} = \boxed{} \ (g)$$

05 곱셈구구로 나눗셈의 몫 구하기

✤ 24÷4의 몫 구하기

$$24 \div 4 = 6$$

4단 곱셈구구에서
곱이 24인 수 찾기

몫

4단 곱셈구구

$4 \times 1 = 4$
$4 \times 2 = 8$
$4 \times 3 = 12$
$4 \times 4 = 16$
$4 \times 5 = 20$
$4 \times 6 = 24$

● 나눗셈의 몫을 구하세요.

1
$6 \div 2 = \square$
$12 \div 2 = \square$
$16 \div 2 = \square$

2
$6 \div 3 = \square$
$15 \div 3 = \square$
$27 \div 3 = \square$

3
$12 \div 4 = \square$
$20 \div 4 = \square$
$28 \div 4 = \square$

4
$20 \div 5 = \square$
$25 \div 5 = \square$
$45 \div 5 = \square$

5
$30 \div 6 = \square$
$42 \div 6 = \square$
$54 \div 6 = \square$

6
$32 \div 8 = \square$
$56 \div 8 = \square$
$64 \div 8 = \square$

● **보기** 와 같이 차에 적힌 수가 몫인 나눗셈이 되도록 길을 찾아 그려 보세요.

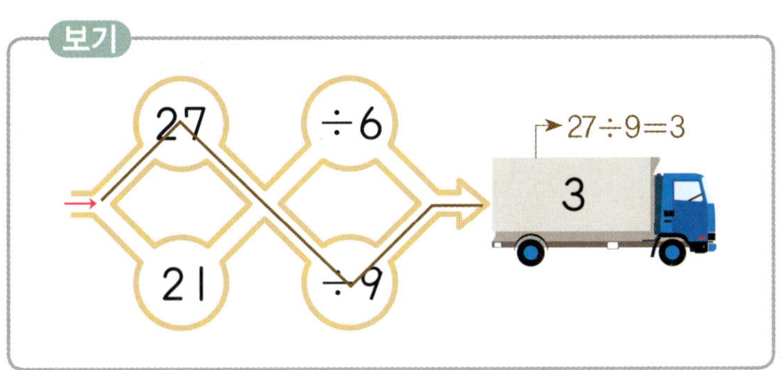

7

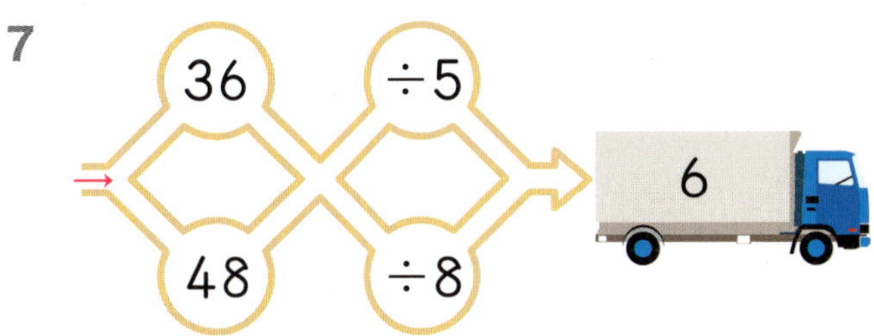

8

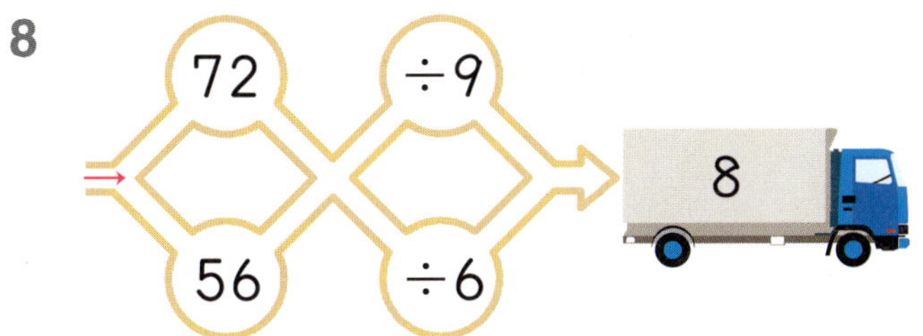

9

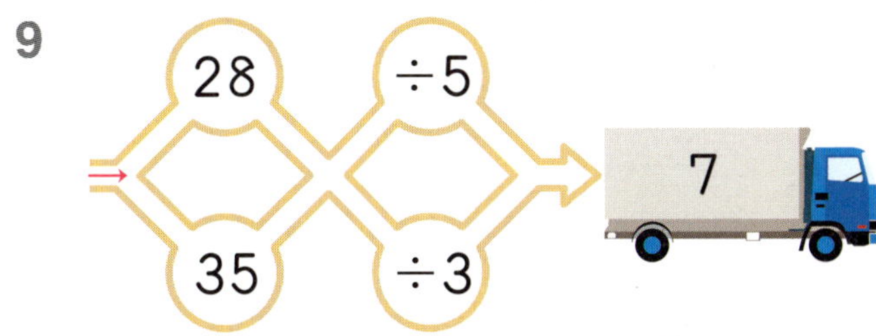

10

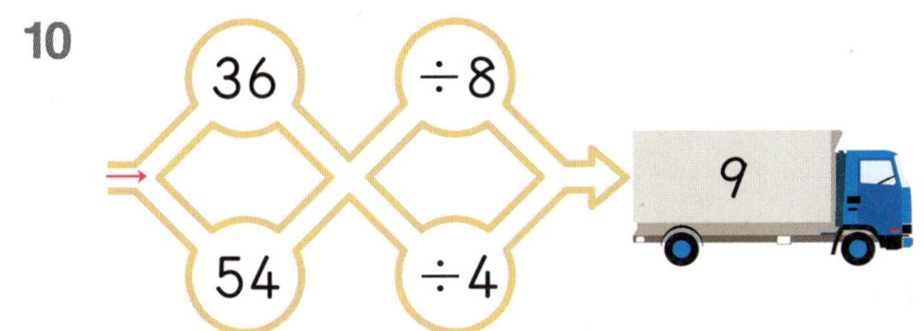

11

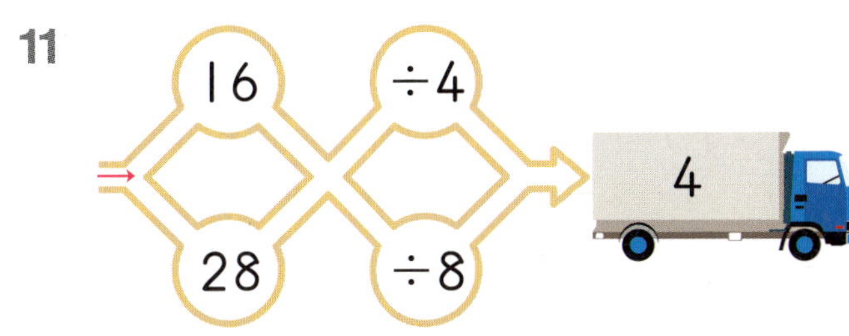

12

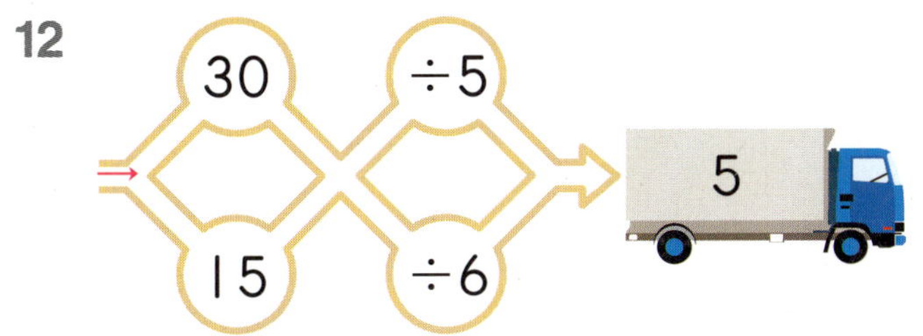

13

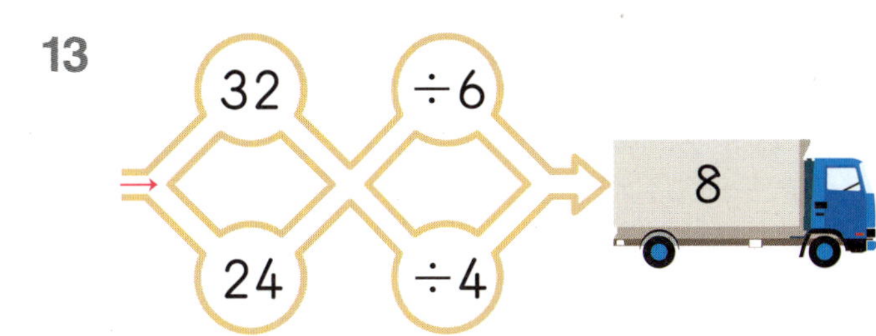

나눗셈을 세로로 쓰고 계산하기

✜ 20÷5를 세로로 쓰고 계산하기

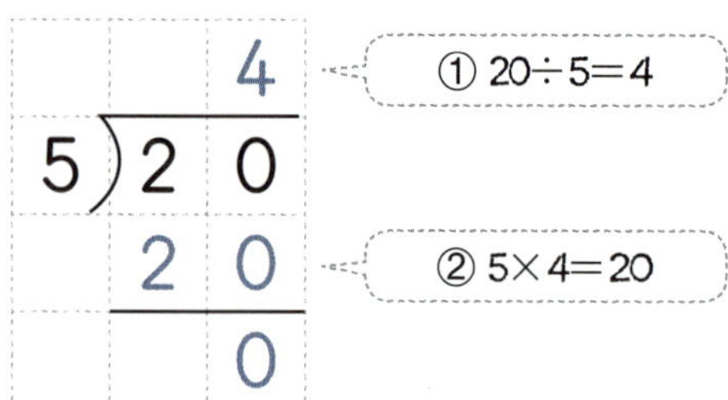

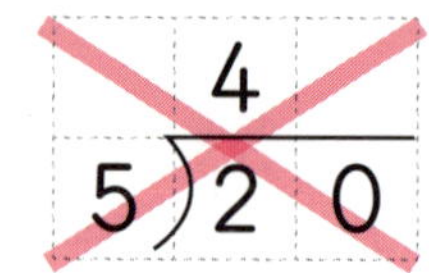

● 나눗셈의 몫을 구하세요.

1 5$\overline{)5}$

2 3$\overline{)9}$

3 2$\overline{)8}$

4 6$\overline{)18}$

5 4$\overline{)28}$

6 9$\overline{)27}$

7 8$\overline{)24}$

8 7$\overline{)63}$

9 9$\overline{)81}$

● 범인을 찾으려고 합니다. 계산해 보세요.

10 스

$1\overline{)4}$

11 의

$7\overline{)7}$

12 글

$2\overline{)6}$

13 선

$5\overline{)10}$

14 무

$8\overline{)56}$

15 라

$7\overline{)42}$

16 늬

$6\overline{)54}$

17 상

$6\overline{)30}$

18 줄

$9\overline{)72}$

8	7	9	5	1	2	3	6	4

● 그림을 보고 뺄셈식을 쓰고 ☐ 안에 알맞은 수를 써넣으세요.

1

뺄셈식 $15-5-5-5=0$

나눗셈식 $15 \div 5 = \boxed{}$

빼는 수 ← → 뺀 횟수

2

뺄셈식 $16-4-4-4-4=0$

나눗셈식 $\boxed{} \div \boxed{} = \boxed{}$

3

뺄셈식 _______

나눗셈식 $\boxed{} \div \boxed{} = \boxed{}$

4

뺄셈식 _______

나눗셈식 $\boxed{} \div \boxed{} = \boxed{}$

5

뺄셈식 _______

나눗셈식 $\boxed{} \div \boxed{} = \boxed{}$

6

뺄셈식 _______

나눗셈식 $\boxed{} \div \boxed{} = \boxed{}$

7

뺄셈식 _______

나눗셈식 $\boxed{} \div \boxed{} = \boxed{}$

8

뺄셈식 _______

나눗셈식 $\boxed{} \div \boxed{} = \boxed{}$

● 세 장의 수 카드 중에서 두 장을 사용하여 곱셈식을 만들고 곱셈식을 이용하여 나눗셈식 2개를 만들어 보세요.

9 

$3 \times 4 = 12$

$12 \div 3 = \square$

$12 \div 4 = \square$

10 

$\square \times \square = 24$

$\square \div \square = \square$

$\square \div \square = \square$

11 

$\square \times \square = 32$

$\square \div \square = \square$

$\square \div \square = \square$

12 

$\square \times \square = 18$

$\square \div \square = \square$

$\square \div \square = \square$

13 

$\square \times \square = 36$

$\square \div \square = \square$

$\square \div \square = \square$

14 

$\square \times \square = 72$

$\square \div \square = \square$

$\square \div \square = \square$

● 계산해 보세요.

1 
$1\overline{)9}$

2 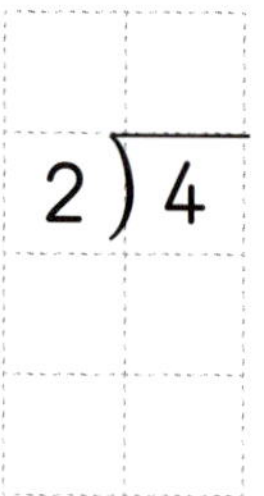
$2\overline{)4}$

3 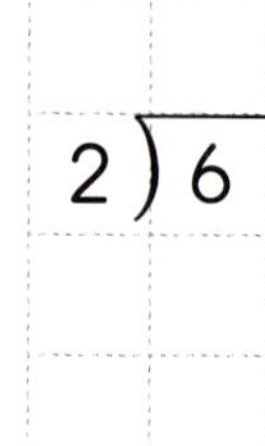
$2\overline{)6}$

4 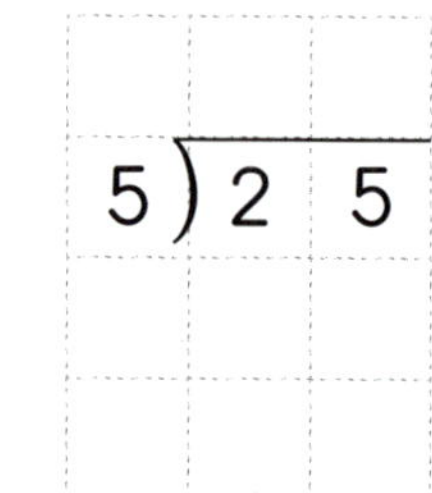
$5\overline{)25}$

5 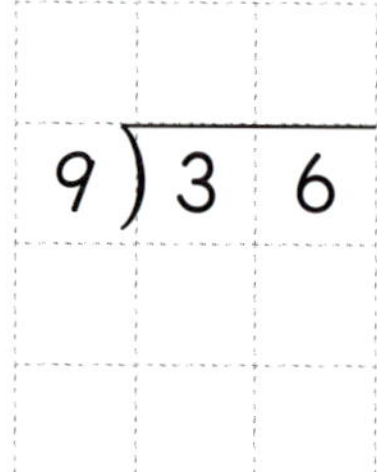
$9\overline{)36}$

6 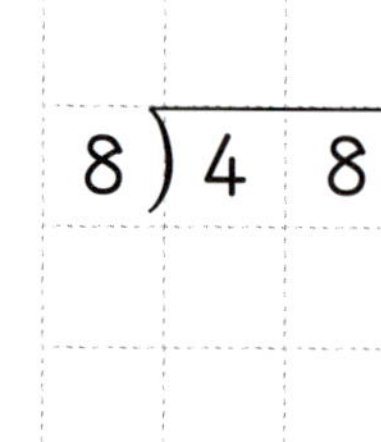
$8\overline{)48}$

7 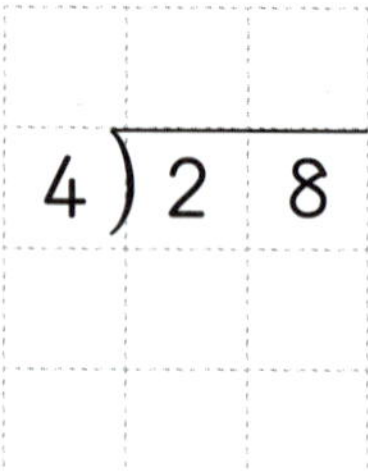
$4\overline{)28}$

8 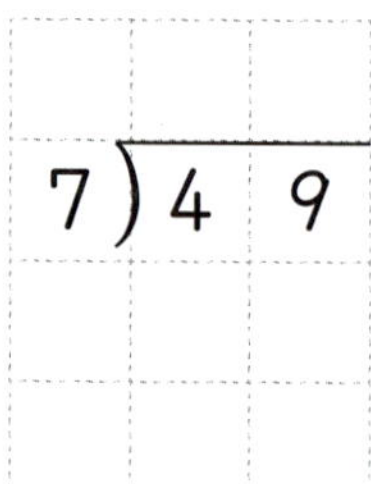
$7\overline{)49}$

9 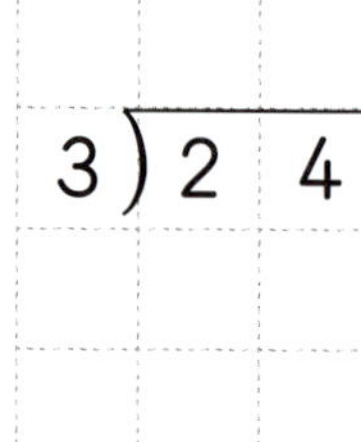
$3\overline{)24}$

10 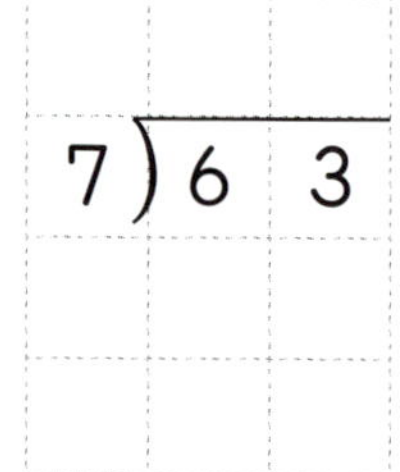
$2\overline{)12}$

11 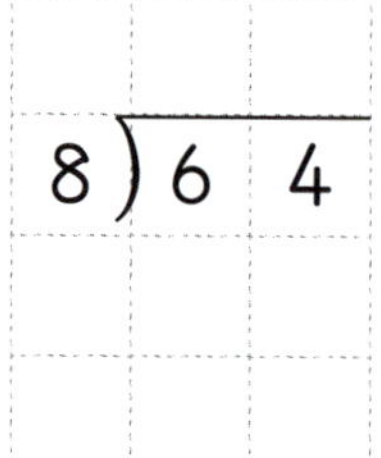
$3\overline{)21}$

12 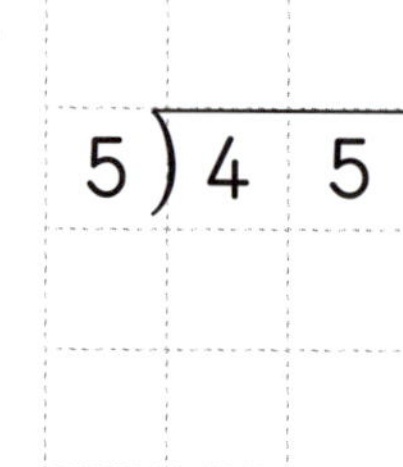
$4\overline{)36}$

13
$7\overline{)63}$

14
$8\overline{)64}$

15
$5\overline{)45}$

16 $3 \div 3$

$12 \div 3$

17 $7 \div 1$

$18 \div 2$

18 $35 \div 7$

$56 \div 7$

19 $24 \div 6$

$24 \div 8$

20 $54 \div 6$

$36 \div 4$

21 $36 \div 6$

$27 \div 3$

22 $48 \div 6$

$16 \div 4$

23 $72 \div 8$

$56 \div 8$

24 $36 \div 9$

$21 \div 3$

25 $18 \div 6$

$40 \div 8$

4 곱셈

얘들아!

어머~ 애들이 음식을 사이좋게 나누어 먹었네요.
그러게 말이오. 싸우지도 않고….
뜨끔

안녕… 하세요. 저는 성냥팔이 소녀입니다.
저는 성냥 요정이구요.
꾸벅

어머, 반가워요.
요정은 뭐지?

그랬니? 똑같이 나누어 먹었다면 나눗셈을 잘하겠구나!
저 소녀랑 요정이 우리를 도와줬어요.

내가 맛있는 거 더 해줄게.
쓰담 쓰담

성냥팔이 소녀는 어떤 음식을 좋아하니?

전 뭐든지 잘 먹습니다!
꼬르륵

배가 많이 고프구나. 빨리 만들어 줄게.
감사합니다.

- ▶ (몇십)×(몇)
- ▶ (몇)×(몇십)
- ▶ (두 자리 수)×(한 자리 수)
- ▶ (한 자리 수)×(두 자리 수)

연산력 게임

스마트폰을 이용하여 QR을 찍으면 재미있는 연산 게임을 할 수 있습니다.

01 (몇십)×(몇)

✣ 20×3의 계산

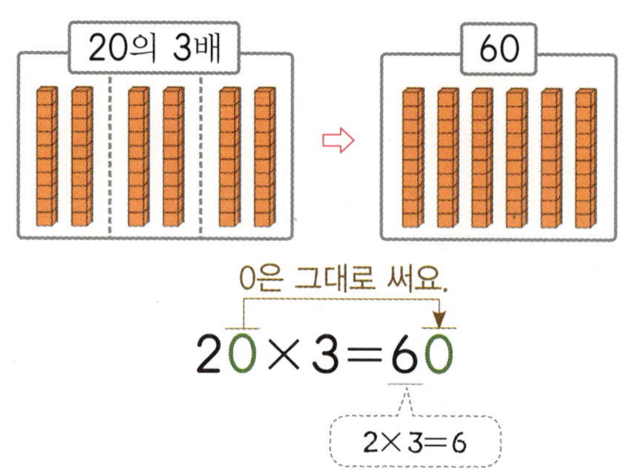

● 계산해 보세요.

1 10×1=10

10×4=☐

10×7=☐

2 20×1=20

20×2=☐

20×4=☐

3 30×1=30

30×2=☐

30×3=☐

4 40×1=40

40×2=☐

50×1=☐

5 10×6=☐

10×8=☐

80×1=☐

6 10×3=☐

70×1=☐

60×1=☐

● 과일 가게에서 과일별로 같은 개수씩 상자에 담아 팔고 있습니다. 상자의 개수에 따라 담겨 있는 과일의 수를 구하세요.

7 2상자

$10 \times 2 = \boxed{}$ (개)

8 4상자

$10 \times 4 = \boxed{}$ (개)

9 7상자

$10 \times \boxed{} = \boxed{}$ (개)

10 9상자

$\boxed{} \times \boxed{} = \boxed{}$ (개)

11 3상자

$20 \times \boxed{} = \boxed{}$ (개)

12 4상자

$\boxed{} \times \boxed{} = \boxed{}$ (개)

13 2상자

$30 \times \boxed{} = \boxed{}$ (개)

14 3상자

$\boxed{} \times \boxed{} = \boxed{}$ (개)

02 (몇)×(몇십)

✚ 3×20의 계산

● 계산해 보세요.

1 1×10=10

1×20=☐

1×40=☐

2 2×10=20

2×20=☐

2×30=☐

3 3×10=30

3×20=☐

3×30=☐

4 4×10=40

4×20=☐

2×40=☐

5 1×60=☐

6×10=☐

7×10=☐

6 5×10=☐

8×10=☐

9×10=☐

● 같은 모양의 수끼리 곱하세요.

7

 $2 \times 20 =$ ☐

○ $1 \times 50 =$ ☐

⬠ $5 \times 10 =$ ☐

8

9

10

03 올림이 없는 (두 자리 수)×(한 자리 수)

✜ 21×3의 계산

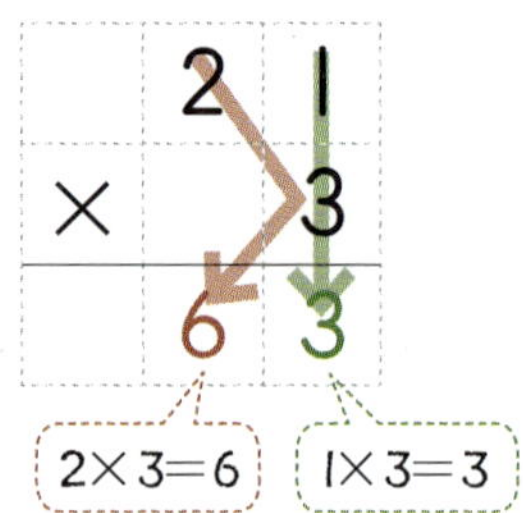

● 계산해 보세요.

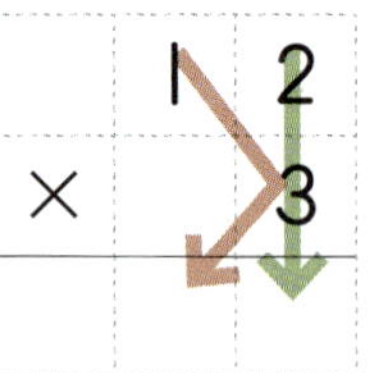

2

$$\begin{array}{r} 1\ 4 \\ \times\ \ \ 2 \\ \hline \end{array}$$

3

$$\begin{array}{r} 1\ 3 \\ \times\ \ \ 3 \\ \hline \end{array}$$

4

$$\begin{array}{r} 2\ 2 \\ \times\ \ \ 3 \\ \hline \end{array}$$

5

$$\begin{array}{r} 2\ 1 \\ \times\ \ \ 4 \\ \hline \end{array}$$

6

$$\begin{array}{r} 3\ 1 \\ \times\ \ \ 2 \\ \hline \end{array}$$

7

$$\begin{array}{r} 3\ 2 \\ \times\ \ \ 3 \\ \hline \end{array}$$

8

$$\begin{array}{r} 3\ 4 \\ \times\ \ \ 2 \\ \hline \end{array}$$

9

$$\begin{array}{r} 3\ 3 \\ \times\ \ \ 3 \\ \hline \end{array}$$

● 보기 와 같이 계산을 하고 계산 결과가 주어진 수와 <u>다른</u> 것을 모두 찾아 / 을 그어 풍선을 끊어 보세요.

10 

11 

12 

04 올림이 없는 (한 자리 수)×(두 자리 수)

✦ 3×21의 계산

$$3 \times 21 = 63$$

● 계산해 보세요.

1 2×11=22

2×13=□

2×14=□

2 3×12=36

4×12=□

4×22=□

3 5×11=55

8×11=□

2×44=□

4 1×22=22

2×22=□

2×32=□

5 3×13=□

3×33=□

9×11=□

6 4×21=□

2×31=□

2×34=□

● 정환이가 하루의 학습 계획을 과목별로 정하였습니다. 주어진 기간 동안 과목별로 공부하게 될 쪽수를 구하세요.

7 
11일

$4 \times 11 = \boxed{}$ (쪽)

8 
12일

$3 \times 12 = \boxed{}$ (쪽)

9 
21일

$2 \times 21 = \boxed{}$ (쪽)

10 
22일

$4 \times 22 = \boxed{}$ (쪽)

11 
23일

$3 \times \boxed{} = \boxed{}$ (쪽)

12 
34일

$2 \times \boxed{} = \boxed{}$ (쪽)

13 
41일

$2 \times \boxed{} = \boxed{}$ (쪽)

14 
32일

$3 \times \boxed{} = \boxed{}$ (쪽)

05 십의 자리에서 올림이 있는 (두 자리 수)×(한 자리 수)

✤ 63×2의 계산

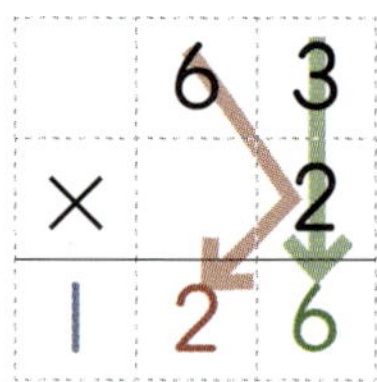

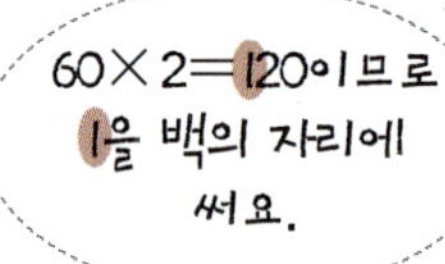

● 계산해 보세요.

1

$$
\begin{array}{r}
5\ 1 \\
\times\quad 2 \\
\hline
\end{array}
$$

2

$$
\begin{array}{r}
7\ 4 \\
\times\quad 2 \\
\hline
\end{array}
$$

3

$$
\begin{array}{r}
8\ 2 \\
\times\quad 2 \\
\hline
\end{array}
$$

4

$$
\begin{array}{r}
4\ 3 \\
\times\quad 3 \\
\hline
\end{array}
$$

5

$$
\begin{array}{r}
6\ 2 \\
\times\quad 3 \\
\hline
\end{array}
$$

6

$$
\begin{array}{r}
2\ 1 \\
\times\quad 5 \\
\hline
\end{array}
$$

7

$$
\begin{array}{r}
7\ 2 \\
\times\quad 3 \\
\hline
\end{array}
$$

8

$$
\begin{array}{r}
8\ 3 \\
\times\quad 2 \\
\hline
\end{array}
$$

9

$$
\begin{array}{r}
9\ 1 \\
\times\quad 4 \\
\hline
\end{array}
$$

● 오른쪽 세 종류의 액체를 다음 횟수만큼씩 사용하여 과학
  실험을 했습니다. 사용한 액체의 양을 구하세요.

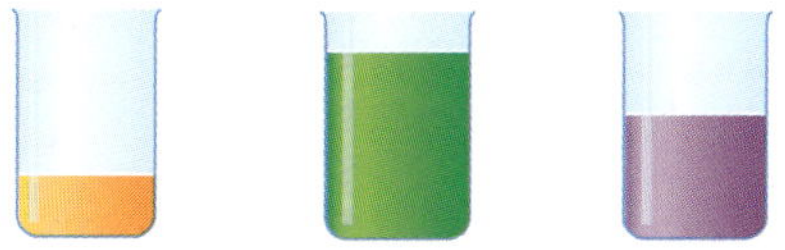

10  4번

```
    3 1
×     4
───────
```
(mL)

11  3번

(mL)

12 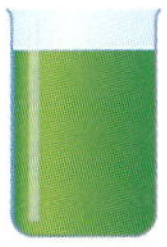 2번

(mL)

13  7번

(mL)

14  2번

(mL)

15  3번

(mL)

16  9번

(mL)

17  4번

(mL)

✤ 2×63의 계산

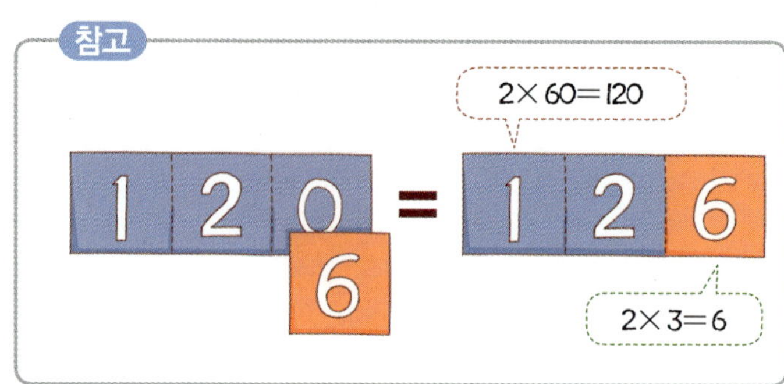

● 계산해 보세요.

1 2×60=120

2×61=

2×94=

2 3×72=216

3×73=

3×81=

3 4×41=164

4×42=

4×52=

4 5×61=305

5×71=

5×91=

5 8×41=

6×91=

3×71=

6 9×41=

7×51=

2×91=

● 계산해 보세요.

7 

4×92

$=$

8 

3×53

$=$

9 

6×71

$=$

10 

5×21

$=$

11 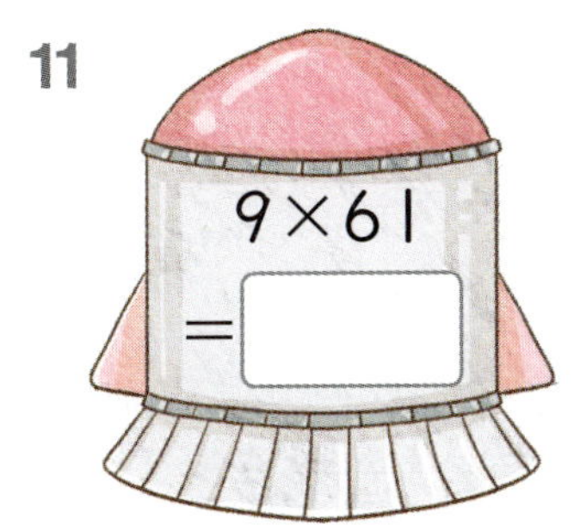

9×61

$=$

12 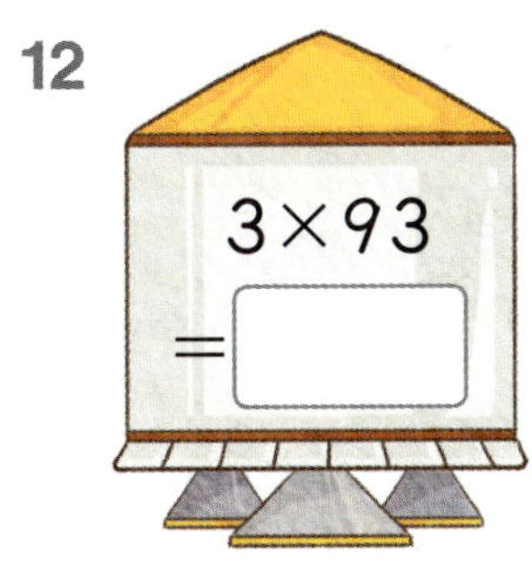

3×93

$=$

13 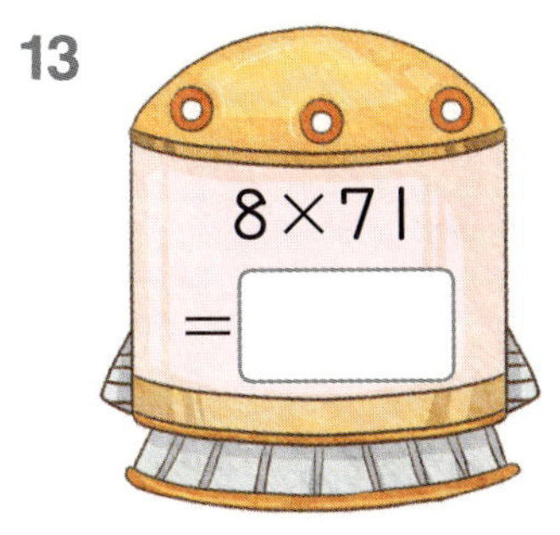

8×71

$=$

14 

5×91

$=$

15 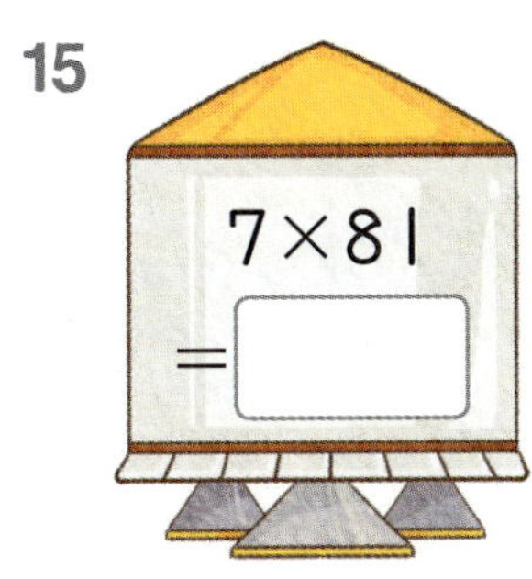

7×81

$=$

16 

3×82

$=$

17 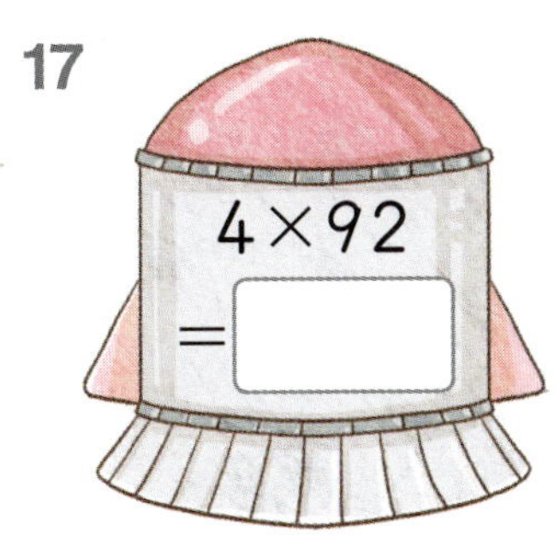

4×92

$=$

18 

8×91

$=$

일의 자리에서 올림이 있는 (두 자리 수)×(한 자리 수)

✤ 25×3의 계산

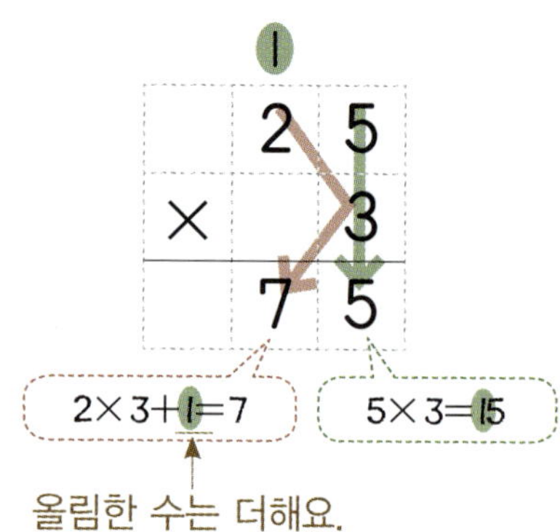

● 계산해 보세요.

1

```
    1 4
×     6
```

2

```
    1 7
×     5
```

3

```
    2 6
×     3
```

4

```
    1 8
×     4
```

5

```
    2 9
×     3
```

6

```
    1 6
×     5
```

7

```
    2 3
×     4
```

8

```
    2 8
×     3
```

9

```
    3 7
×     2
```

● 자전거 경주를 할 수 있는 네 종류의 트랙이 있습니다. 트랙의 종류와 트랙을 도는 횟수에 따른 총 거리를 구하세요.

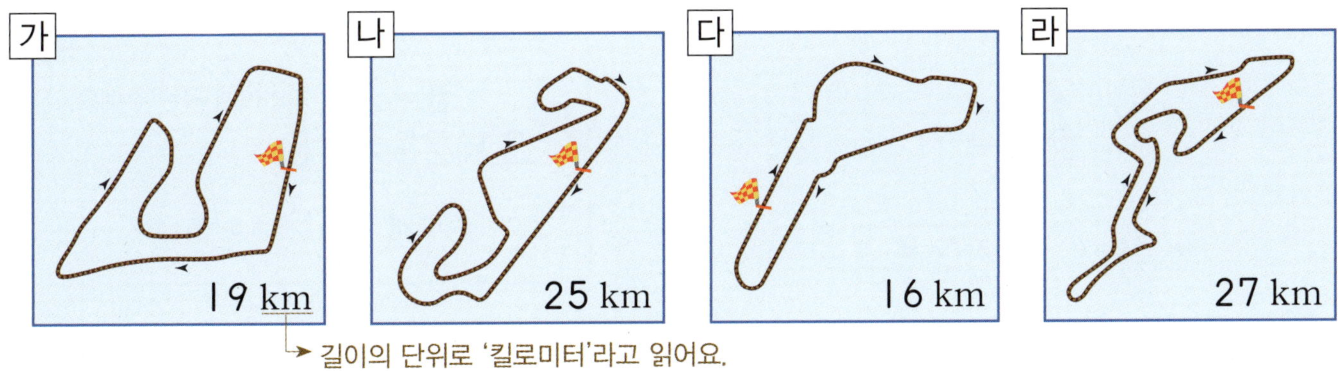

길이의 단위로 '킬로미터'라고 읽어요.

10 가 3바퀴

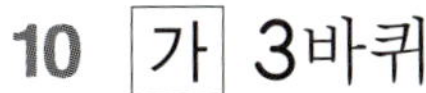

```
    1 9
×     3
```
(km)

11 나 2바퀴

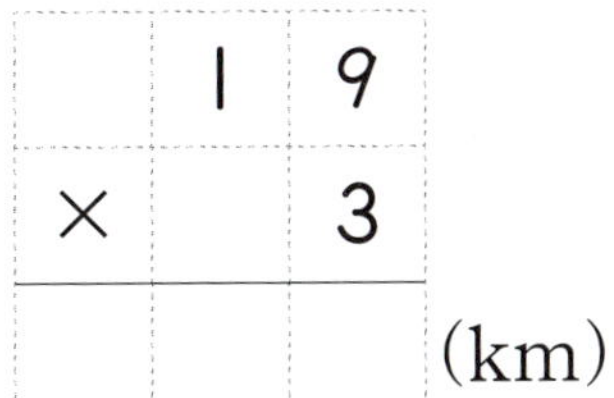

(km)

12 다 4바퀴

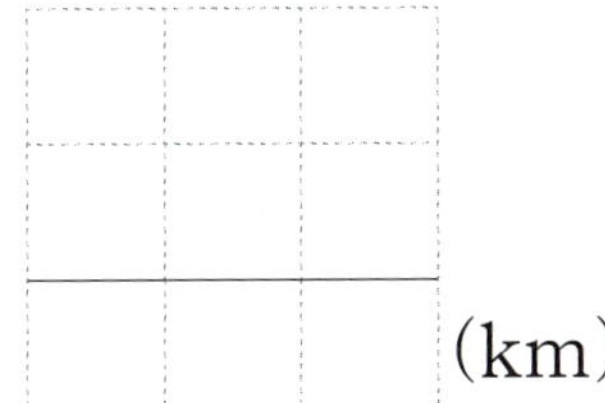

(km)

13 라 2바퀴

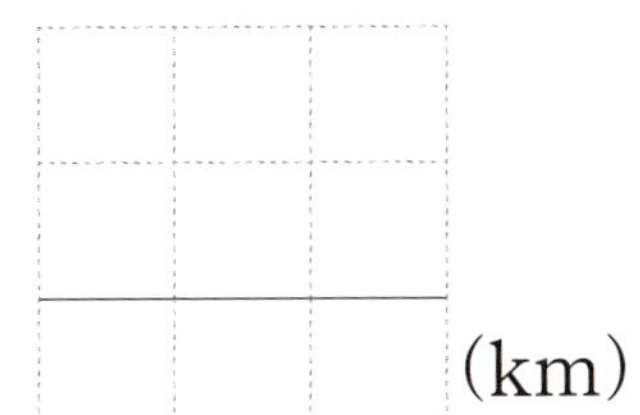

(km)

14 가 4바퀴

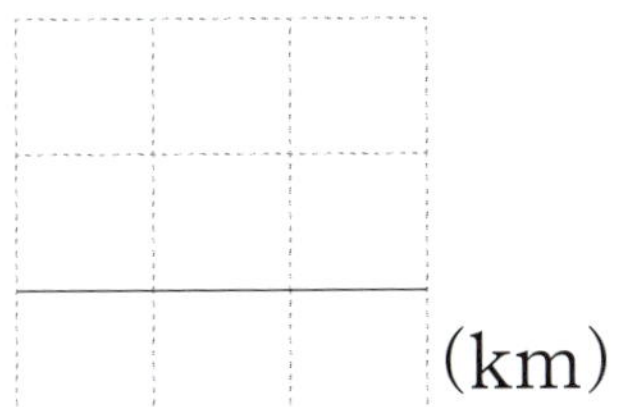

(km)

15 나 3바퀴

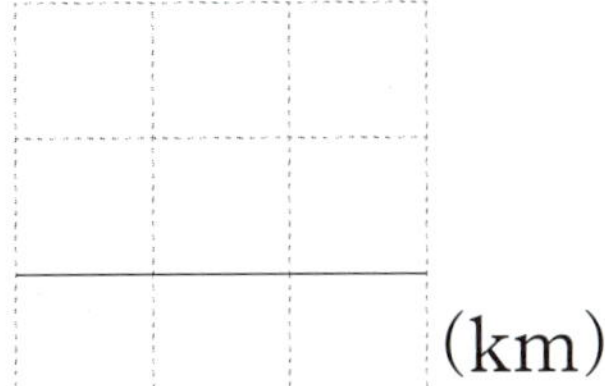

(km)

16 다 5바퀴

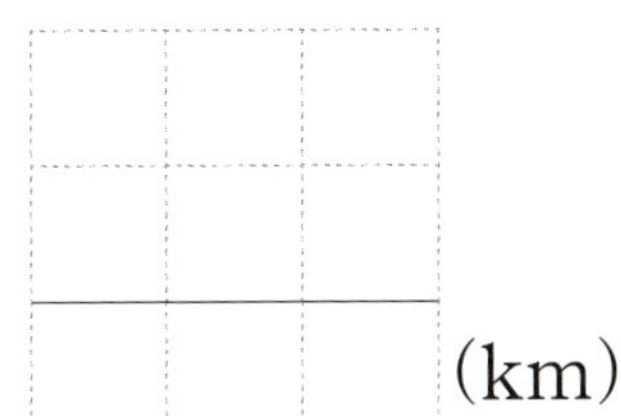

(km)

17 라 3바퀴

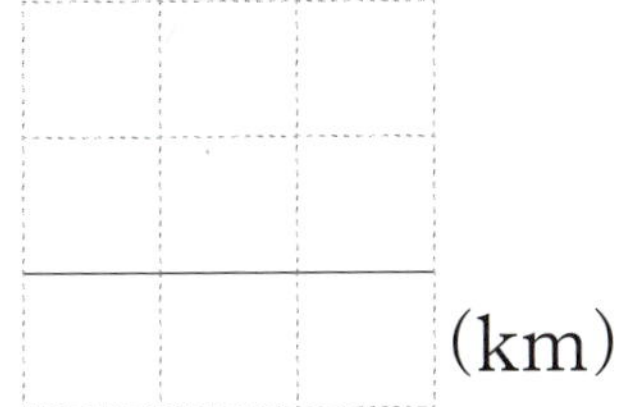

(km)

18 가 5바퀴

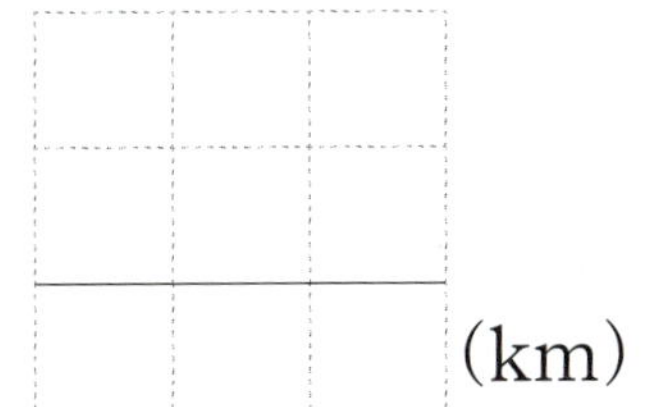

(km)

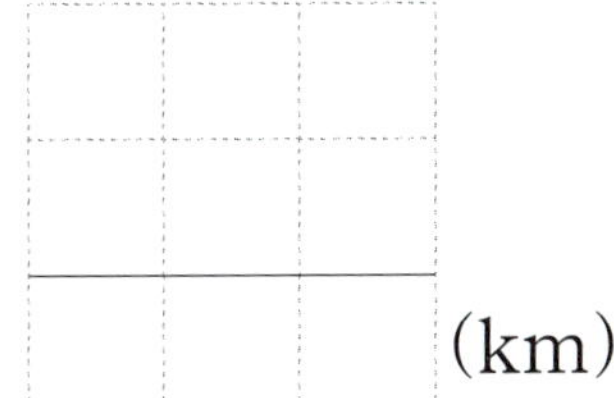

08 일의 자리에서 올림이 있는 (한 자리 수)×(두 자리 수)

✛ 3×25의 계산

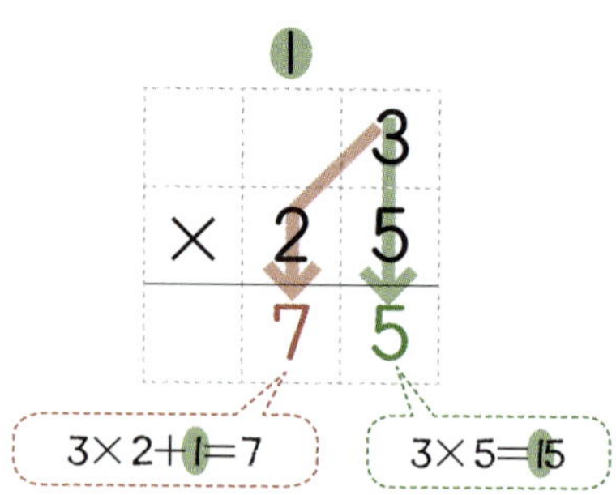

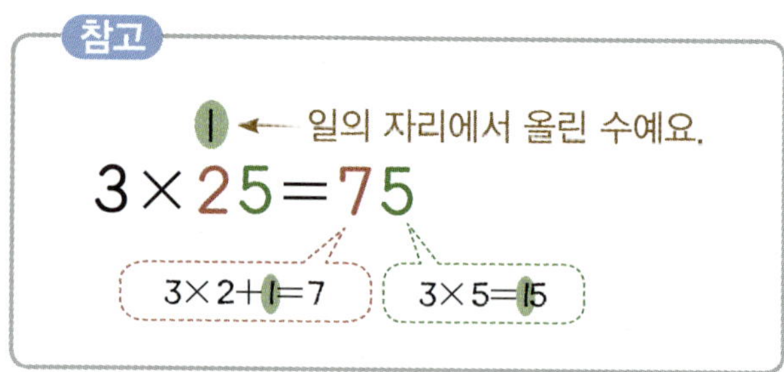

● 계산해 보세요.

1

```
      4
×   1 3
```

2

```
      6
×   1 5
```

3

```
      6
×   1 6
```

4

```
      4
×   2 4
```

5

```
      3
×   2 7
```

6

```
      3
×   2 8
```

7

```
      2
×   3 5
```

8

```
      2
×   3 9
```

9

```
      2
×   4 5
```

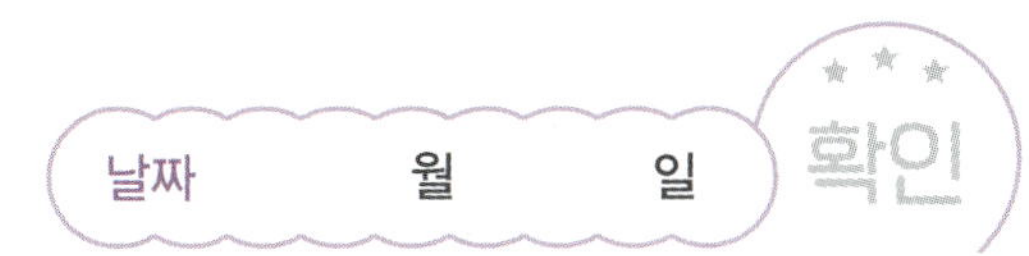

● 계산해 보세요.

10
5×16
=☐

11
4×15
=☐

12
7×12
=☐

13
3×24
=☐

14
4×18
=☐

15
2×37
=☐

16
6×14
=☐

17
8×12
=☐

18
3×19
=☐

19
7×14
=☐

20
4×23
=☐

09 올림이 2번 있는 (두 자리 수)×(한 자리 수)

✚ 86×4의 계산

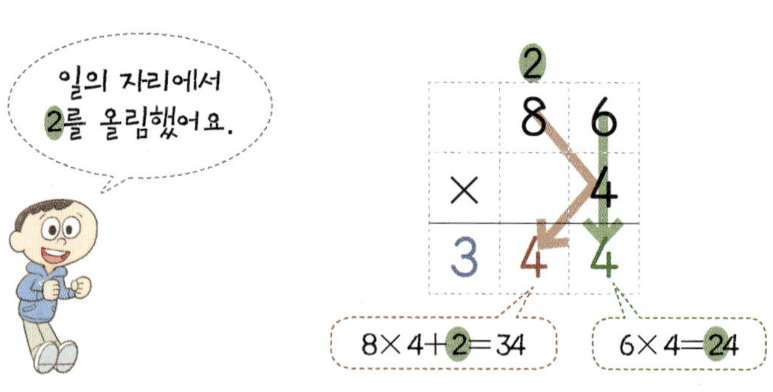

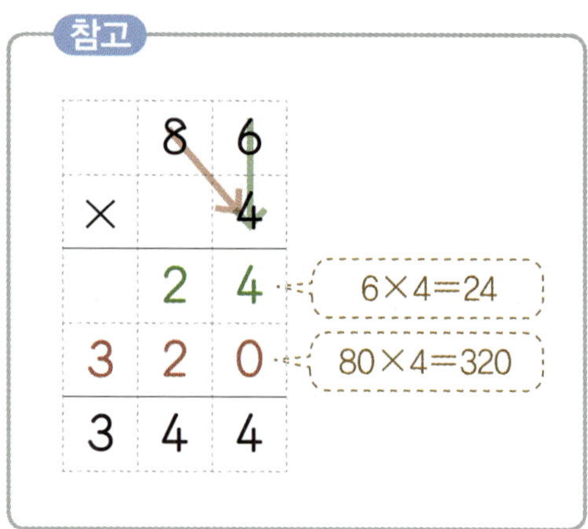

● 계산해 보세요.

1
　　5 4
×　　4

2
　　5 2
×　　6

3
　　5 8
×　　3

4
　　6 3
×　　5

5
　　6 7
×　　6

6
　　7 4
×　　4

7
　　7 8
×　　3

8
　　8 6
×　　2

9
　　9 3
×　　4

● **곱셈을 하여 음식의 열량을 계산해 보세요.**

한 개의 열량

76 kcal	24 kcal	25 kcal	99 kcal

10 5개

```
    7  6
×      5
──────────
        (kcal)
```

11 5개

(kcal)

12 7개

(kcal)

13 4개

(kcal)

14 8개

(kcal)

15 7개

(kcal)

16 9개

(kcal)

17 6개

(kcal)

18 7개

(kcal)

10 올림이 2번 있는 (한 자리 수)×(두 자리 수)

✚ 4×86의 계산

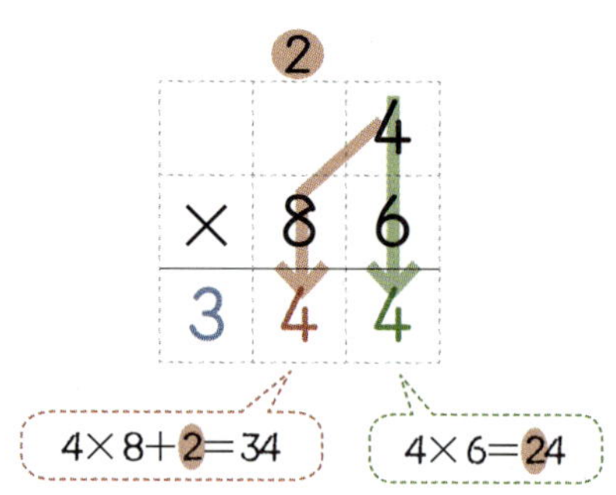

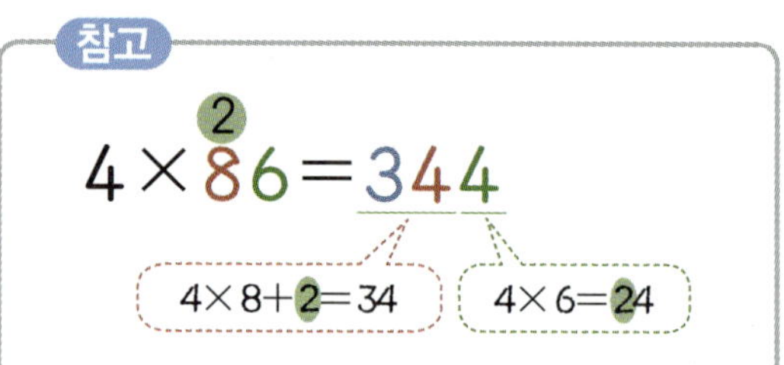

● 계산해 보세요.

1
$$\begin{array}{r} 5 \\ \times\ 3\ 4 \\ \hline \end{array}$$

2
$$\begin{array}{r} 5 \\ \times\ 5\ 6 \\ \hline \end{array}$$

3
$$\begin{array}{r} 9 \\ \times\ 1\ 2 \\ \hline \end{array}$$

4
$$\begin{array}{r} 6 \\ \times\ 4\ 3 \\ \hline \end{array}$$

5
$$\begin{array}{r} 7 \\ \times\ 2\ 4 \\ \hline \end{array}$$

6
$$\begin{array}{r} 3 \\ \times\ 5\ 6 \\ \hline \end{array}$$

7
$$\begin{array}{r} 7 \\ \times\ 3\ 6 \\ \hline \end{array}$$

8
$$\begin{array}{r} 8 \\ \times\ 2\ 4 \\ \hline \end{array}$$

9
$$\begin{array}{r} 2 \\ \times\ 7\ 8 \\ \hline \end{array}$$

● **보기**와 같이 곱셈의 계산 결과가 트럭에 적힌 수가 되도록 길을 찾아 그려 보세요.

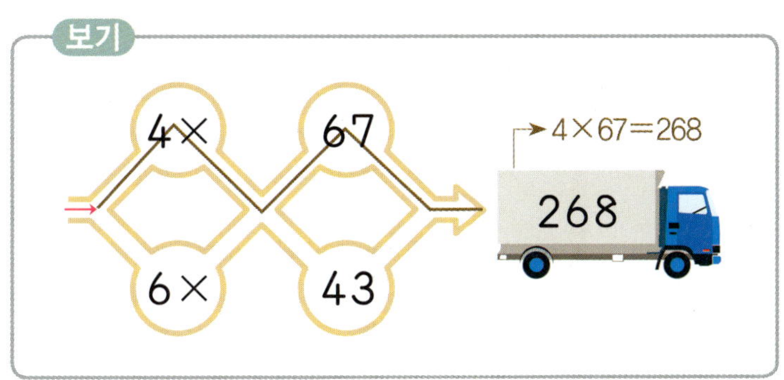

10

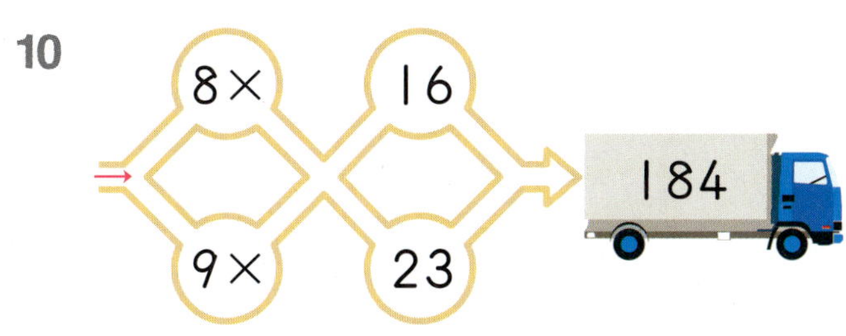

11

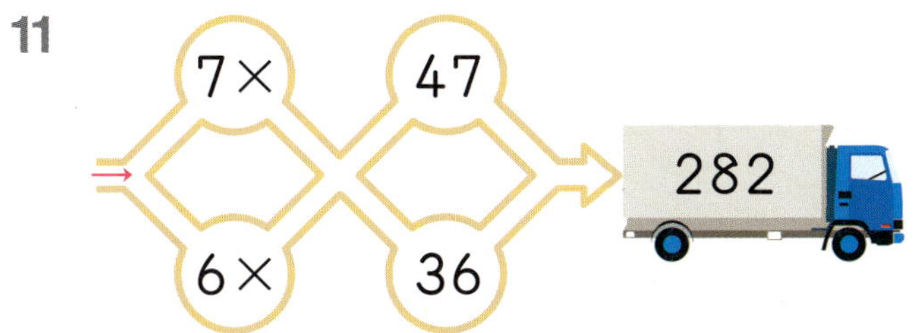

12

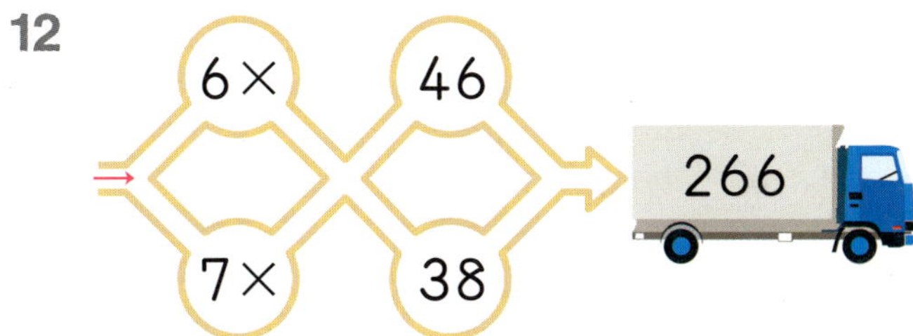

13

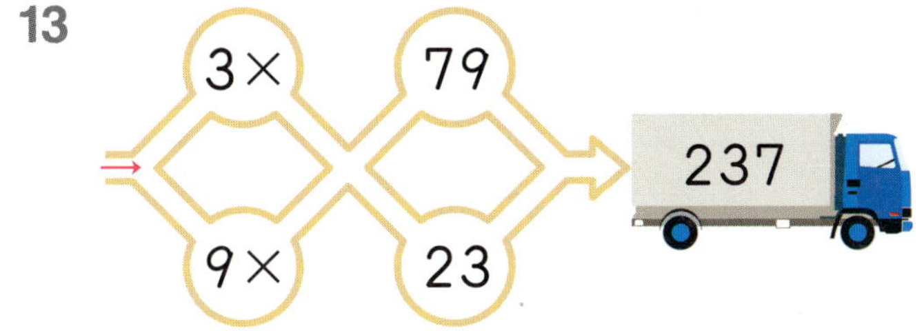

14

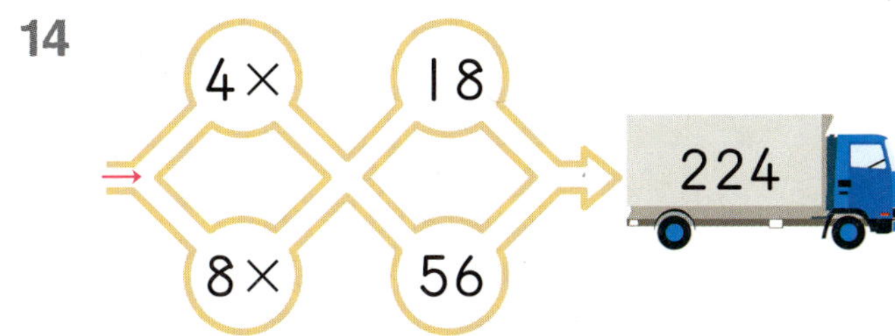

15

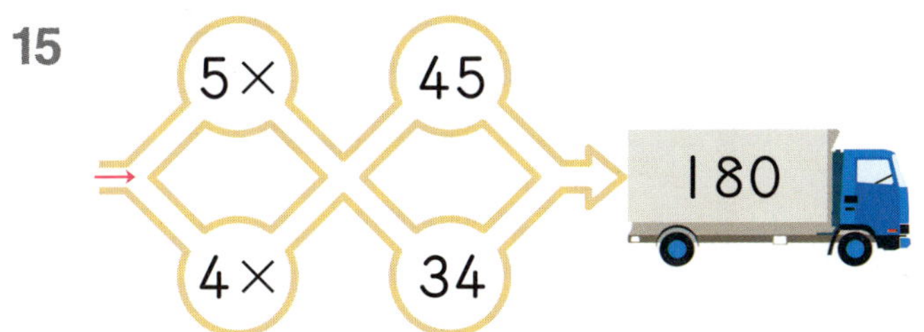

16

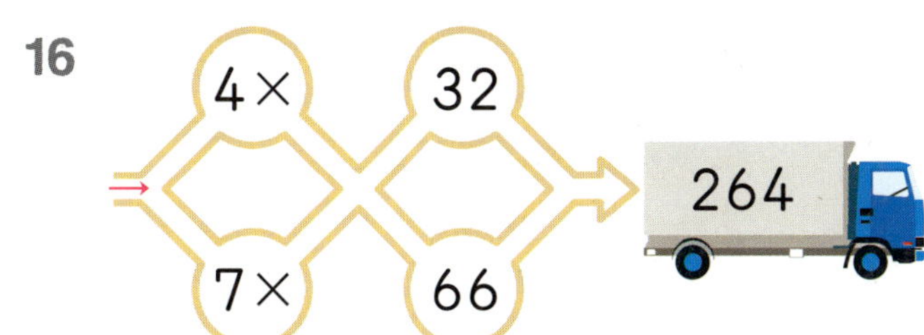

● 사다리를 타면서 계산한 결과를 빈칸에 써넣으세요.

1   **2**

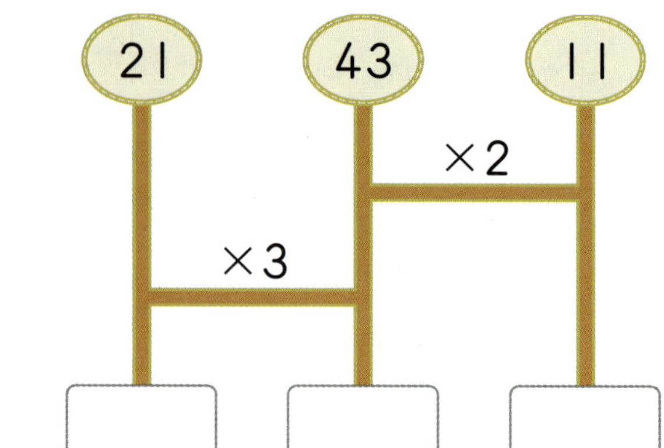

3   **4**

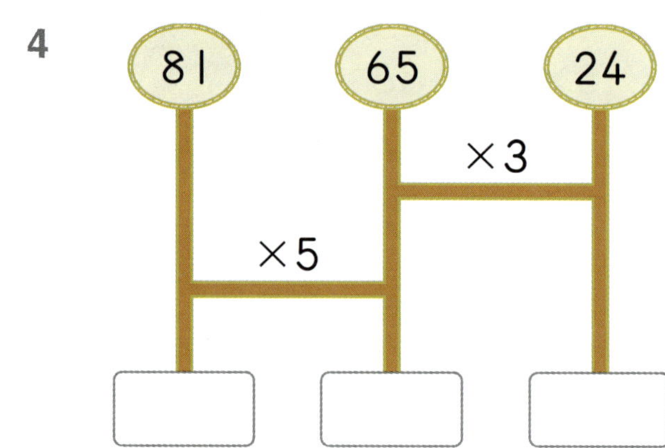

5   **6**

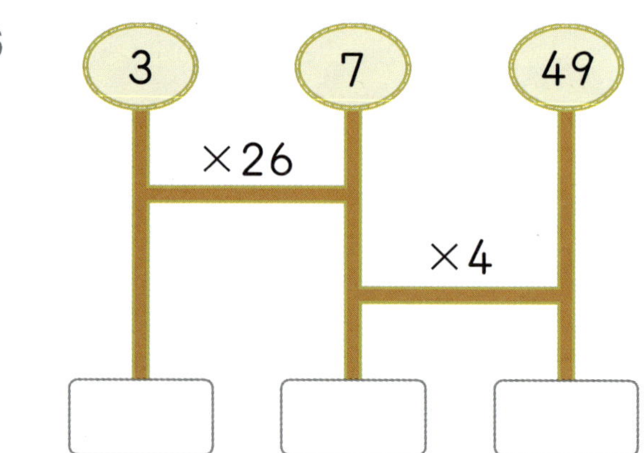

● 주어진 방향으로 계산을 하여 빈칸에 알맞은 수를 써넣으세요.

7
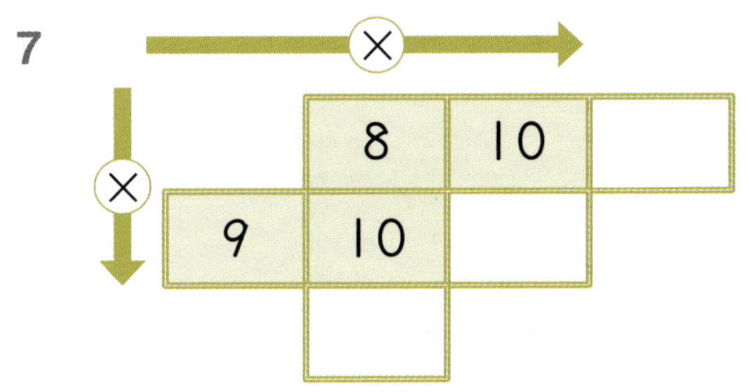

8
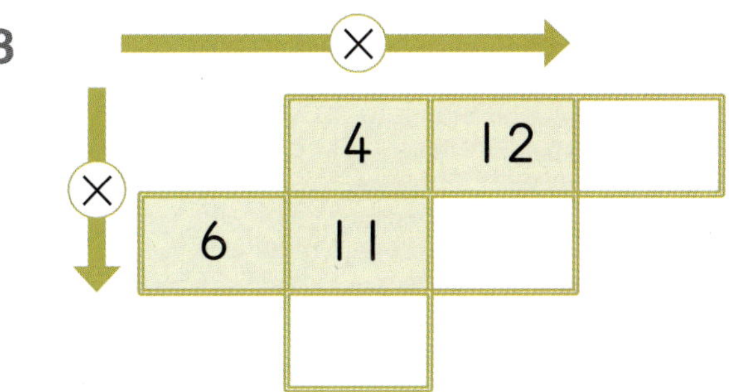

9
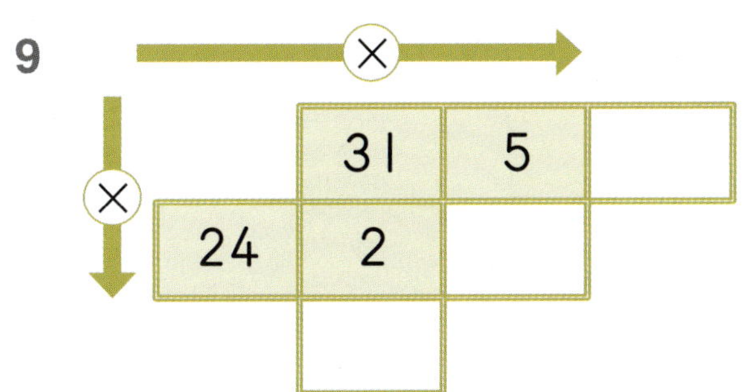

10
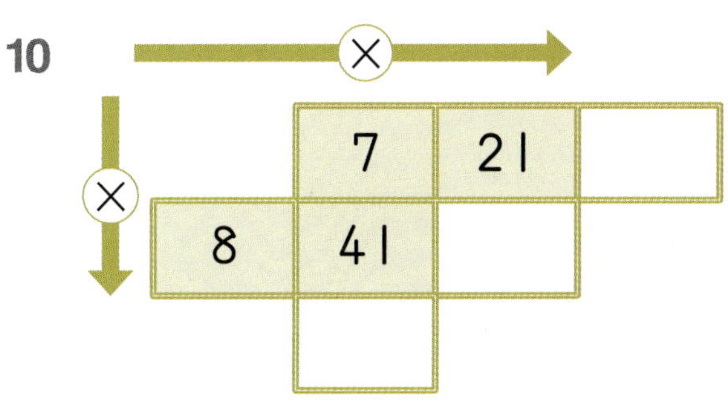

11
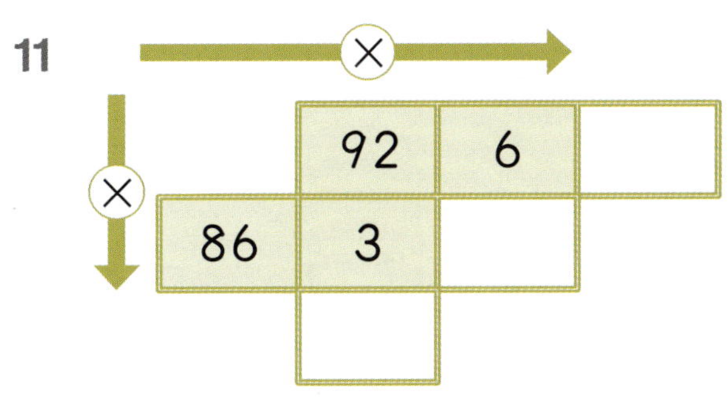

12
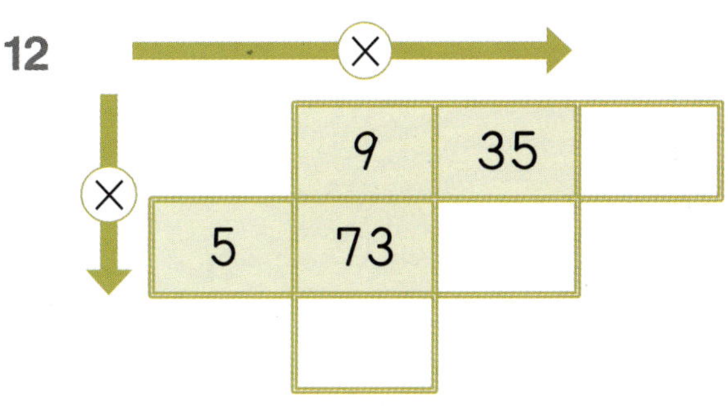

13
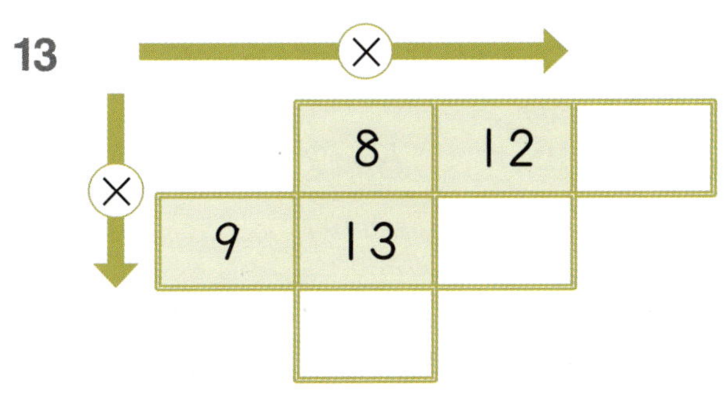

14
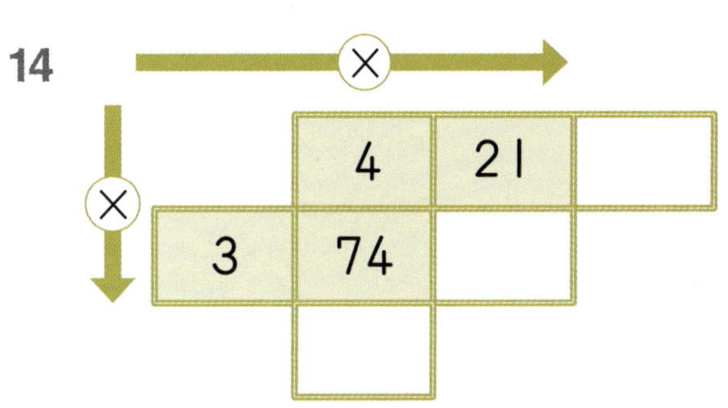

● 계산해 보세요.

1	2	3
$\begin{array}{r} 3\ 0 \\ \times\quad 3 \\ \hline \end{array}$	$\begin{array}{r} 1\ 0 \\ \times\quad 6 \\ \hline \end{array}$	$\begin{array}{r} 2\ 2 \\ \times\quad 4 \\ \hline \end{array}$

4	5	6
$\begin{array}{r} 3\ 4 \\ \times\quad 2 \\ \hline \end{array}$	$\begin{array}{r} 5\ 1 \\ \times\quad 2 \\ \hline \end{array}$	$\begin{array}{r} 7\ 2 \\ \times\quad 4 \\ \hline \end{array}$

7	8	9
$\begin{array}{r} 2\ 6 \\ \times\quad 3 \\ \hline \end{array}$	$\begin{array}{r} 1\ 9 \\ \times\quad 5 \\ \hline \end{array}$	$\begin{array}{r} 6\ 3 \\ \times\quad 4 \\ \hline \end{array}$

10	11	12
$\begin{array}{r} 7\ 2 \\ \times\quad 5 \\ \hline \end{array}$	$\begin{array}{r} 6\ 4 \\ \times\quad 6 \\ \hline \end{array}$	$\begin{array}{r} 7\ 5 \\ \times\quad 9 \\ \hline \end{array}$

13	14	15
$\begin{array}{r} 7\ 3 \\ \times\quad 4 \\ \hline \end{array}$	$\begin{array}{r} 8\ 6 \\ \times\quad 5 \\ \hline \end{array}$	$\begin{array}{r} 6\ 2 \\ \times\quad 7 \\ \hline \end{array}$

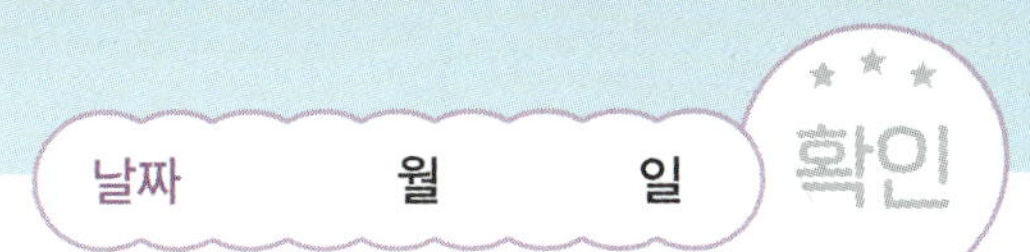

16 20×4

10×8

17 9×10

3×20

18 13×3

23×3

19 5×21

5×41

20 26×3

29×3

21 4×92

3×73

22 16×7

25×8

23 6×15

4×17

24 37×5

49×5

25 2×68

4×95

5 시간의 합과 차

만두도 직접 만들어 주시고 감사해요.
어… 그래….
완전
감동

만두를 빨리 만들어 줄게.
후다닥

아~ 그런데….

부엌은 나만의 공간이니 절대 들어오지 말아 주렴~.
네?? 네….

엄마가 만두를 만드시는 동안 다같이 놀자!

오예~ 놀자! 놀자!

숨바꼭질할까?
그냥 블록 놀이 하자.
밖에 나가자!

밖은 좀 추우니까 집 안에서 놀자.
그래. 추운 건 싫어. 집 안에서 놀자.

학습내용

▶ 시각 읽기
▶ 초와 분 사이의 관계
▶ 시간의 합
▶ 시간의 차

01 시각 읽기, 초와 분 사이의 관계

✤ I초 알아보기

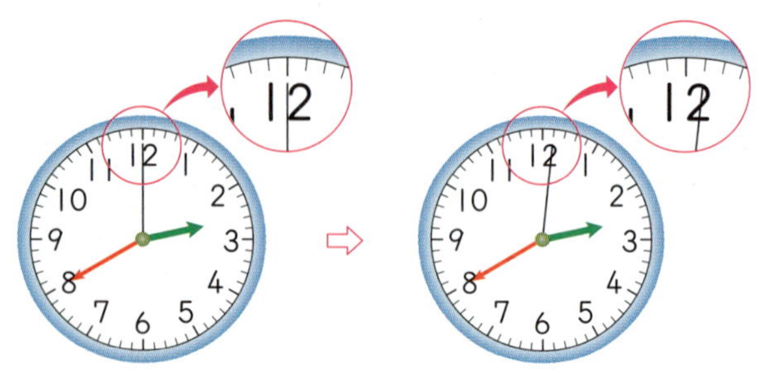

작은 눈금 한 칸＝I초

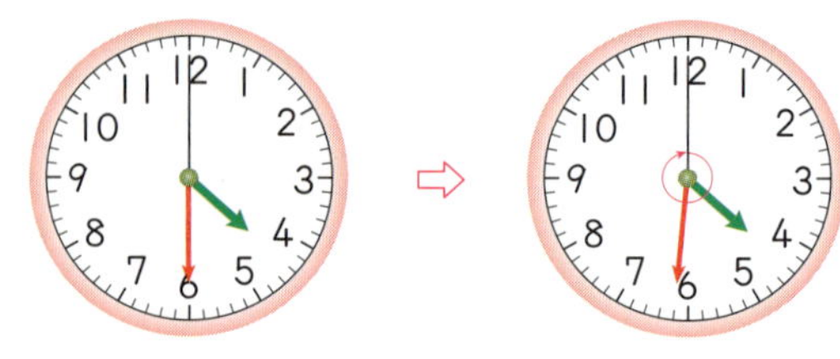

I분＝60초

● ☐ 안에 알맞은 수를 써넣으세요.

1 I분 5초＝60초＋5초＝☐초

2 62초＝60초＋☐초＝I분 ☐초

3 I분 I4초＝☐초

4 84초＝I분 ☐초

5 I분 32초＝☐초

6 99초＝I분 ☐초

7 2분＝☐초

8 I05초＝☐분 ☐초

9 2분 25초＝☐초

10 II4초＝☐분 ☐초

● 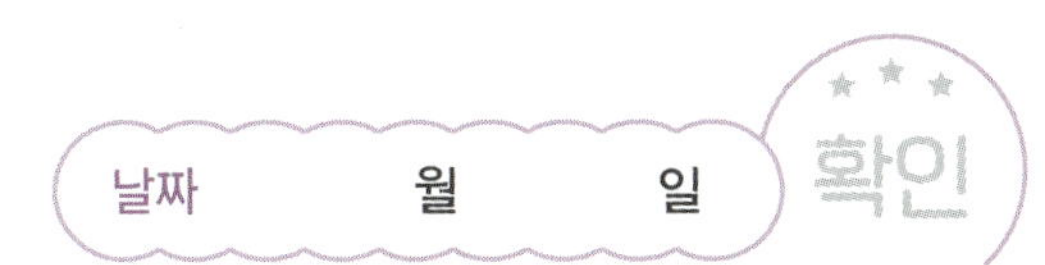 와 같이 서로 같은 시간을 찾아 선으로 이어 보세요.

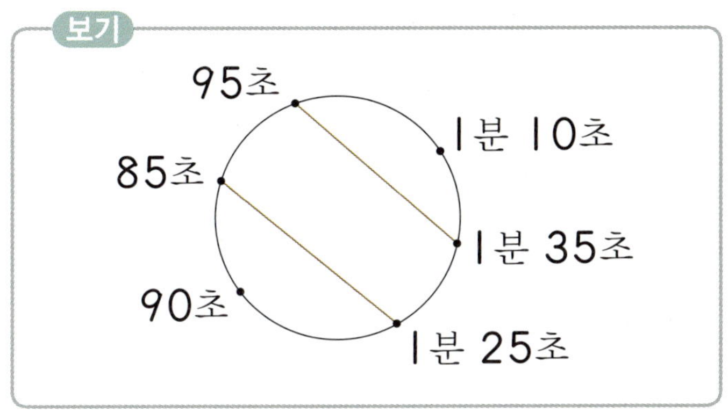

11

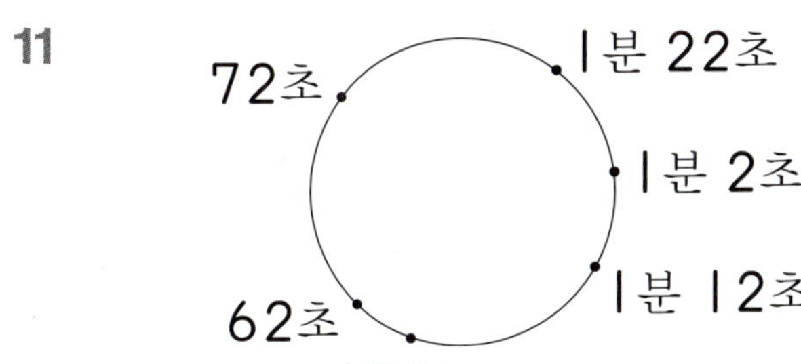

12

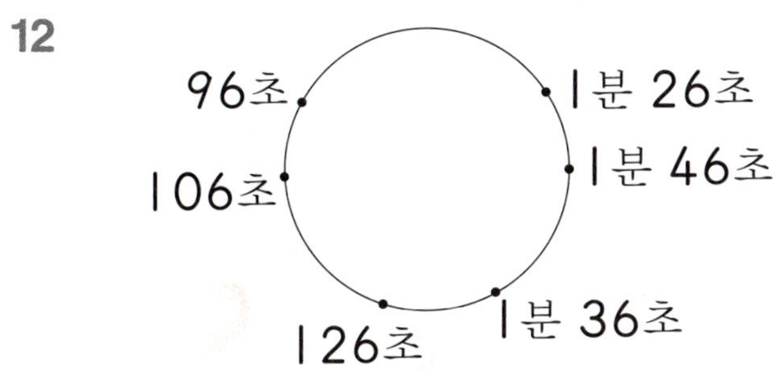

13

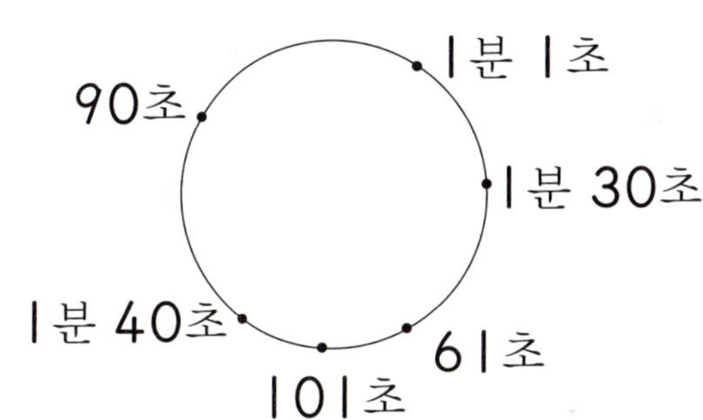

14

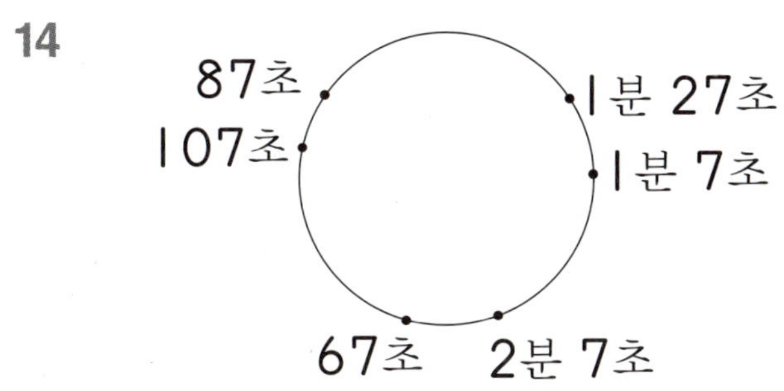

15

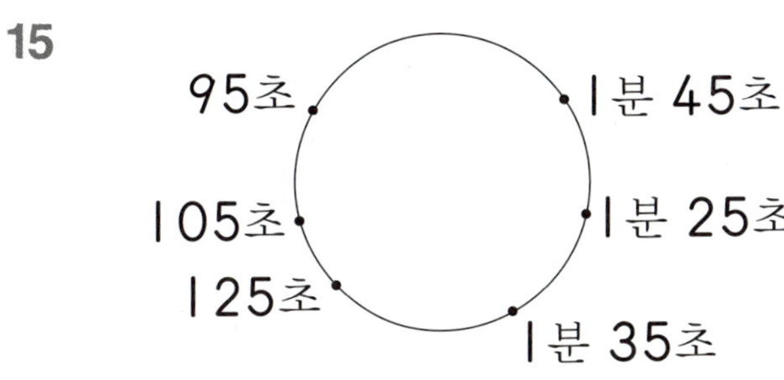

16

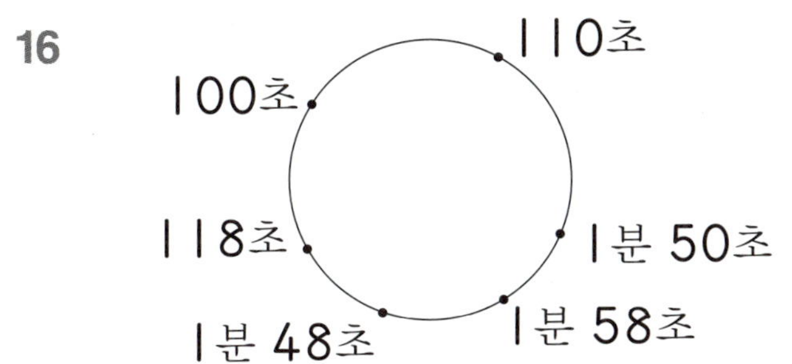

17

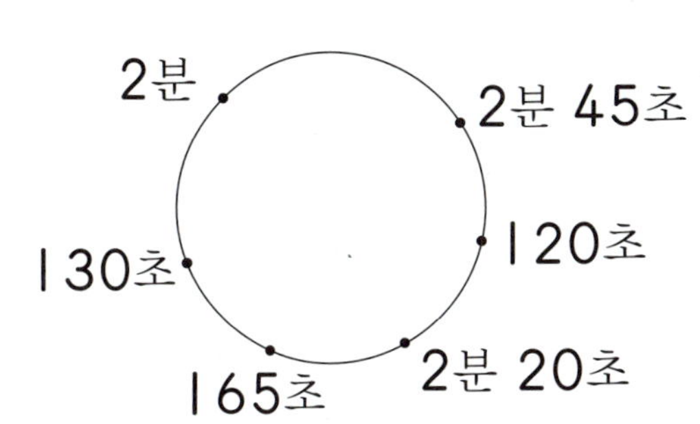

02 시간의 합 (1)

✛ 13분 10초＋2분 30초의 계산

```
 13분  10초
+ 2분  30초
─────────────
 15분  40초
```

● 계산해 보세요.

1

	분	초
	15분	12초
+	6분	30초
	분	초

2

	분	초
	14분	15초
+	17분	36초
	분	초

3

	분	초
	9분	26초
+	28분	17초
	분	초

4

	분	초
	25분	32초
+	19분	8초
	분	초

5

	분	초
	11분	5초
+	32분	6초
	분	초

6

	분	초
	8분	5초
+	27분	26초
	분	초

7

	분	초
	24분	37초
+	26분	15초
	분	초

8

	분	초
	18분	3초
+	34분	48초
	분	초

● 수연이네 모둠 학생들이 일을 분담하여 대청소를 하고 있습니다. 주어진 두 일을 하는 데 걸리는 시간을 구하세요.

9분 34초 → 분리수거

18분 19초 → 교실 쓸기

26분 16초 → 창문 닦기

24분 7초 → 책상 닦기

9 

______ 분 ______ 초

→ 18분 19초 ＋ 9분 34초

10

______ 분 ______ 초

11

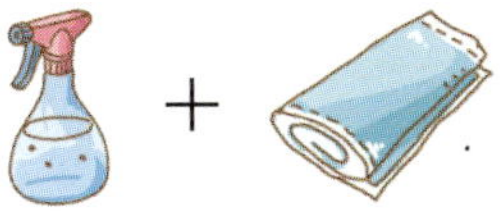

______ 분 ______ 초

12

______ 분 ______ 초

13

______ 분 ______ 초

14 

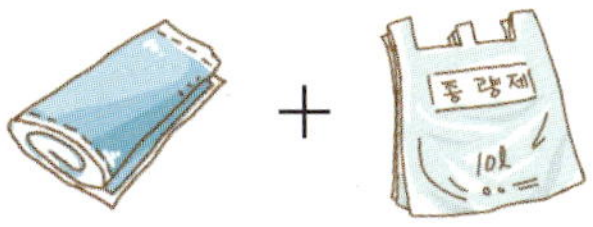

______ 분 ______ 초

03 시간의 합 (2)

✤ 3분 40초+2분 50초의 계산

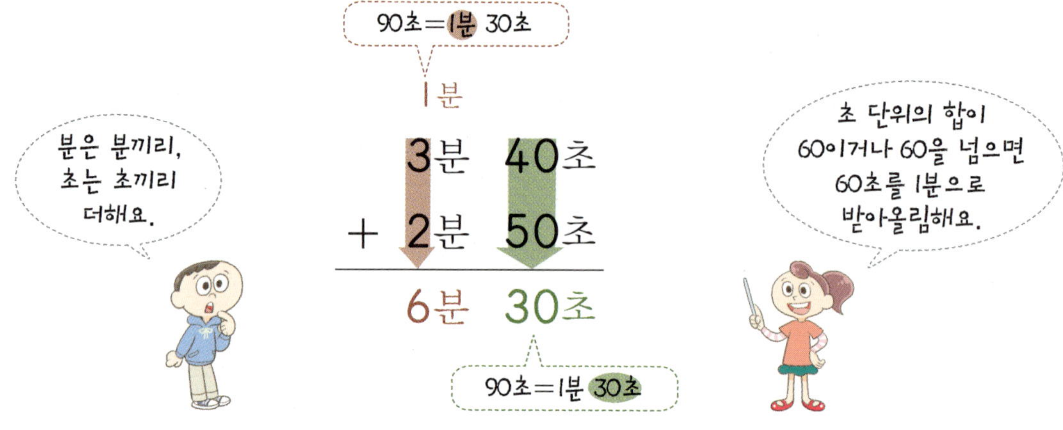

● 계산해 보세요.

1

	분	초
	11분	35초
+	6분	40초
	분	초

2

	분	초
	9분	42초
+	17분	26초
	분	초

3

	분	초
	13분	50초
+	28분	12초
	분	초

4

	분	초
	25분	10초
+	8분	55초
	분	초

5

	분	초
	34분	47초
+	16분	45초
	분	초

6

	분	초
	4분	17초
+	39분	54초
	분	초

7

	분	초
	18분	38초
+	13분	39초
	분	초

8

	분	초
	23분	52초
+	17분	35초
	분	초

● 시간의 합을 알맞게 구하면 밑에 달린 과자를 먹을 수 있습니다. ☐ 안에 먹을 수 있는 과자는 ◯표, 먹을 수 없는 과자는 ✕표 하고, 각 학생이 먹게 되는 과자의 수를 구하세요.

9 가은

☐ 개

| 14분 20초
+ 5분 50초
20분 10초 | 26분 45초
+ 4분 25초
30분 10초 | 3분 54초
+ 37분 52초
41분 6초 |

10 성재

☐ 개

| 12분 30초
+ 9분 54초
22분 24초 | 7분 23초
+ 16분 49초
24분 2초 | 24분 50초
+ 8분 57초
33분 7초 |

11 동하

☐ 개

| 37분 42초
+ 6분 30초
43분 12초 | 46분 13초
+ 4분 58초
51분 11초 | 2분 51초
+ 19분 56초
22분 47초 |

과자를 가장 많이 먹을 수 있는 사람은 ☐ 입니다.

04 시간의 합 (3)

✛ 2시 30분 15초＋4시간 40분 20초의 계산

● 계산해 보세요.

1

	시	분	초
	1시	25분	27초
+	3시간	50분	15초
	시	분	초

2

	시	분	초
	2시	46분	50초
+	5시간	20분	4초
	시	분	초

3

	시	분	초
	6시	14분	20초
+	1시간	25분	42초
	시	분	초

4

	시	분	초
	4시	7분	36초
+	7시간	15분	30초
	시	분	초

5

	시	분	초
	5시	46분	23초
+	5시간	31분	9초
	시	분	초

6

	시	분	초
	8시	14분	29초
+	2시간	16분	50초
	시	분	초

7

	시	분	초
	3시	36분	50초
+	4시간	5분	50초
	시	분	초

8

	시	분	초
	7시	6분	47초
+	2시간	48분	17초
	시	분	초

● 각각의 이동 수단으로 서울에서 부산까지 가는 데 걸리는 시간이 아래와 같을 때, 부산에 도착하는 시각을 구하세요.

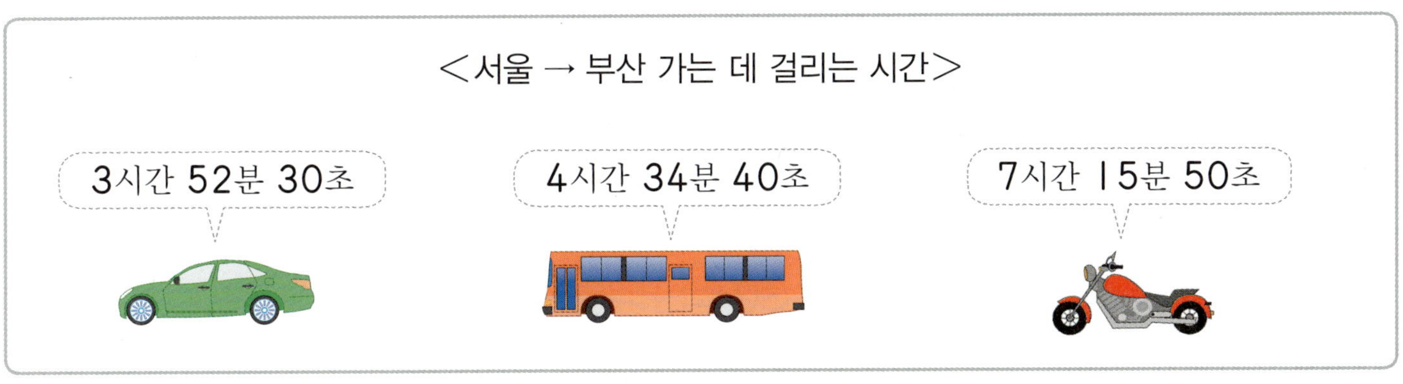

9
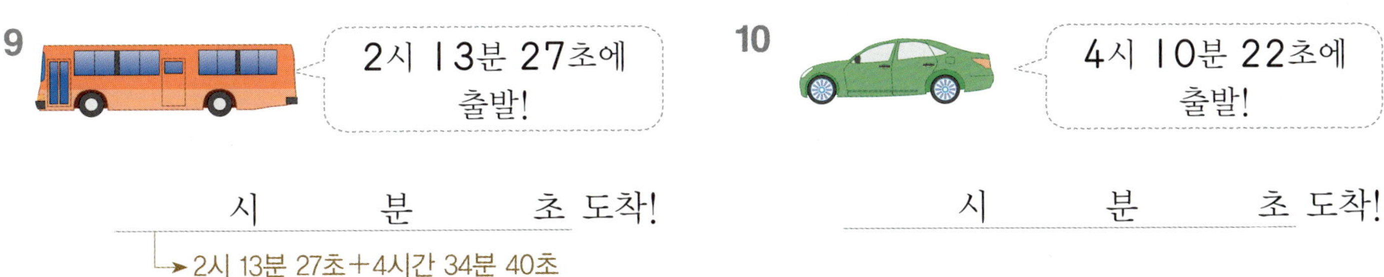

_____ 시 _____ 분 _____ 초 도착!

↳ 2시 13분 27초＋4시간 34분 40초

10

_____ 시 _____ 분 _____ 초 도착!

11

_____ 시 _____ 분 _____ 초 도착!

12

_____ 시 _____ 분 _____ 초 도착!

13
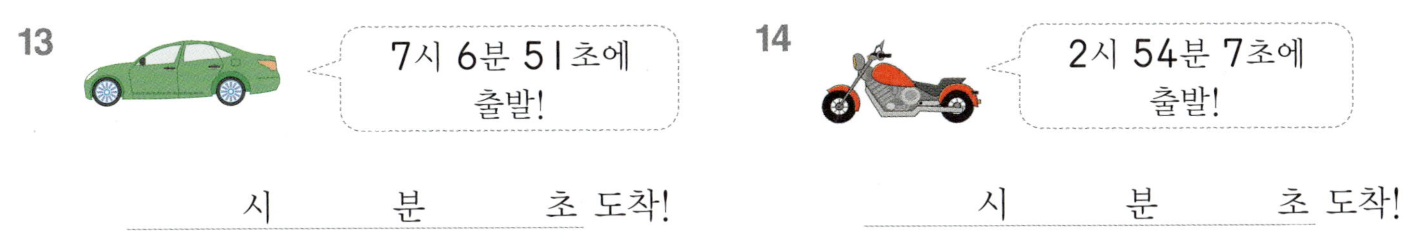

_____ 시 _____ 분 _____ 초 도착!

14

_____ 시 _____ 분 _____ 초 도착!

05 시간의 합 (4)

✦ 2시간 35분 40초＋4시간 30분 50초의 계산

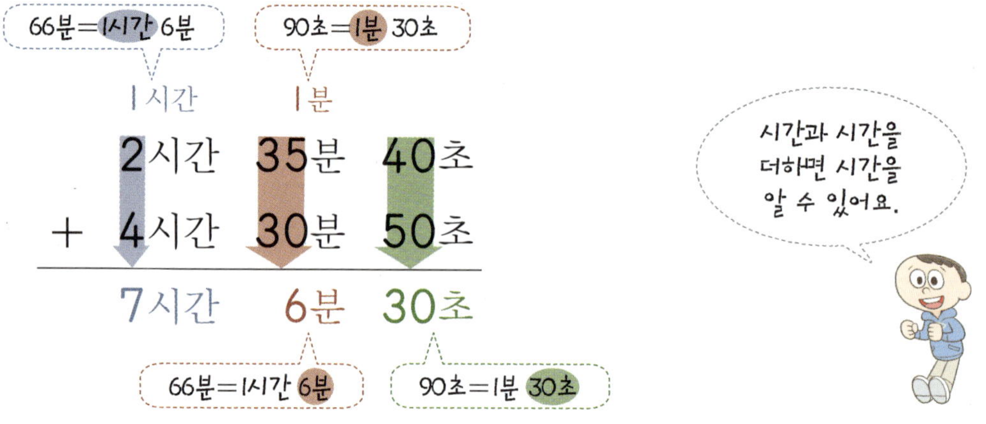

● 계산해 보세요.

1

	시간	분	초
	1시간	55분	30초
＋	3시간	40분	36초
	시간	분	초

2

	시간	분	초
	2시간	38분	45초
＋	2시간	42분	40초
	시간	분	초

3

	시간	분	초
	5시간	32분	56초
＋	1시간	35분	47초
	시간	분	초

4

	시간	분	초
	2시간	55분	25초
＋	7시간	38분	50초
	시간	분	초

5

	시간	분	초
	4시간	19분	47초
＋	2시간	50분	38초
	시간	분	초

6

	시간	분	초
	3시간	48분	55초
＋	3시간	27분	17초
	시간	분	초

7

	시간	분	초
	2시간	35분	29초
＋	5시간	49분	56초
	시간	분	초

8

	시간	분	초
	1시간	24분	50초
＋	2시간	48분	28초
	시간	분	초

● 식빵 만들기 대회에서 6명의 참가자가 초코 식빵과 우유 식빵을 만들었습니다. 두 식빵을 만드는 데 걸린 시간의 합을 구하세요.

06 시간의 차 (1)

✦ 23분 40초 − 10분 15초의 계산

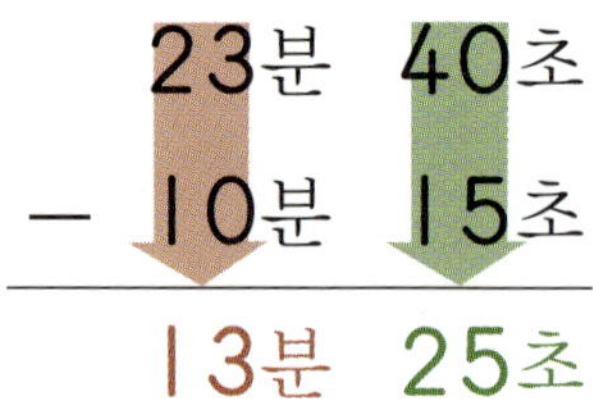

● 계산해 보세요.

1

	40분	20초
−	27분	5초
	분	초

2

	12분	34초
−	9분	16초
	분	초

3

	31분	52초
−	14분	28초
	분	초

4

	20분	45초
−	11분	39초
	분	초

5

	54분	22초
−	26분	6초
	분	초

6

	47분	56초
−	19분	48초
	분	초

7

	25분	31초
−	7분	14초
	분	초

8

	50분	46초
−	15분	28초
	분	초

● 자전거를 탔을 때 출발 지점부터 각 지점까지 가는 데 걸린 시간을 나타낸 것입니다. 주어진 두 지점 사이를 가는 데 걸린 시간을 구하세요.

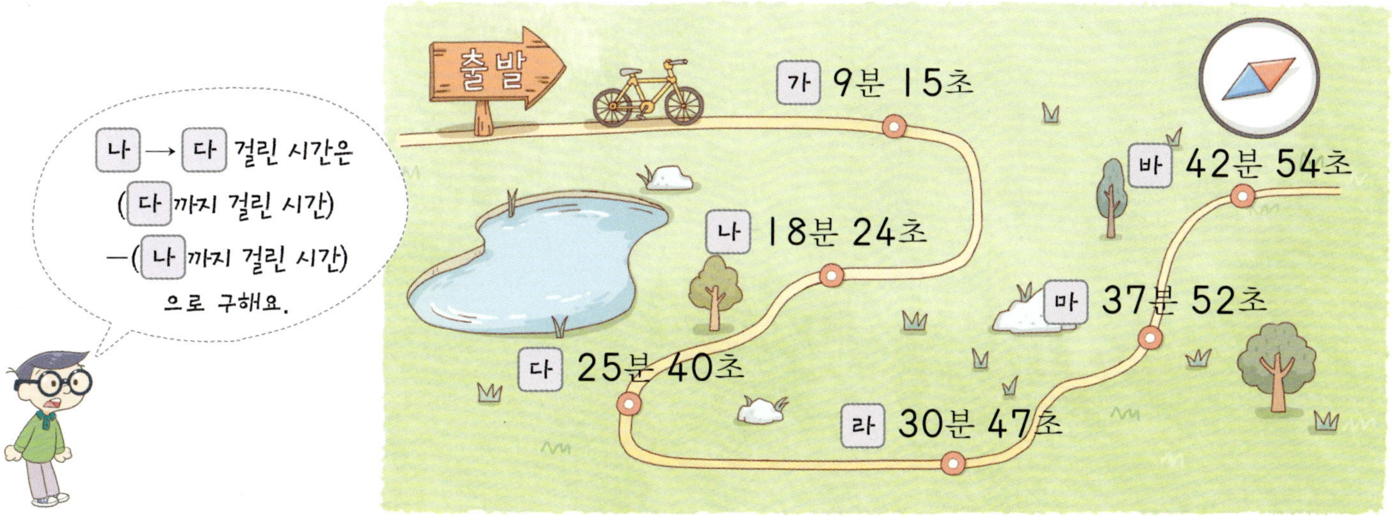

9 나 → 다

_______ 분 _______ 초

↳ 25분 40초−18분 24초

10 나 → 라

_______ 분 _______ 초

11 나 → 바

_______ 분 _______ 초

12 다 → 마

_______ 분 _______ 초

13 다 → 바

_______ 분 _______ 초

14 라 → 마

_______ 분 _______ 초

15 라 → 바

_______ 분 _______ 초

16 마 → 바

_______ 분 _______ 초

✛ 6분 10초－2분 30초의 계산

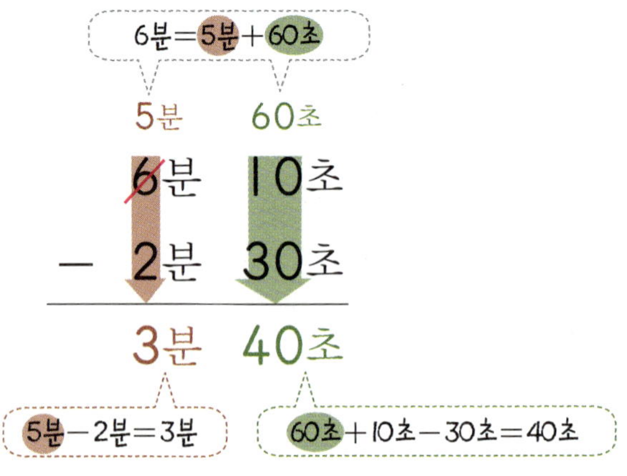

● 계산해 보세요.

1

	분	초
	7분	24초
－	1분	40초
	분	초

2

	분	초
	9분	17초
－	4분	35초
	분	초

3

	분	초
	15분	36초
－	9분	55초
	분	초

4

	분	초
	22분	5초
－	8분	11초
	분	초

5

	분	초
	37분	13초
－	17분	54초
	분	초

6

	분	초
	13분	22초
－	6분	40초
	분	초

7

	분	초
	51분	7초
－	25분	19초
	분	초

8

	분	초
	32분	47초
－	8분	55초
	분	초

● 계산을 하여 ☐ 안에 알맞은 수를 써넣으세요.

9 12분 20초−4분 32초

=☐분 ☐초

10 25분 10초−9분 43초

=☐분 ☐초

11 32분 35초−14분 40초

=☐분 ☐초

12 40분 6초−21분 13초

=☐분 ☐초

13 16분 5초−5분 29초

=☐분 ☐초

14 50분 27초−34분 45초

=☐분 ☐초

15 40분 2초−13분 38초

=☐분 ☐초

16 34분 16초−8분 52초

=☐분 ☐초

25분 24초 잣	15분 27초 대	17분 55초 토
7분 48초 은	26분 24초 리	18분 53초 추
15분 42초 도	10분 36초 행	25분 34초 밤

08 시간의 차 (3)

✢ 4시 10분 45초 − 1시 20분 32초의 계산

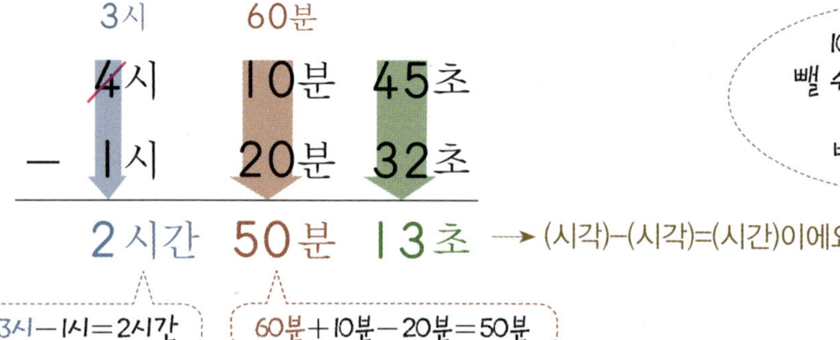

● 계산해 보세요.

1

	5시	14분	30초
−	3시	20분	16초
	시간	분	초

2

	8시	34분	21초
−	2시	50분	4초
	시간	분	초

3

	11시	47분	36초
−	4시	50분	19초
	시간	분	초

4

	10시	3분	42초
−	7시	13분	27초
	시간	분	초

5

	7시	22분	46초
−	5시	35분	14초
	시간	분	초

6

	5시	19분	20초
−	3시	48분	13초
	시간	분	초

7

	9시	20분	46초
−	5시	38분	39초
	시간	분	초

8

	12시	1분	42초
−	6시	27분	15초
	시간	분	초

● 놀이기구를 타기 위해서 기다린 시간을 알아보려고 합니다. 줄을 서기 시작한 시각과 탑승한 시각의 차를 이용하여 기다린 시간을 구하세요.

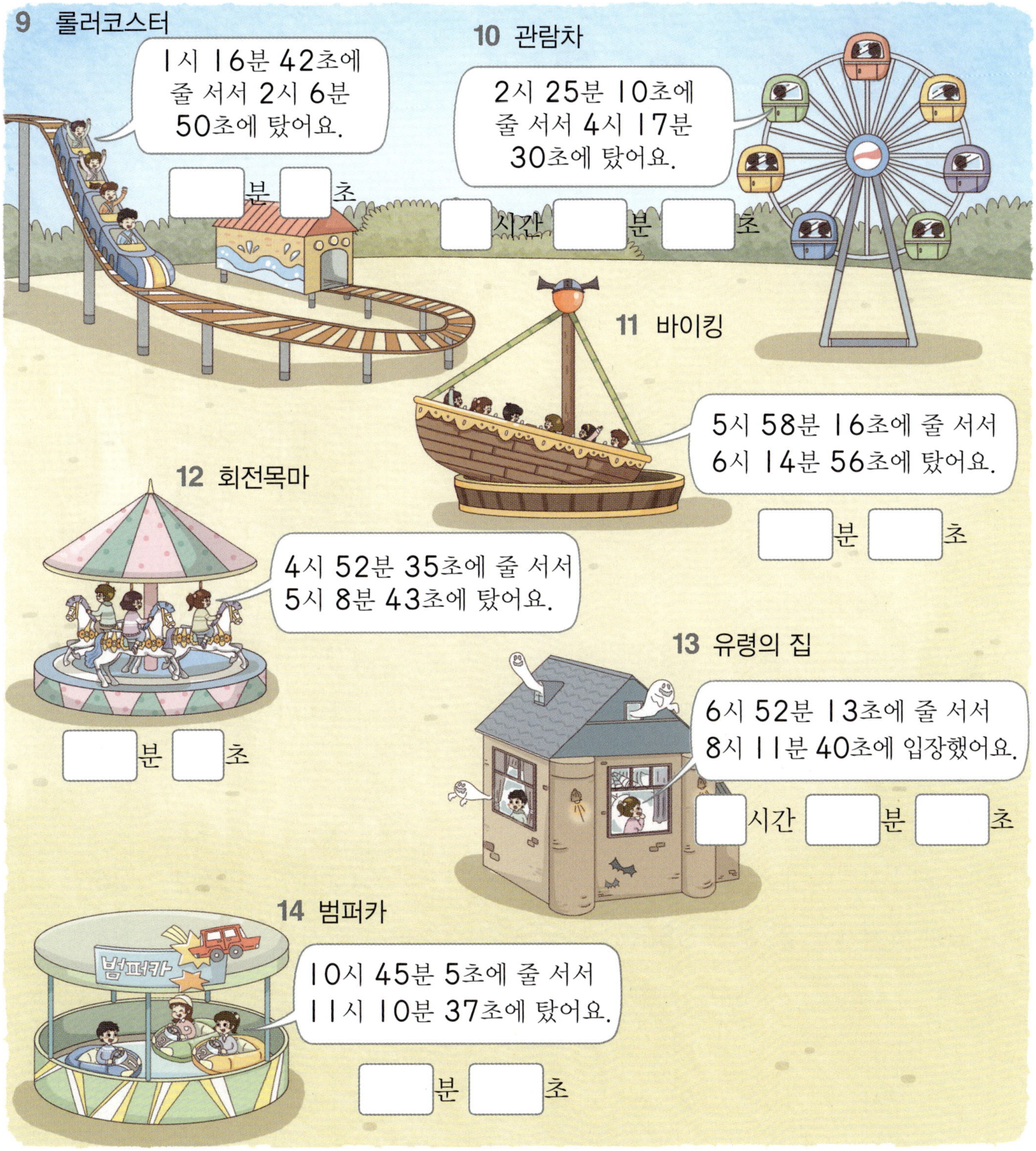

9 롤러코스터

◻ 분 ◻ 초

10 관람차

◻ 시간 ◻ 분 ◻ 초

11 바이킹

◻ 분 ◻ 초

12 회전목마

◻ 분 ◻ 초

13 유령의 집

◻ 시간 ◻ 분 ◻ 초

14 범퍼카

◻ 분 ◻ 초

09 시간의 차 (4)

✛ 5시 10분 25초−1시간 40분 40초의 계산

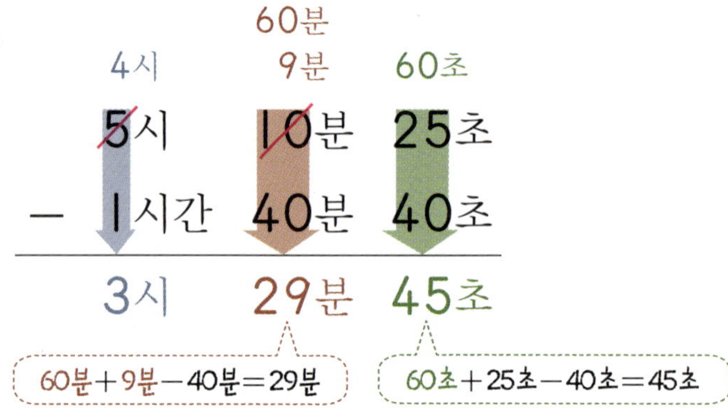

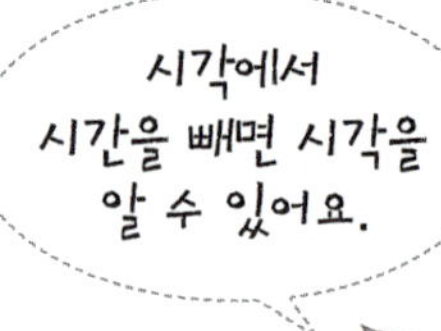

● 계산해 보세요.

1

	3시	15분	20초
−	1시간	33분	50초
	시	분	초

2

	6시	29분	6초
−	2시간	40분	15초
	시	분	초

3

	7시	4분	13초
−	4시간	21분	38초
	시	분	초

4

	10시	47분	35초
−	1시간	54분	49초
	시	분	초

5

	11시	12분	40초
−	4시간	22분	58초
	시	분	초

6

	12시	15분	26초
−	7시간	15분	54초
	시	분	초

7

	9시	17분	25초
−	3시간	30분	40초
	시	분	초

8

	11시	21분	13초
−	4시간	45분	58초
	시	분	초

● **지금 시각은 오후 ㅣㅣ시 8분 ㅣ5초입니다. 오후 일과를 보고 몇 시에 한 일인지 구하세요.**

9

9시간 ㅣ6분 43초 전에
텔레비전을 보기 시작함.

_____시 _____분 _____초

10

4시간 57분 32초 전에
숙제를 끝냄.

_____시 _____분 _____초

11

7시간 22분 57초 전에
축구를 끝냄.

_____시 _____분 _____초

12

5시간 49분 25초 전에
피아노 치기를 끝냄.

_____시 _____분 _____초

13

3시간 38분 46초 전에
저녁 식사를 시작함.

_____시 _____분 _____초

14

ㅣ시간 46분 ㅣ9초 전에
세수를 시작함.

_____시 _____분 _____초

10 집중 연산 ❶

● 왼쪽에 주어진 시간과 같은 시간에 ◯표 하세요.

1 1분 10초 ➡ 110초 / 70초

2 1분 24초 ➡ 84초 / 124초

3 1분 35초 ➡ 105초 / 95초

4 2분 5초 ➡ 125초 / 205초

5 2분 12초 ➡ 132초 / 142초

6 2분 30초 ➡ 230초 / 150초

7 78초 ➡ 1분 18초 / 1분 8초

8 94초 ➡ 1분 34초 / 1분 44초

9 110초 ➡ 1분 10초 / 1분 50초

10 120초 ➡ 1분 20초 / 2분

11 130초 ➡ 2분 30초 / 2분 10초

12 180초 ➡ 3분 / 2분 50초

● 빈칸에 알맞은 시각이나 시간을 써넣으세요.

13

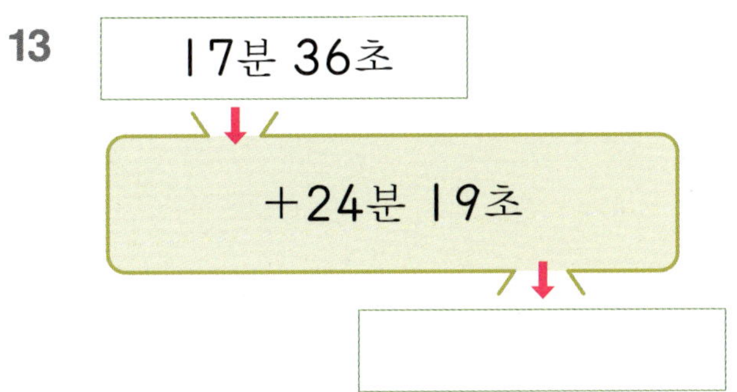

14

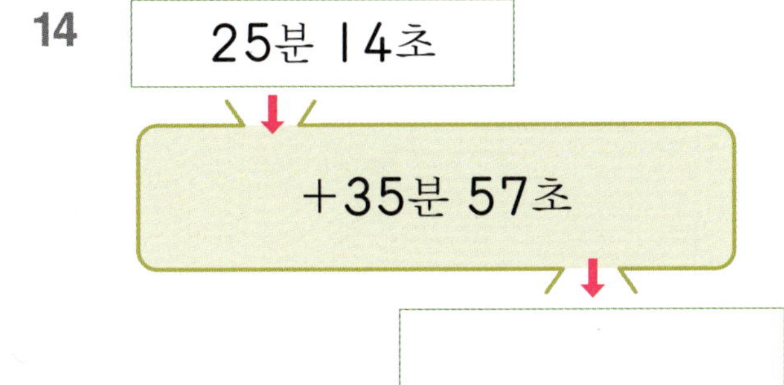

15

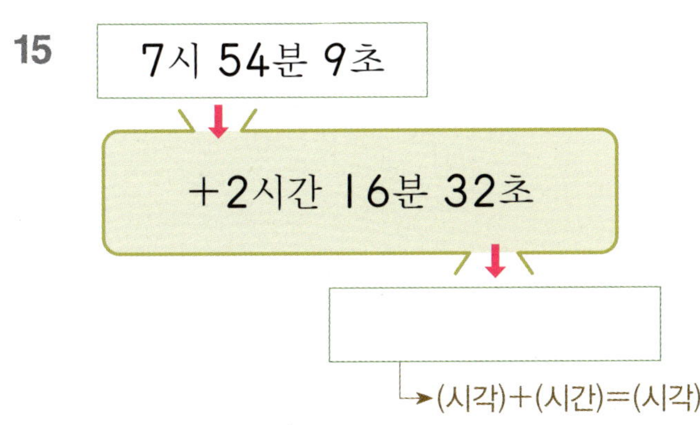

16

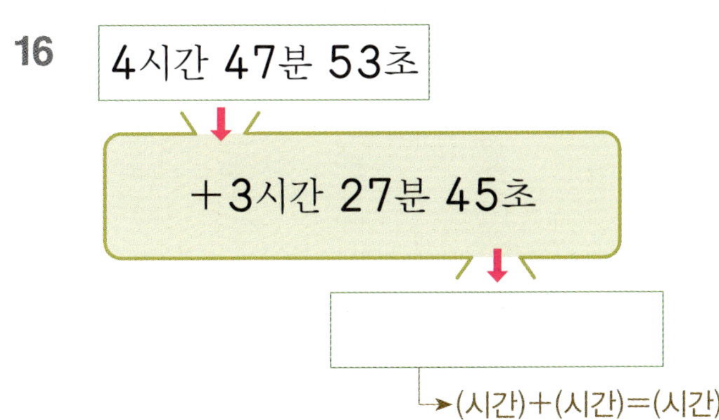

17

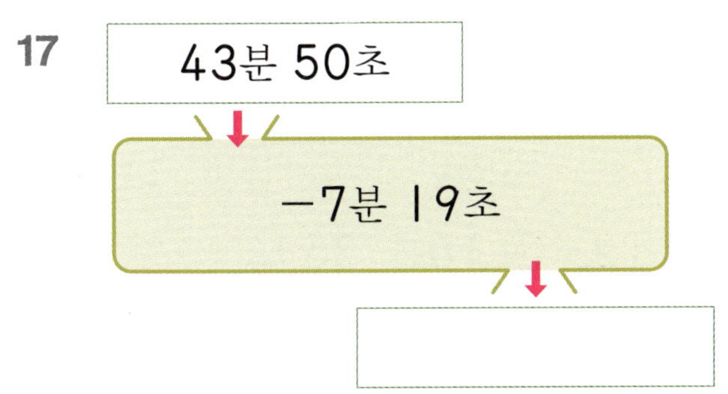

18

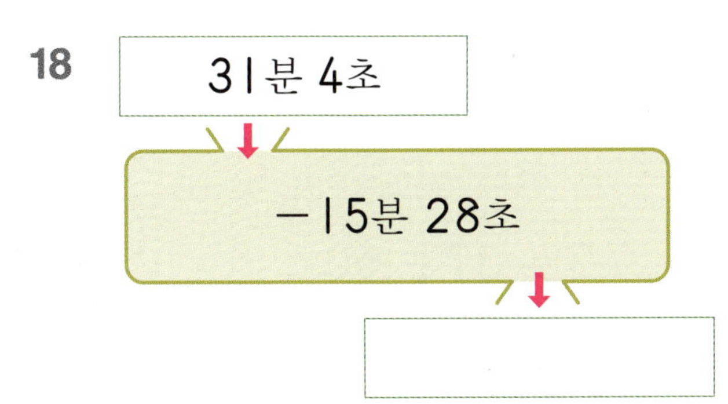

19

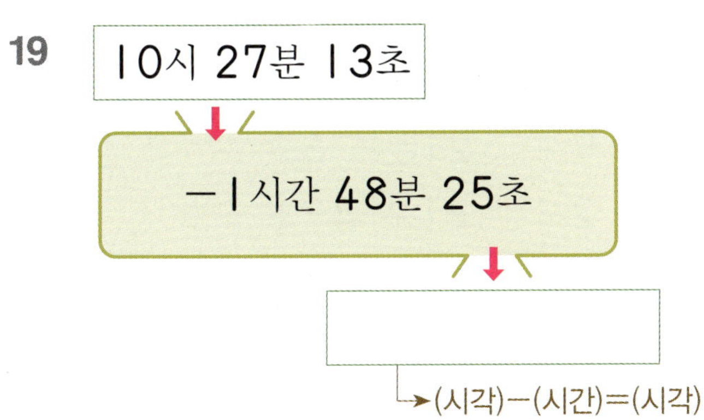

20

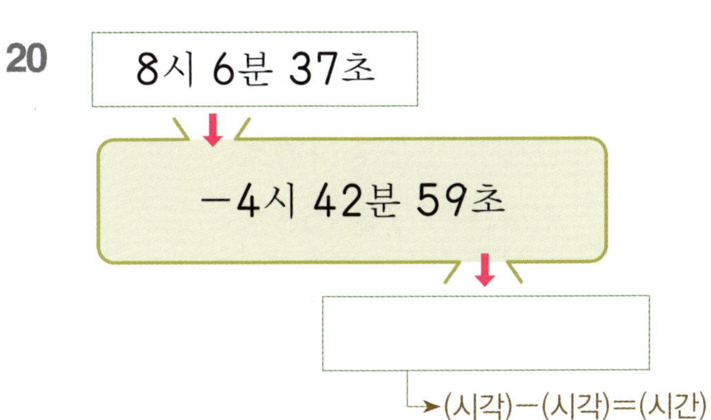

● 계산해 보세요.

1
$$46분\ 27초$$
$$+\ \ \ 7분\ 25초$$

2
$$52분\ 30초$$
$$-\ 19분\ \ \ 7초$$

3
$$34분\ 49초$$
$$+\ 16분\ 13초$$

4
$$40분\ 16초$$
$$-\ 26분\ 57초$$

5
$$2시\ \ \ 25분\ \ \ 1초$$
$$+\ 5시간\ 14분\ 59초$$

6
$$11시\ \ \ 38분\ 21초$$
$$-\ \ \ 3시간\ 52분\ \ \ 7초$$

7
$$7시\ \ \ 37분\ 50초$$
$$+\ 3시간\ 26분\ 43초$$

8
$$12시간\ 16분\ 35초$$
$$-\ \ 5시간\ 49분\ 38초$$

9
$$10시간\ 52분\ 14초$$
$$+\ \ 1시간\ \ \ 7분\ 56초$$

10
$$9시\ \ \ 21분\ \ \ 6초$$
$$-\ 2시\ \ \ 21분\ 49초$$

11 2l분 7초+l3분 29초

12 35분 54초-l8분 46초

13 l6분 l5초+34분 48초

14 26분 43초-7분 38초

15 5시 ll분 29초+4시간 27분 35초

16 l0시 24분 50초-2시간 49분 6초

17 7시간 l5분 43초+l시간 l6분 27초

18 l2시간 2분 3초-9시간 52분 42초

19 2시 26분 l9초+8시간 53분 55초

20 7시 4l분 37초-2시간 50분 49초

21 5시간 43분 27초+6시간 49분 38초

22 ll시 3분 l5초-7시 l9분 36초

6 길이의 합과 차

엇, 근데 우유가
다 떨어졌네.

누가 우유 좀
사다 줄래?
성냥요정이랑
제가 다녀
오겠습니다.

내가 길을
잘 아니까
나도 같이 가.
그럴까?
빨리 다녀오자.

그렇다면 지름길로
빨리 다녀오자.

계산을 해 보자.
이런 길이
있었나?
어느 길로 가야
더 가까울까?
1
2

학습내용

▶ cm와 mm 단위의 관계
▶ km와 m 단위의 관계
▶ 길이의 합
▶ 길이의 차

01 cm와 mm 단위의 관계

✤ 1 mm 알아보기

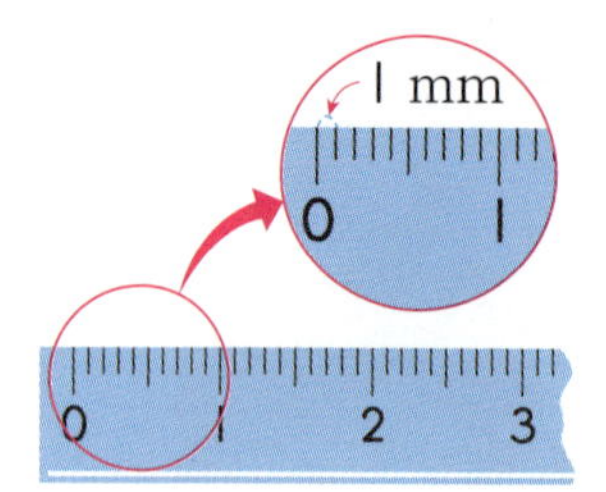

읽기: 1 밀리미터

쓰기: 1 mm

➡ 1 cm=10 mm

1 cm 2 mm=10 mm+2 mm

=12 mm

● ☐ 안에 알맞은 수를 써넣으세요.

1 1 cm=10 mm

4 cm= ☐ mm

2 12 cm=120 mm

25 cm= ☐ mm

3 1 cm 2 mm=12 mm

1 cm 5 mm= ☐ mm

4 3 cm 6 mm=36 mm

5 cm 4 mm= ☐ mm

5 30 mm=3 cm

50 mm= ☐ cm

6 150 mm=15 cm

360 mm= ☐ cm

7 32 mm=3 cm 2 mm

35 mm= ☐ cm ☐ mm

8 132 mm=13 cm 2 mm

245 mm= ☐ cm ☐ mm

● **같은 길이의 짝을 찾아 기호를 써 보세요.**

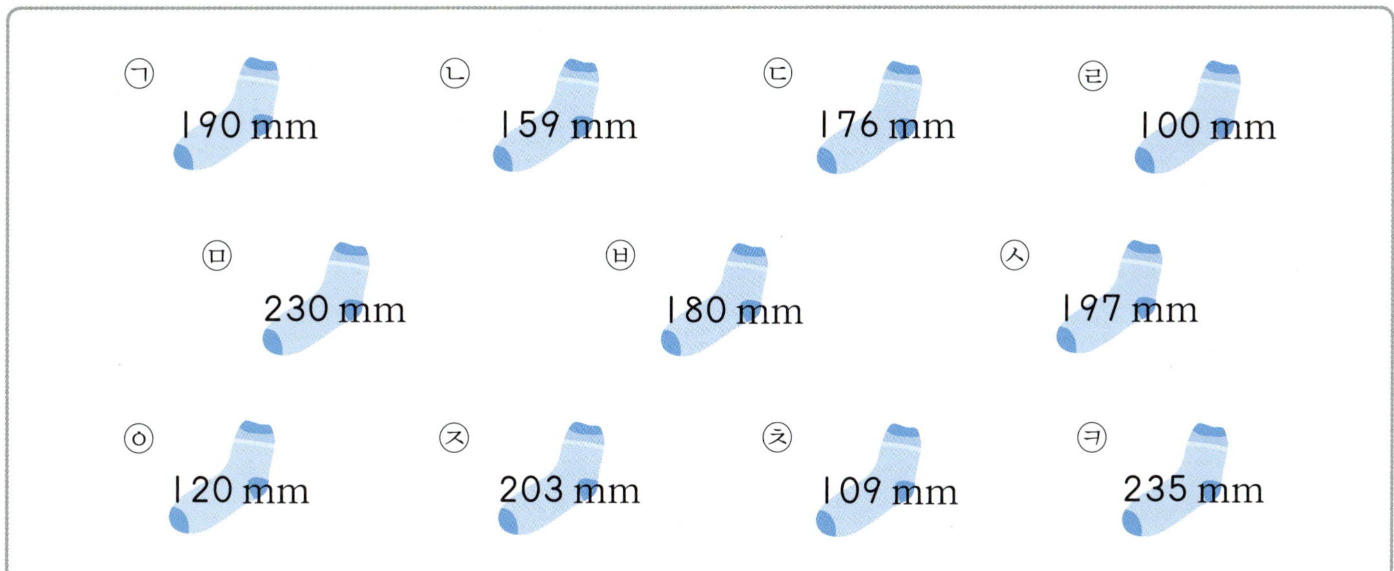

9 18 cm

____

10 10 cm

____

11 12 cm

____

12 19 cm

____

13 17 cm 6 mm

____

14 19 cm 7 mm

____

15 10 cm 9 mm

____

16 20 cm 3 mm

____

17 23 cm 5 mm

____

02 km와 m 단위의 관계

✚ | km 알아보기

읽기: | 킬로미터

쓰기: **| km**

➡ 2 km=2000 m

| km 200 m=|000 m+200 m=**|200 m**

1 km보다 200 m 더 긴 길이

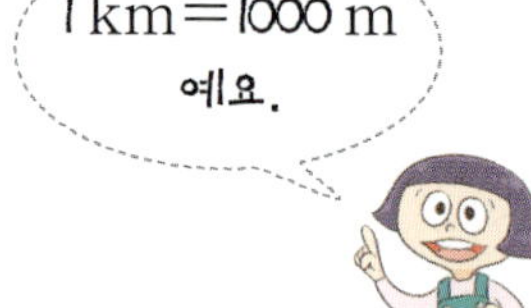

● ☐ 안에 알맞은 수를 써넣으세요.

1 | km=|000 m

4 km=☐ m

2 2 km=2000 m

9 km=☐ m

3 | km 200 m=|200 m

| km 600 m=☐ m

4 2 km 5|0 m=25|0 m

4 km 820 m=☐ m

5 3000 m=3 km

6000 m=☐ km

6 5000 m=5 km

8000 m=☐ km

7 3200 m=3 km 200 m

3500 m=☐ km ☐ m

8 |320 m=| km 320 m

2450 m=☐ km ☐ m

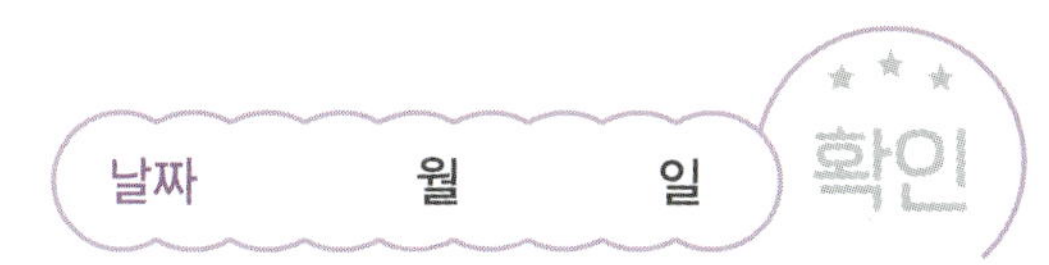

9 소녀가 주어진 길이와 같은 길이가 적힌 길을 따라가며 주울 수 있는 성냥에 ○표 하고, 소녀가 주운
성냥은 모두 몇 개인지 구하세요.

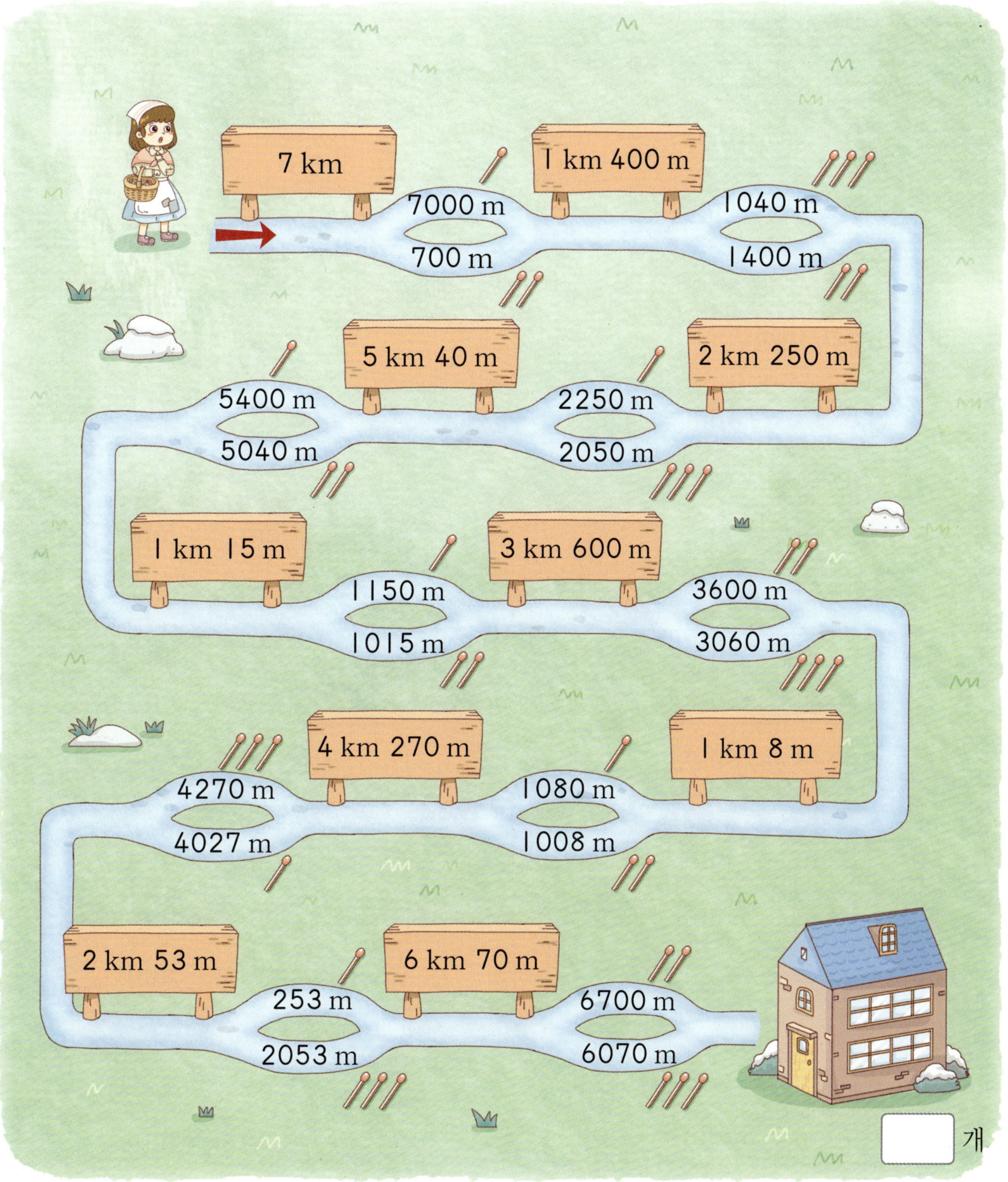

□ 개

03 길이의 합 (1)

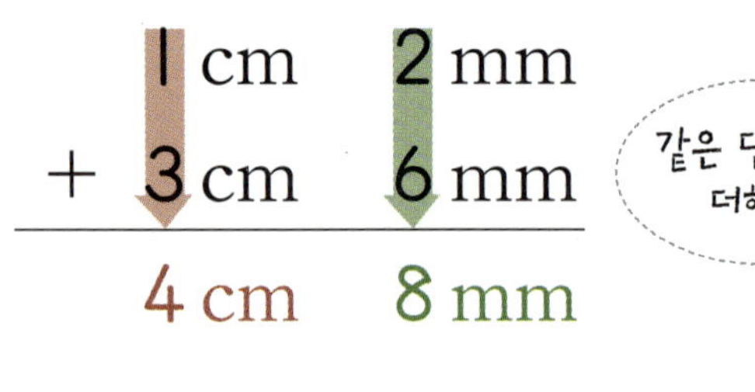

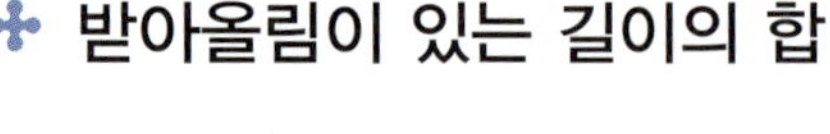
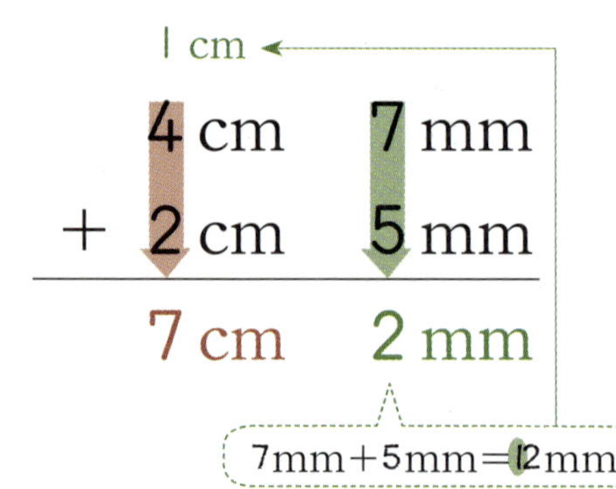

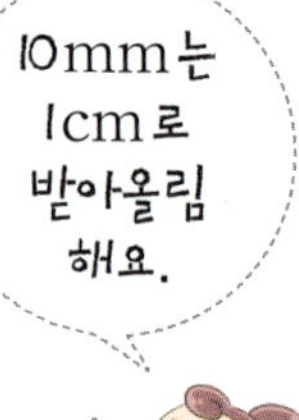

● 길이의 합을 구하세요.

1

	cm	mm
	15 cm	2 mm
+	4 cm	1 mm
	cm	mm

2

	cm	mm
	16 cm	1 mm
+	7 cm	5 mm
	cm	mm

3

	cm	mm
	27 cm	3 mm
+	19 cm	4 mm
	cm	mm

4

	cm	mm
	5 cm	6 mm
+	16 cm	7 mm
	cm	mm

5

	cm	mm
	18 cm	9 mm
+	5 cm	3 mm
	cm	mm

6

	cm	mm
	26 cm	5 mm
+	3 cm	8 mm
	cm	mm

7

	cm	mm
	5 cm	6 mm
+	27 cm	8 mm
	cm	mm

8

	cm	mm
	9 cm	7 mm
+	14 cm	9 mm
	cm	mm

● 전기 제품을 멀티탭에 연결하여 사용하려고 합니다. 연결한 전선의 길이를 구하세요.

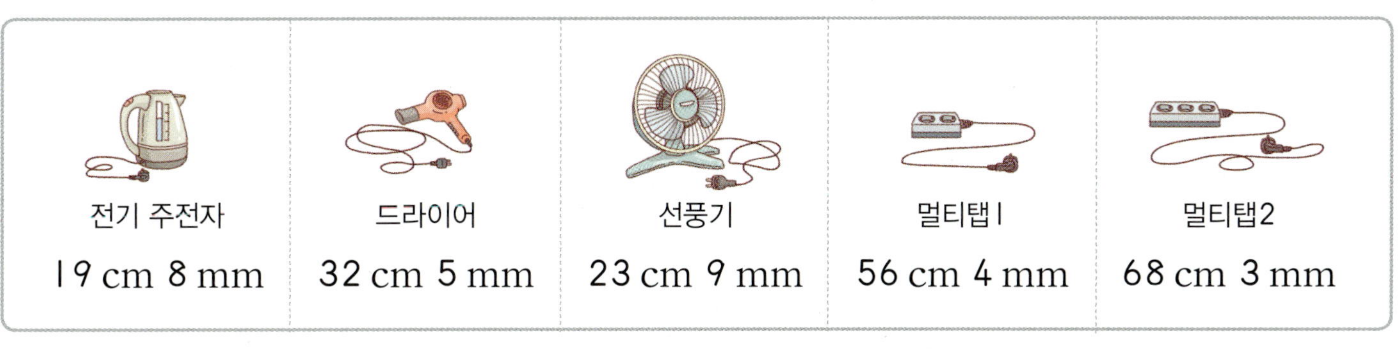

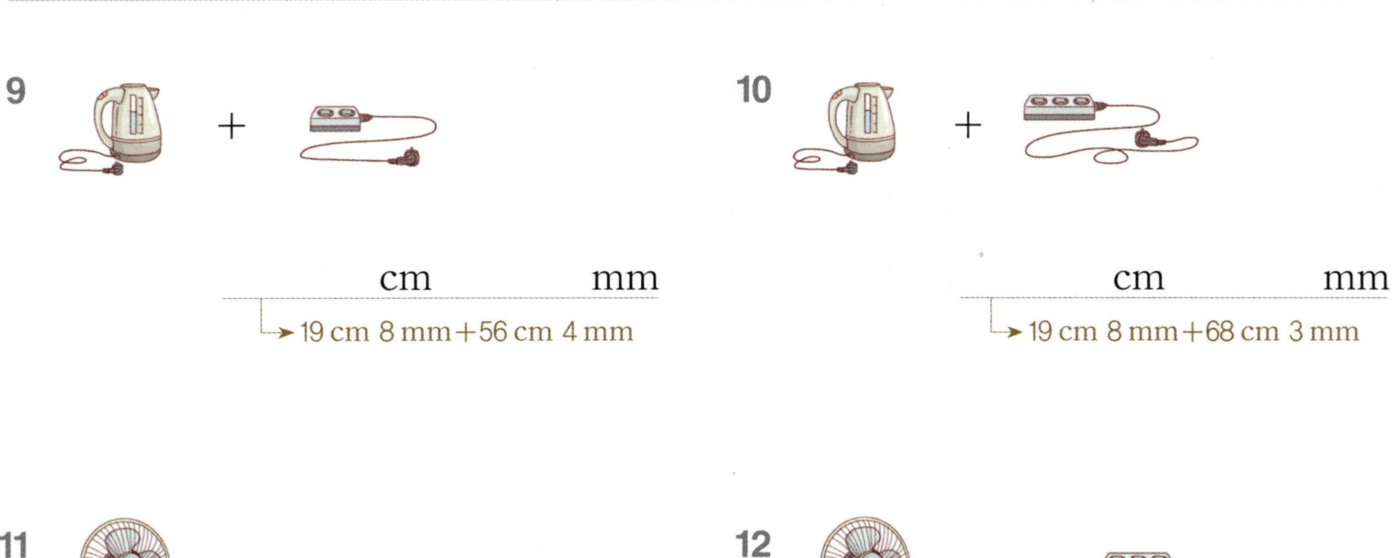

9   +   ________ cm ________ mm

→ 19 cm 8 mm + 56 cm 4 mm

10   +   ________ cm ________ mm

→ 19 cm 8 mm + 68 cm 3 mm

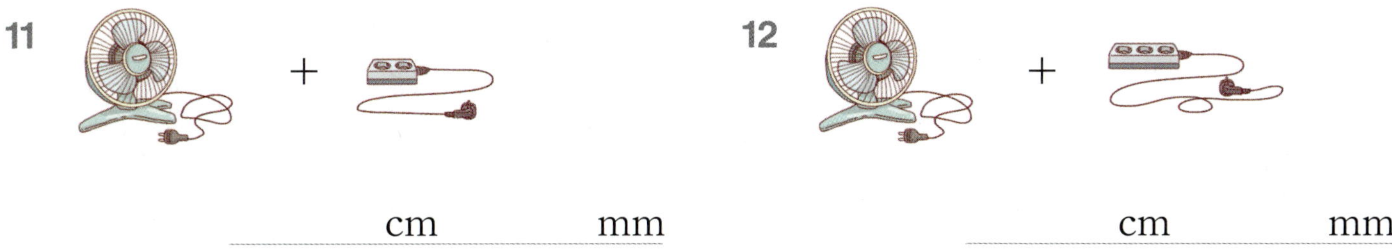

11   +   ________ cm ________ mm

12   +   ________ cm ________ mm

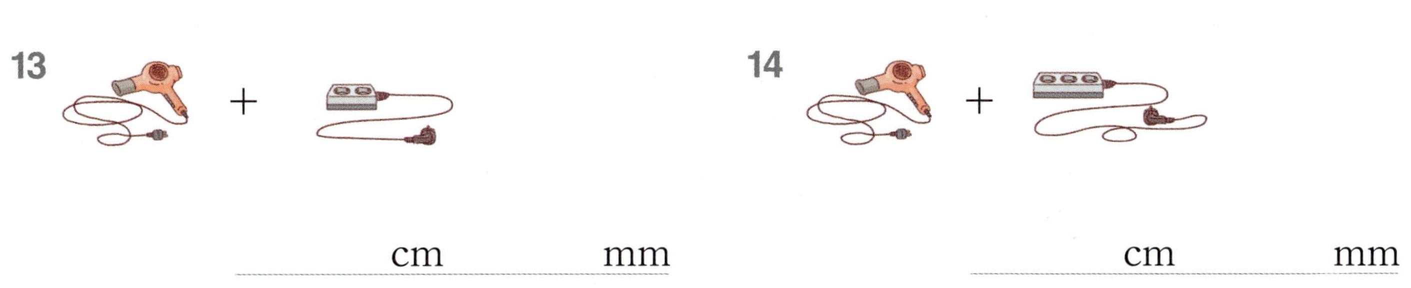

13   +   ________ cm ________ mm

14   +   ________ cm ________ mm

04 길이의 합 (2)

✚ 2 km 500 m＋4 km 820 m의 계산

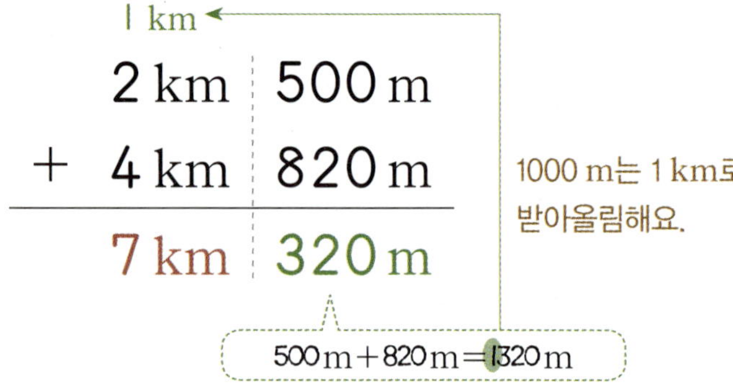

● 길이의 합을 구하세요.

1

	km	m
	3 km	140 m
＋	7 km	260 m
	km	m

2

	km	m
	11 km	320 m
＋	9 km	190 m
	km	m

3

	km	m
	6 km	700 m
＋	2 km	450 m
	km	m

4

	km	m
	8 km	940 m
＋	14 km	70 m
	km	m

5

	km	m
	15 km	180 m
＋	6 km	840 m
	km	m

6

	km	m
	22 km	550 m
＋	13 km	480 m
	km	m

7

	km	m
	28 km	735 m
＋	7 km	305 m
	km	m

8

	km	m
	35 km	265 m
＋	9 km	842 m
	km	m

● 지도를 보고 보기 와 같이 거리를 구하세요.

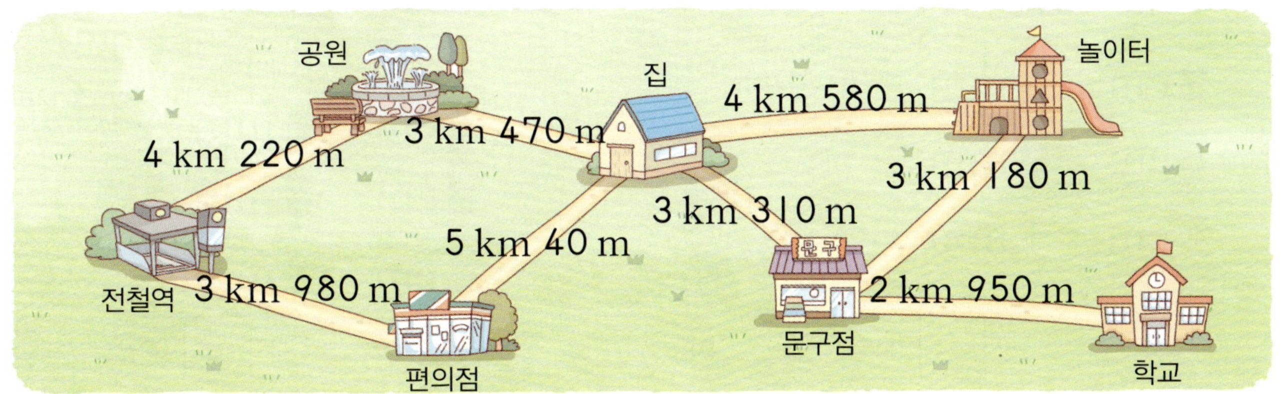

보기

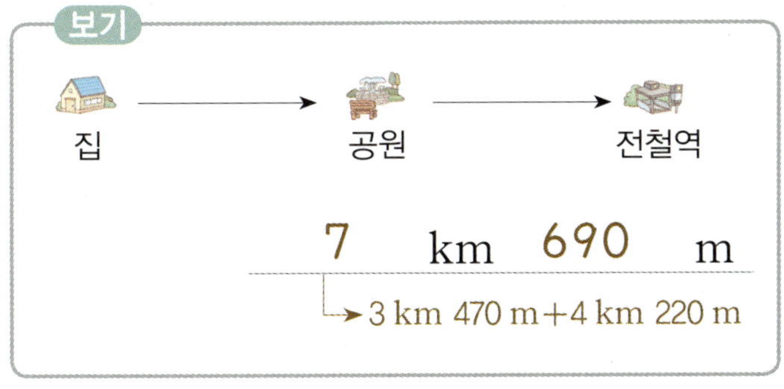

집 → 공원 → 전철역

7 km 690 m

→ 3 km 470 m+4 km 220 m

9

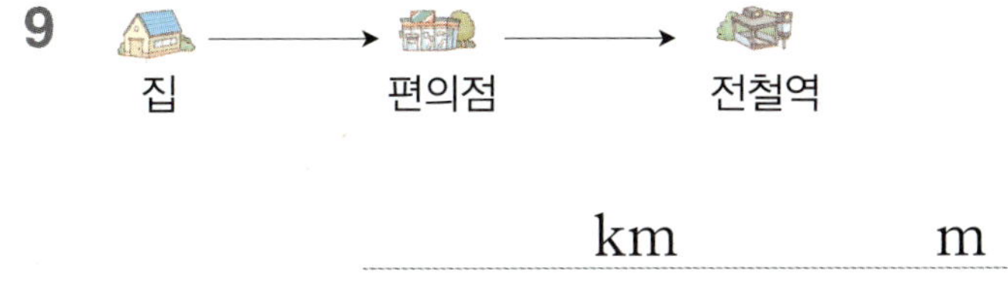

집 → 편의점 → 전철역

___ km ___ m

10

집 → 문구점 → 학교

___ km ___ m

11

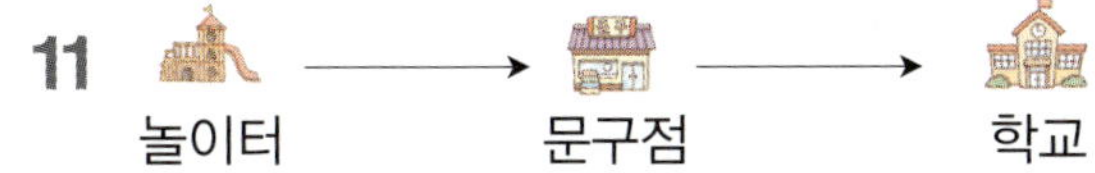

놀이터 → 문구점 → 학교

___ km ___ m

12

공원 → 집 → 놀이터

___ km ___ m

13

편의점 → 집 → 문구점

___ km ___ m

14

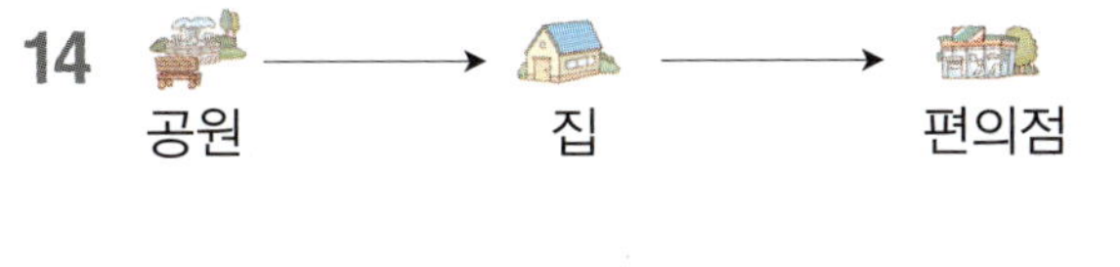

공원 → 집 → 편의점

___ km ___ m

15

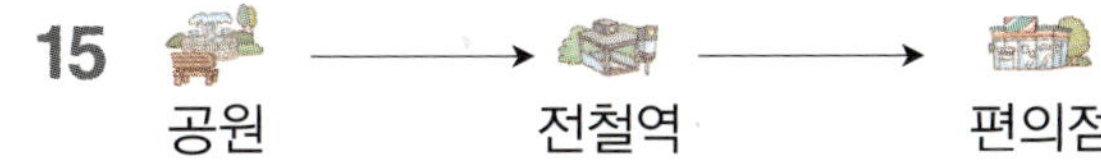

공원 → 전철역 → 편의점

___ km ___ m

05 길이의 차 (1)

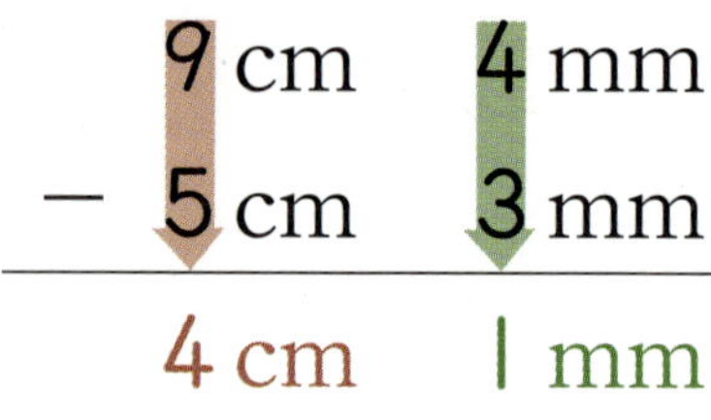

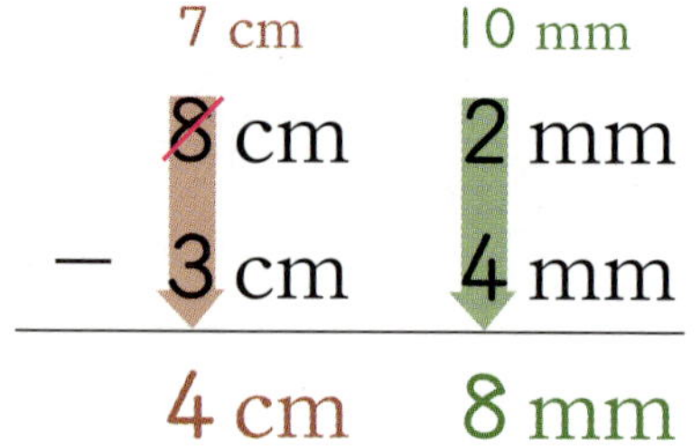

● 길이의 차를 구하세요.

1

	cm	mm
	17 cm	8 mm
−	2 cm	5 mm
	cm	mm

2

	cm	mm
	24 cm	7 mm
−	9 cm	2 mm
	cm	mm

3

	cm	mm
	31 cm	4 mm
−	5 cm	9 mm
	cm	mm

4

	cm	mm
	16 cm	1 mm
−	8 cm	5 mm
	cm	mm

5

	cm	mm
	27 cm	3 mm
−	9 cm	7 mm
	cm	mm

6

	cm	mm
	30 cm	2 mm
−	8 cm	9 mm
	cm	mm

7

	cm	mm
	15 cm	6 mm
−	5 cm	8 mm
	cm	mm

8

	cm	mm
	10 cm	
−	2 cm	5 mm
	cm	mm

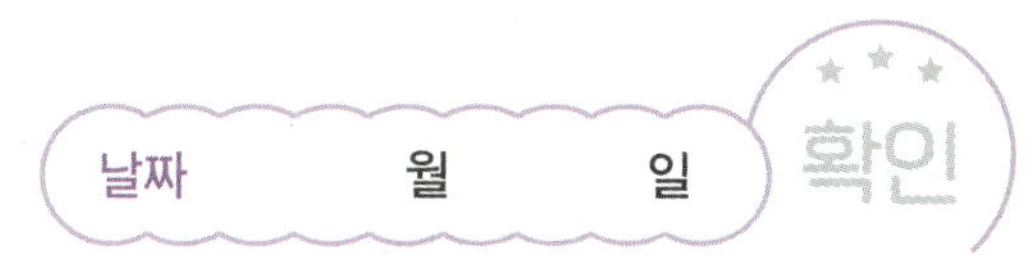

● 계산을 하여 ☐ 안에 알맞은 수를 써넣으세요.

9 10 cm 6 mm − 7 cm 2 mm

= ☐ cm ☐ mm

10 23 cm 9 mm − 8 cm 3 mm

= ☐ cm ☐ mm

11 16 cm 4 mm − 6 cm 8 mm

= ☐ cm ☐ mm

12 42 cm 7 mm − 15 cm 9 mm

= ☐ cm ☐ mm

13 33 cm 5 mm − 17 cm 6 mm

= ☐ cm ☐ mm

14 20 cm 3 mm − 7 cm 4 mm

= ☐ cm ☐ mm

15 47 cm 2 mm − 19 cm 8 mm

= ☐ cm ☐ mm

16 31 cm − 11 cm 5 mm

= ☐ cm ☐ mm

19 cm 5 mm 감	15 cm 6 mm 사	15 cm 9 mm 귤
12 cm 9 mm 과	26 cm 8 mm 애	27 cm 4 mm 모
3 cm 4 mm 밤	20 cm 5 mm 배	9 cm 6 mm 실

06 길이의 차 (2)

✦ 6 km 200 m − 2 km 700 m의 계산

    5 km   1000 m

	6̸ km	200 m
−	2 km	700 m
	3 km	500 m

● 길이의 차를 구하세요.

1

	11 km	820 m
−	7 km	160 m
	km	m

2

	30 km	250 m
−	4 km	175 m
	km	m

3

	21 km	140 m
−	16 km	300 m
	km	m

4

	12 km	150 m
−	8 km	620 m
	km	m

5

	45 km	35 m
−	17 km	210 m
	km	m

6

	15 km	40 m
−	7 km	165 m
	km	m

7

	34 km	56 m
−	29 km	970 m
	km	m

8

	51 km	22 m
−	16 km	450 m
	km	m

● 8명의 선수들이 전체 거리가 42 km 195 m인 마라톤 코스를 달리고 있습니다. 달린 거리를 이용하여 남은 거리를 구하세요.

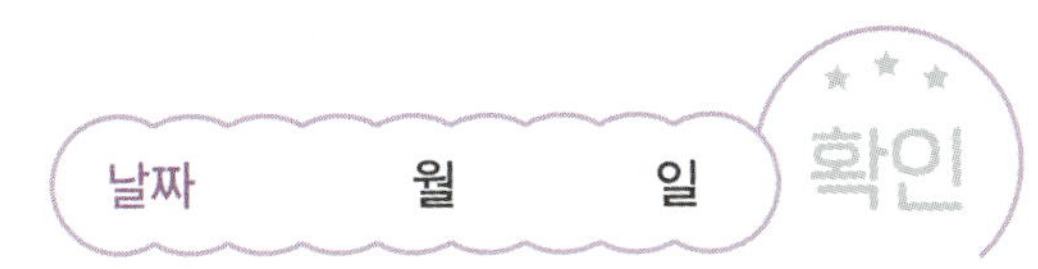

● 보기 와 같이 깃발에 적힌 길이가 나머지와 <u>다른</u> 하나를 찾아 ✕표 하세요.

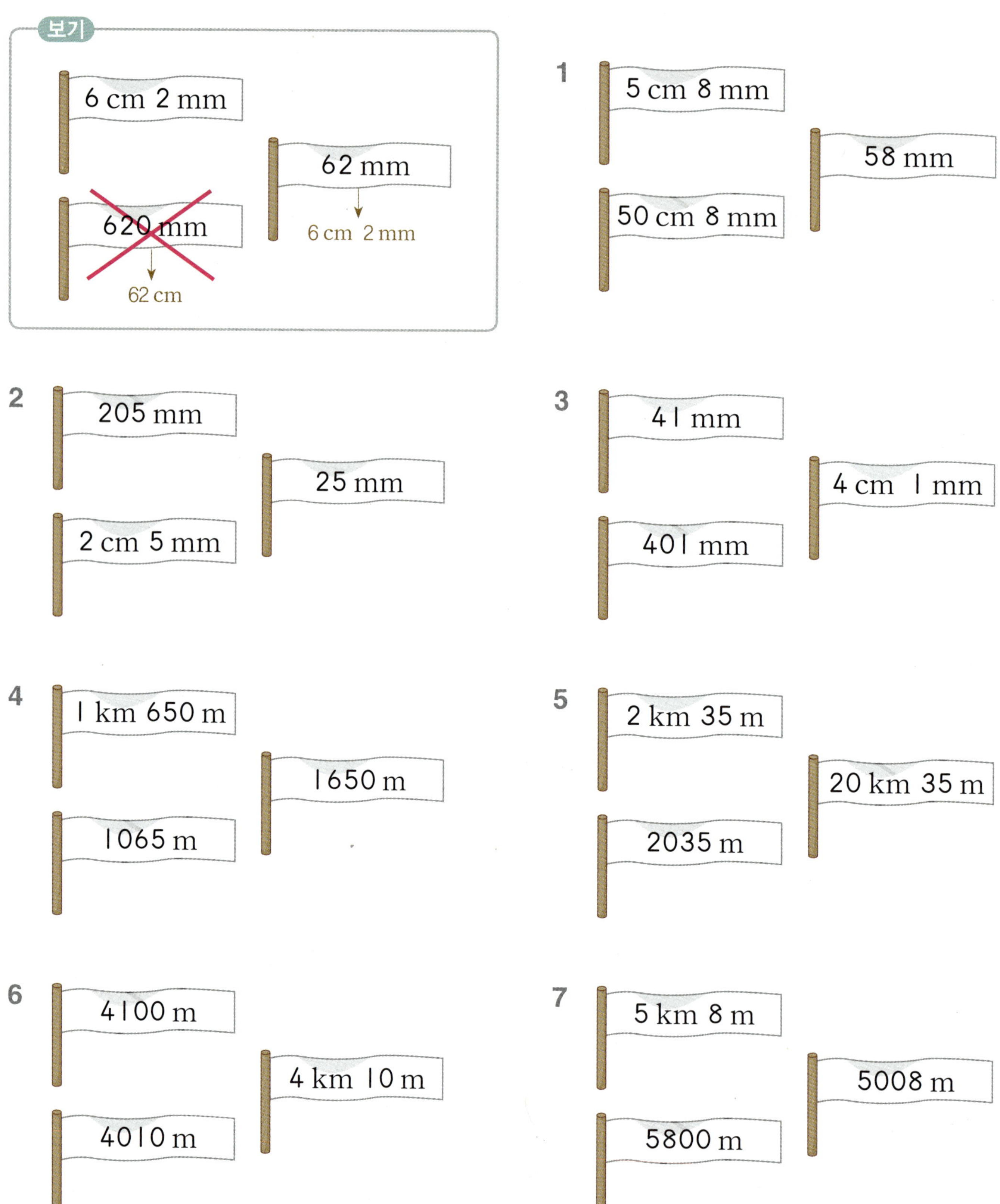

● 빈칸에 알맞은 길이를 써넣으세요.

8 6 cm 4 mm

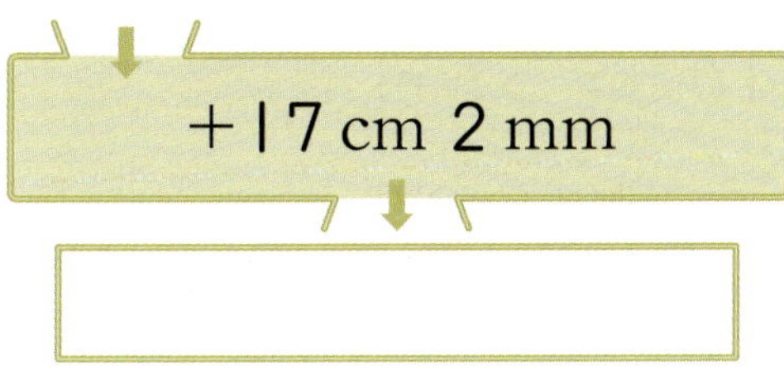

9 15 cm 7 mm

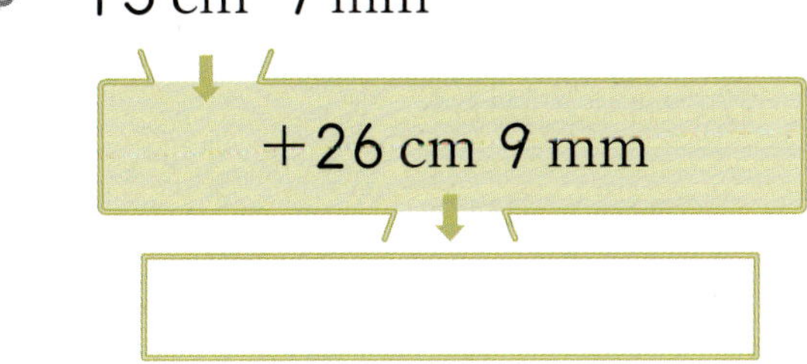

10 23 cm 5 mm

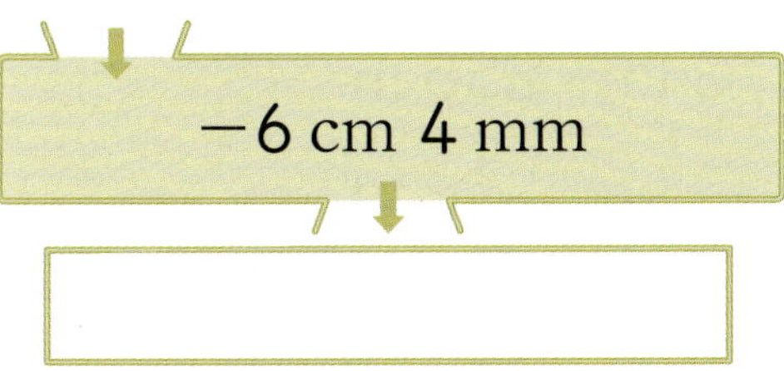

11 42 cm 6 mm

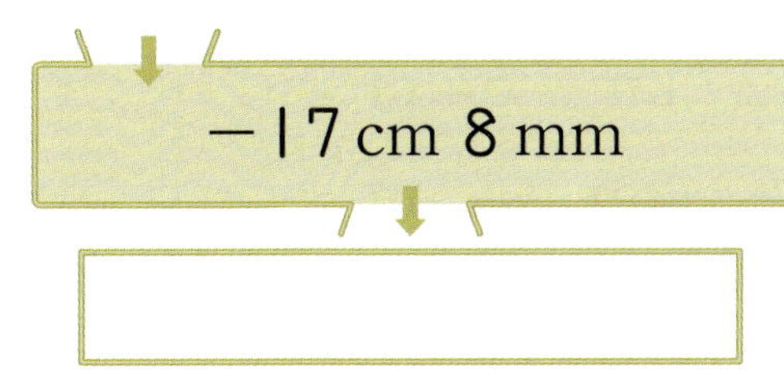

12 31 cm 7 mm

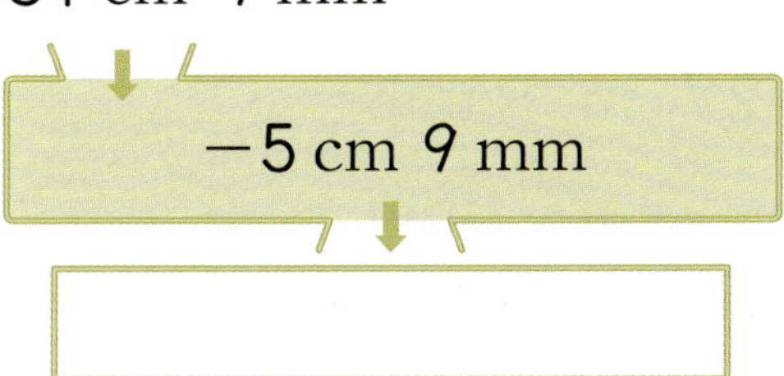

13 27 km 345 m

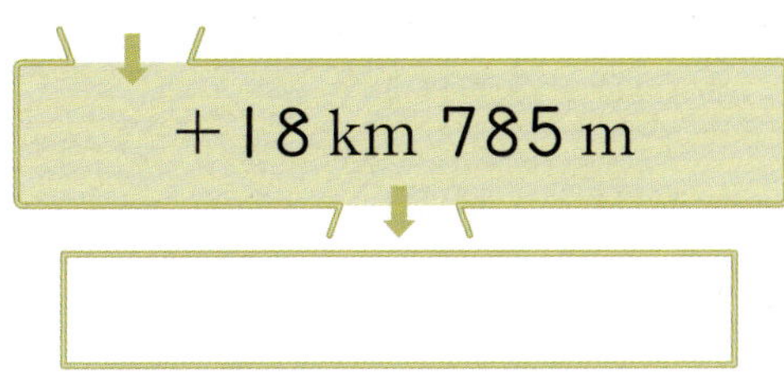

14 2 km 430 m

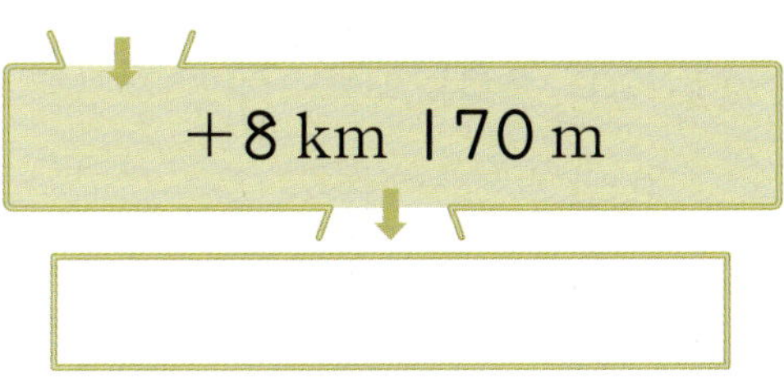

15 13 km 45 m

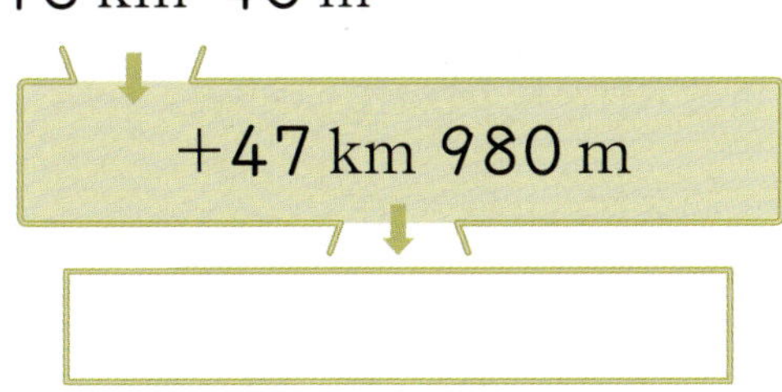

16 37 km 210 m

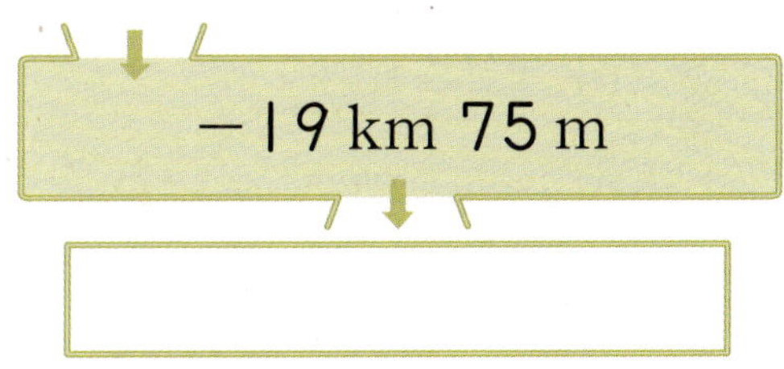

17 41 km 90 m

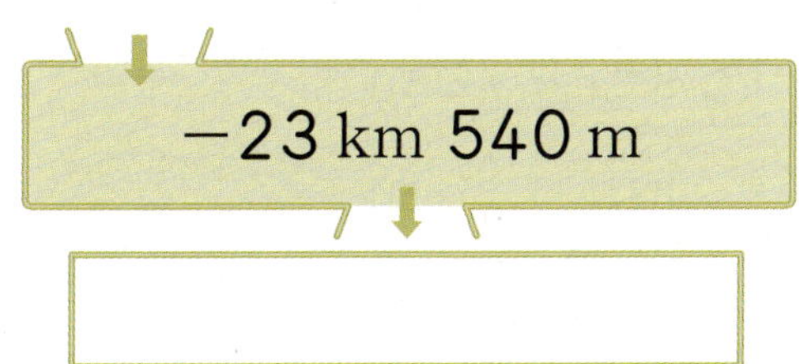

● 길이의 합과 차를 구하세요.

1

```
   15 cm  7 mm
+   8 cm  2 mm
────────────────
      cm     mm
```

2

```
   41 cm  8 mm
−  16 cm  5 mm
────────────────
      cm     mm
```

3

```
    6 km  250 m
+  27 km   64 m
────────────────
      km      m
```

4

```
   7 km  400 m
−  3 km  255 m
────────────────
     km      m
```

5

```
   41 cm  9 mm
+   8 cm  3 mm
────────────────
      cm     mm
```

6

```
   52 cm  4 mm
−  27 cm  9 mm
────────────────
      cm     mm
```

7

```
   19 km  720 m
+  33 km  415 m
────────────────
      km      m
```

8

```
   11 km  210 m
−   7 km  460 m
────────────────
      km      m
```

9

```
   30 km   80 m
+  16 km  790 m
────────────────
      km      m
```

10

```
   25 km
−   8 km  125 m
────────────────
      km      m
```

11 16 cm 4 mm + 8 cm 3 mm

12 4 cm 7 mm + 9 cm 5 mm

13 7 km 200 m + 5 km 450 m

14 13 km 820 m + 6 km 630 m

15 27 km 570 m + 11 km 430 m

16 19 km 84 m + 2 km 920 m

17 12 cm 9 mm − 7 cm 4 mm

18 20 cm 2 mm − 3 cm 6 mm

19 8 km 540 m − 2 km 165 m

20 13 km 10 m − 8 km 790 m

21 29 km − 5 km 450 m

22 31 km − 6 km 15 m

와~ 맛있다!

여기 빵도 있으니까 이것도 먹어 봐.
와~ 저 빵도 좋아해요.

냉동빵은 아니겠죠?
으이구.

빵은 내가 직접 만들었단다.

우와~

저 표정은 뭐지.

이건 내가 다 먹을래.
아니야. 나는 아까 만두도 조금밖에 못 먹었어!
아웅
다웅

뭐니, 쟤네들?
잠깐만~ 싸우지 말고 아까처럼 나눠 먹자.

연산력 게임

스마트폰을 이용하여 QR을 찍으면 재미있는 연산 게임을 할 수 있습니다.

✤ $\dfrac{1}{2}$ 알아보기

$$\dfrac{1 \rightarrow \text{부분의 수 (분자)}}{2 \rightarrow \text{전체의 수 (분모)}}$$

부분 ◗ 은 전체 ◯ 를 똑같이 2로 나눈 것 중의 1 ➡ $\dfrac{1}{2}$ (2분의 1)

● 그림을 보고 ☐ 안에 알맞은 수를 써넣으세요.

1 부분 ◗ 은 전체 ◯ 를 똑같이 **3**으로 나눈 것 중의 1 ➡ $\dfrac{1}{\boxed{}}$

2 부분 ◗ 은 전체 ◯ 를 똑같이 **4**로 나눈 것 중의 $\boxed{}$ ➡ $\dfrac{\boxed{}}{4}$

3 부분 ◁ 은 전체 ◇ 를 똑같이 $\boxed{}$(으)로 나눈 것 중의 $\boxed{}$ ➡ $\dfrac{\boxed{}}{\boxed{}}$

4 부분 ◁ 은 전체 ⬠ 를 똑같이 $\boxed{}$(으)로 나눈 것 중의 $\boxed{}$ ➡ $\dfrac{\boxed{}}{\boxed{}}$

5 부분 ◗ 은 전체 ❀ 를 똑같이 $\boxed{}$(으)로 나눈 것 중의 $\boxed{}$ ➡ $\dfrac{\boxed{}}{\boxed{}}$

● 생일 잔치를 한 후 남은 음식입니다. 음식의 남은 부분은 전체의 얼마인지 분수로 나타내 보세요.

6

□ → 남은 부분의 수

□ → 전체의 수

7

□
─
□

8

□
─
□

9

□
─
□

10

□
─
□

11

□
─
□

12

□
─
□

13

□
─
□

02 분수 알아보기 (2)

✛ **색칠한 부분은 전체의 얼마인지 분수로 나타내기**

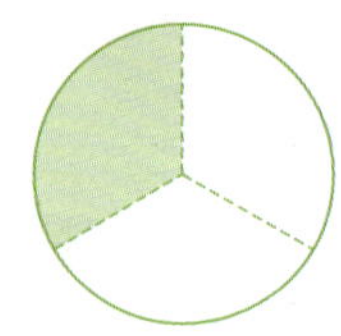

$\dfrac{1}{3}$ → 색칠한 칸의 수
　→ 전체 칸의 수

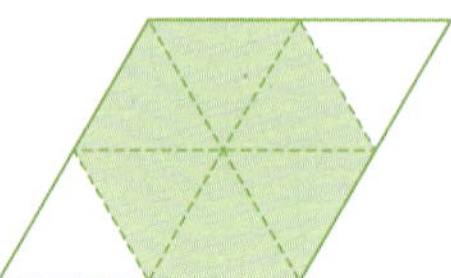

$\dfrac{6}{8}$ → 색칠한 칸의 수
　→ 전체 칸의 수

● **그림을 보고 색칠한 부분은 전체의 얼마인지 분수로 나타내 보세요.**

1
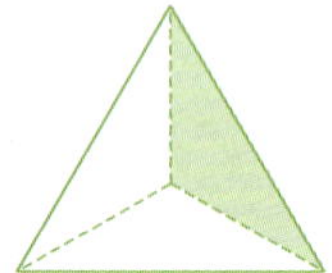

____

2
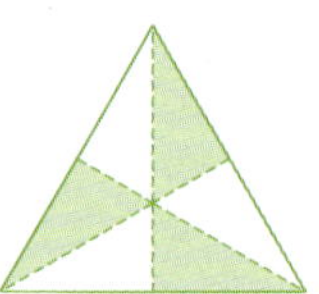

____

3

____

4
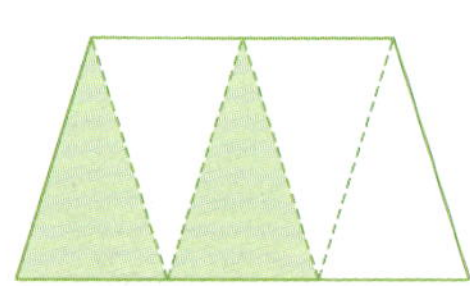

____

5
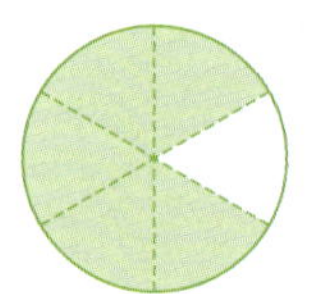

____

6
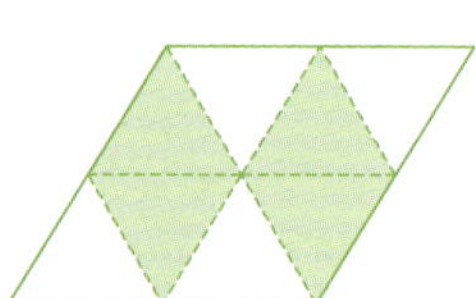

____

7
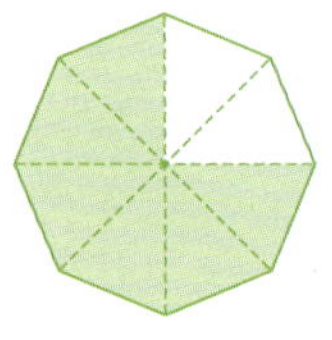

____

8

____

9
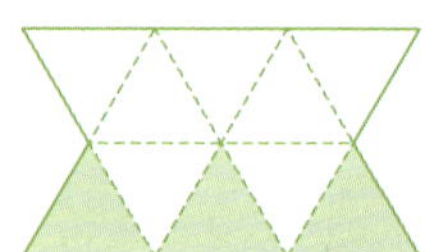

____

● 지승이가 여러 나라의 국기를 그렸습니다. 각 국기는 똑같이 나누어졌다고 할 때 주어진 색이 색칠된 부분은 전체의 얼마인지 분수로 나타내 보세요.

10 프랑스

파란색은 전체의

$$\dfrac{\square}{\square}$$

11 이탈리아

흰색은 전체의

$$\dfrac{\square}{\square}$$

12 우크라이나

노란색은 전체의

$$\dfrac{\square}{\square}$$

13 독일

빨간색은 전체의

$$\dfrac{\square}{\square}$$

14 헝가리

초록색은 전체의

$$\dfrac{\square}{\square}$$

15 모리셔스

노란색은 전체의

$$\dfrac{\square}{\square}$$

16 폴란드

흰색은 전체의

$$\dfrac{\square}{\square}$$

17 코트디부아르

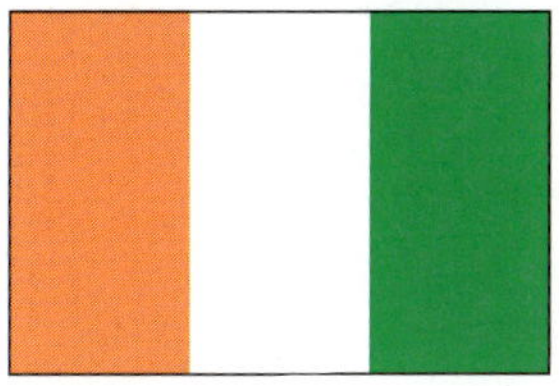

주황색은 전체의

$$\dfrac{\square}{\square}$$

03 단위분수가 몇 개인지 알아보기

✦ $\dfrac{2}{3}$는 $\dfrac{1}{3}$이 몇 개인지 알아보기

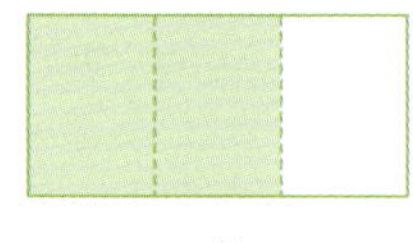
$\dfrac{2}{3}$

$\dfrac{1}{3}$

➡ $\dfrac{2}{3}$는 $\dfrac{1}{3}$이 2개

$\dfrac{1}{3}$이 2개이면 $\dfrac{2}{3}$

● ☐ 안에 알맞은 수를 써넣으세요.

1 $\dfrac{3}{4}$은 $\dfrac{1}{4}$이 ☐ 개

2 $\dfrac{4}{5}$는 $\dfrac{1}{5}$이 ☐ 개

3 $\dfrac{5}{6}$는 $\dfrac{1}{6}$이 ☐ 개

4 $\dfrac{7}{8}$은 $\dfrac{1}{8}$이 ☐ 개

5 $\dfrac{1}{4}$이 2개이면 $\dfrac{☐}{4}$

6 $\dfrac{1}{5}$이 3개이면 $\dfrac{☐}{5}$

7 $\dfrac{1}{7}$이 5개이면 $\dfrac{☐}{☐}$

8 $\dfrac{1}{8}$이 7개이면 $\dfrac{☐}{☐}$

9 $\dfrac{1}{9}$이 4개이면 $\dfrac{☐}{☐}$

10 $\dfrac{1}{10}$이 9개이면 $\dfrac{☐}{☐}$

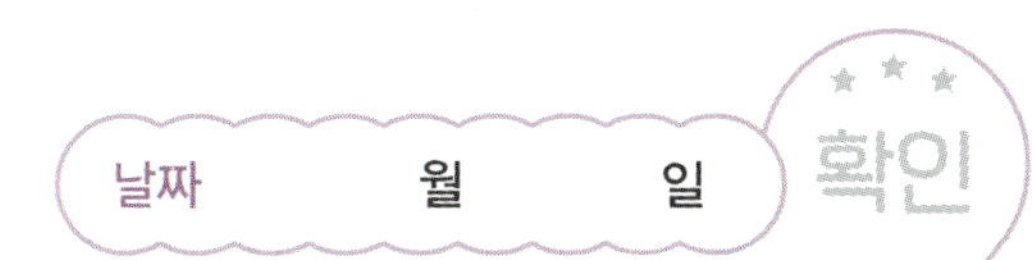

● ☐ 안에 알맞은 수를 써넣으세요.

11 $\dfrac{3}{5}$은 $\dfrac{1}{5}$이 ☐ 개

12 $\dfrac{4}{5}$는 $\dfrac{1}{5}$이 ☐ 개

13 $\dfrac{6}{7}$은 $\dfrac{1}{7}$이 ☐ 개

14 $\dfrac{5}{9}$는 $\dfrac{1}{9}$이 ☐ 개

15 $\dfrac{7}{10}$은 $\dfrac{1}{10}$이 ☐ 개

16 $\dfrac{8}{11}$은 $\dfrac{1}{11}$이 ☐ 개

17 $\dfrac{10}{13}$은 $\dfrac{1}{13}$이 ☐ 개

18 $\dfrac{9}{12}$는 $\dfrac{1}{12}$이 ☐ 개

19 $\dfrac{13}{15}$은 $\dfrac{1}{15}$이 ☐ 개

20 $\dfrac{14}{17}$는 $\dfrac{1}{17}$이 ☐ 개

수수께끼

8 주	7 불	9 음	12 름
15 이	14 마	13 당	5 번
4 공	10 소	6 호	3 기

04 단위분수의 크기 비교

✛ $\dfrac{1}{6}$과 $\dfrac{1}{2}$의 크기 비교

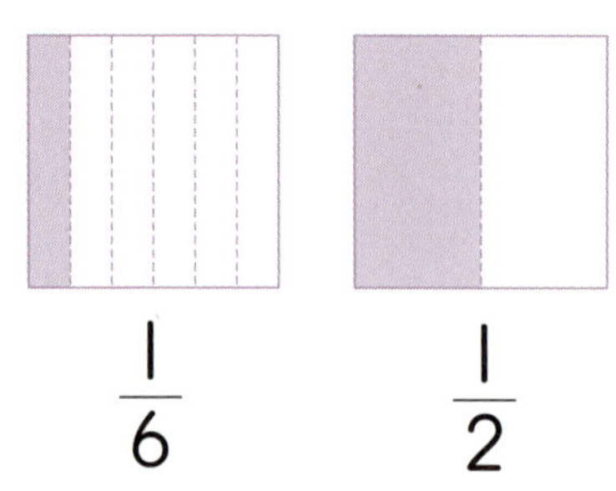

$\dfrac{1}{6}$ $\dfrac{1}{2}$

분자가 1인 분수를 단위분수라고 해요.

● 색칠한 부분이 나타내는 분수를 쓰고 크기를 비교하여 ◯ 안에 >, =, < 중 알맞은 것을 써넣으세요.

1

$\dfrac{1}{3}$ ◯ $\dfrac{1}{5}$

2

$\dfrac{1}{\square}$ ◯ $\dfrac{1}{\square}$

3
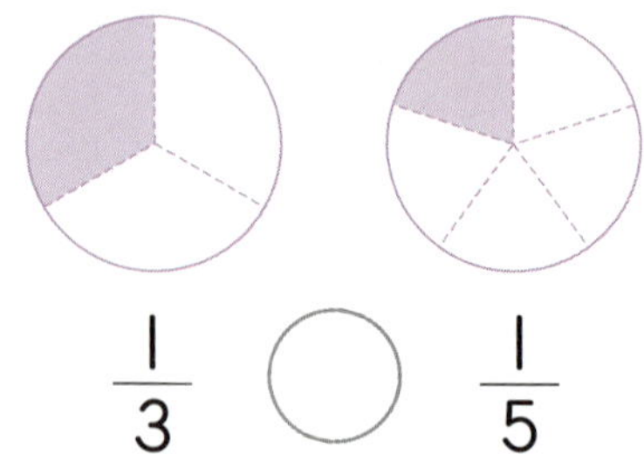

$\dfrac{1}{\square}$ ◯ $\dfrac{1}{\square}$

4
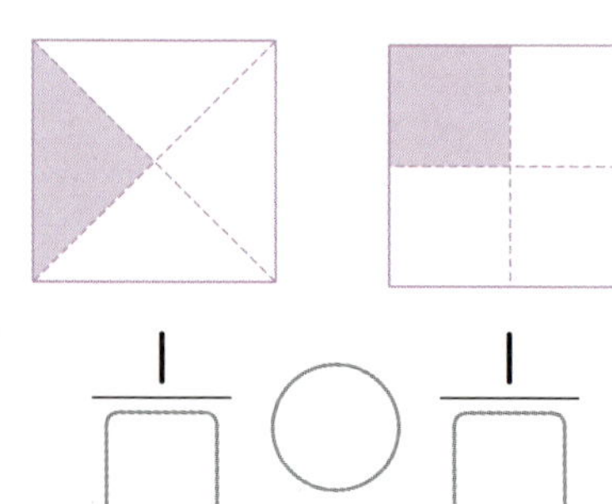

$\dfrac{1}{\square}$ ◯ $\dfrac{1}{\square}$

5
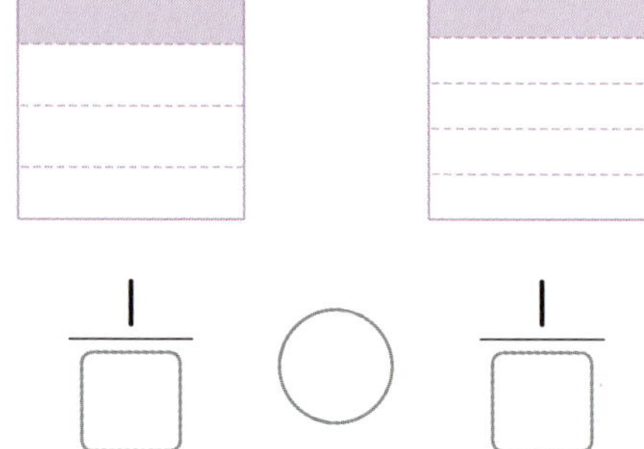

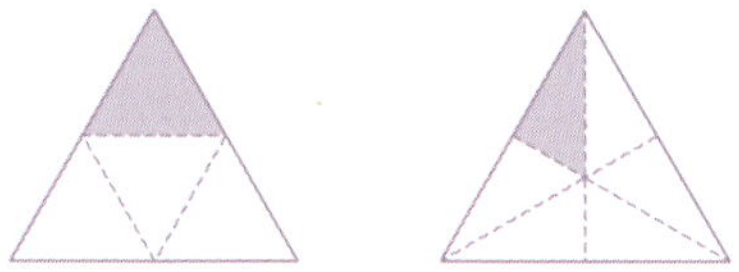

$\square$ ◯ $\square$

6
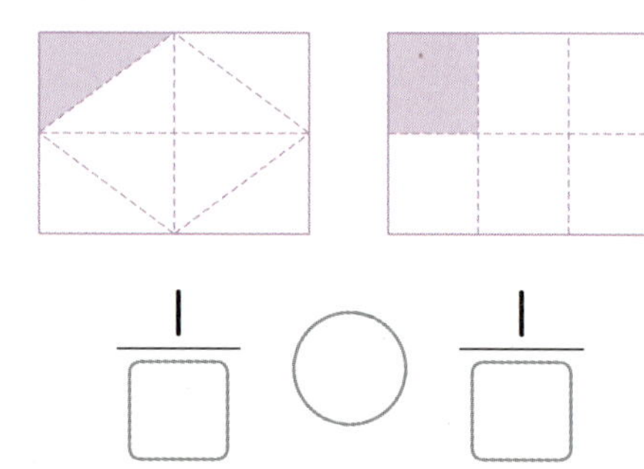

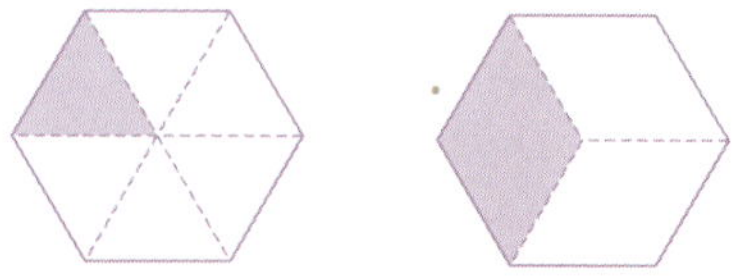

$\square$ ◯ $\square$

● 어린이가 들고 있는 분수보다 작은 분수가 적힌 풍선의 줄에 ✕표 하세요.

7

8

9

10

11

12

05 분모가 같은 분수의 크기 비교

✚ $\dfrac{3}{5}$과 $\dfrac{2}{5}$의 크기 비교

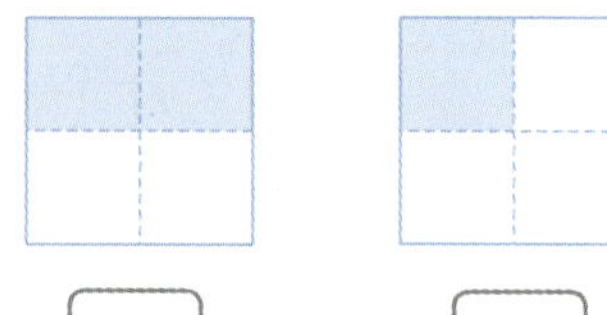

$\dfrac{3}{5}$

$\dfrac{2}{5}$

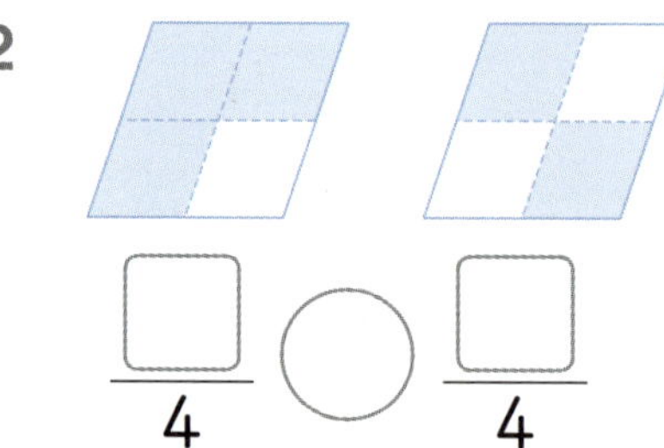

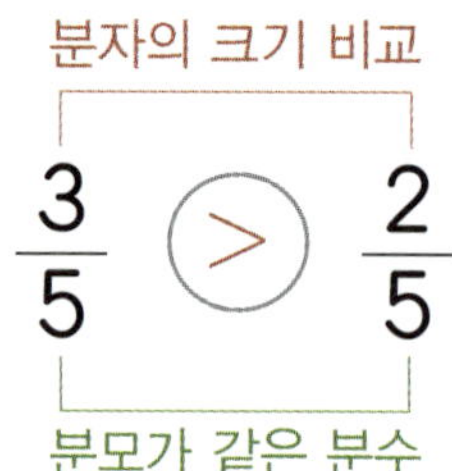

● 색칠한 부분이 나타내는 분수를 쓰고 크기를 비교하여 ◯ 안에 >, =, < 중 알맞은 것을 써넣으세요.

1

$\dfrac{\square}{4}$ ◯ $\dfrac{\square}{4}$

2

$\dfrac{\square}{4}$ ◯ $\dfrac{\square}{4}$

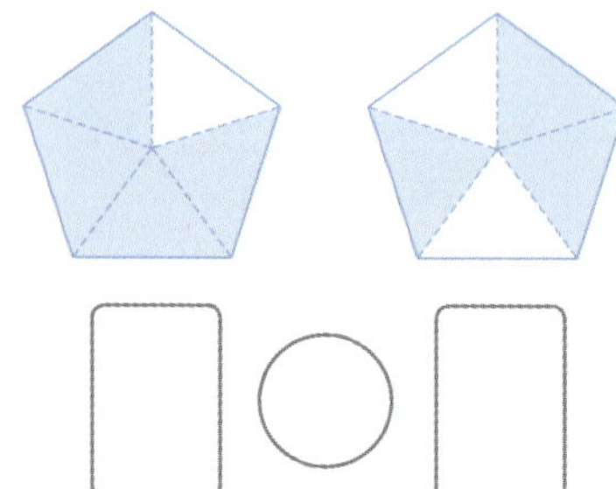

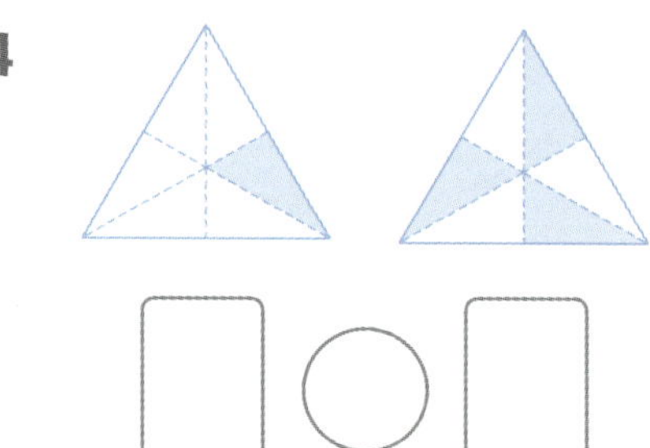

3

$\square$ ◯ $\square$

4

$\square$ ◯ $\square$

5

$\square$ ◯ $\square$

6

$\square$ ◯ $\square$

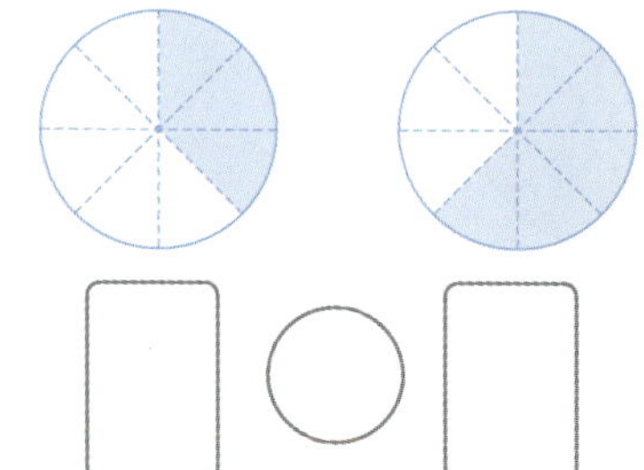

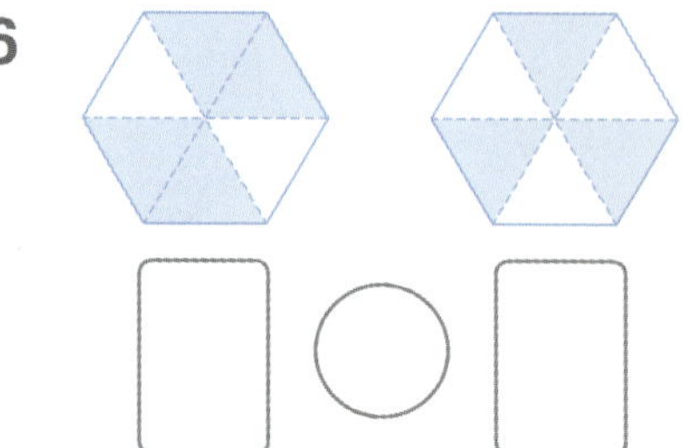

7 언니가 가은이의 물건을 숨기고 메모지에 다음과 같이 적어 놓았습니다. 두 수의 크기를 비교하여 오른쪽 수가 더 크면 ➡ 방향으로, 왼쪽 수가 더 크면 ⬇ 방향으로 가며 선을 그어 보세요.

시작

$\frac{2}{4}$	$\frac{3}{4}$	$\frac{4}{5}$	$\frac{1}{5}$	$\frac{2}{6}$	$\frac{5}{6}$	$\frac{6}{8}$	$\frac{3}{8}$	필통
$\frac{4}{6}$	$\frac{1}{6}$	$\frac{3}{7}$	$\frac{2}{7}$	$\frac{6}{10}$	$\frac{4}{10}$	$\frac{1}{4}$	$\frac{2}{4}$	실내화
$\frac{2}{8}$	$\frac{1}{8}$	$\frac{5}{9}$	$\frac{8}{9}$	$\frac{7}{11}$	$\frac{5}{11}$	$\frac{2}{6}$	$\frac{5}{6}$	모자
$\frac{5}{7}$	$\frac{2}{7}$	$\frac{1}{4}$	$\frac{2}{4}$	$\frac{6}{8}$	$\frac{5}{8}$	$\frac{3}{5}$	$\frac{1}{5}$	가방
$\frac{4}{6}$	$\frac{5}{6}$	$\frac{6}{9}$	$\frac{4}{9}$	$\frac{5}{10}$	$\frac{8}{10}$	$\frac{6}{9}$	$\frac{7}{9}$	공책

사탕   모자   색연필   시계

● 보기 와 같이 ☐ 안에 있는 분수가 되도록 길을 이어 보세요.

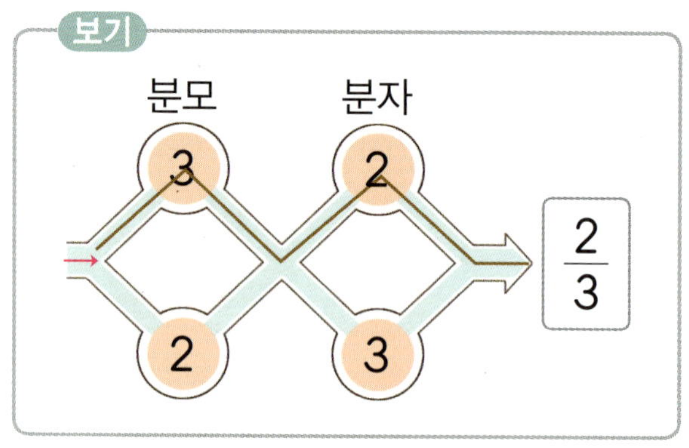

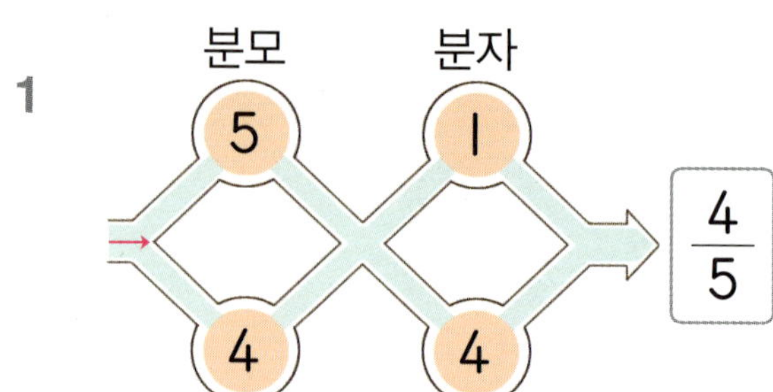

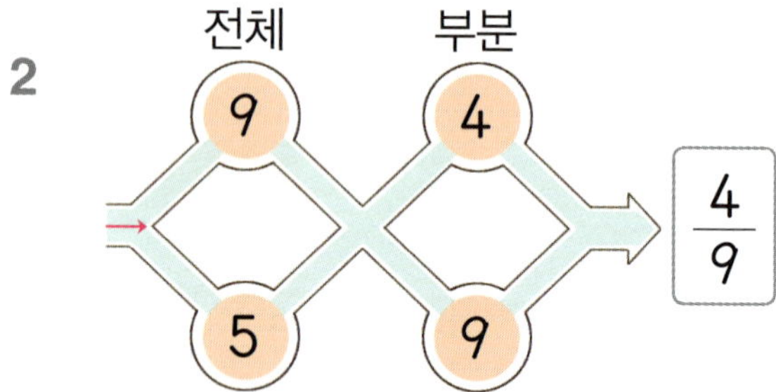

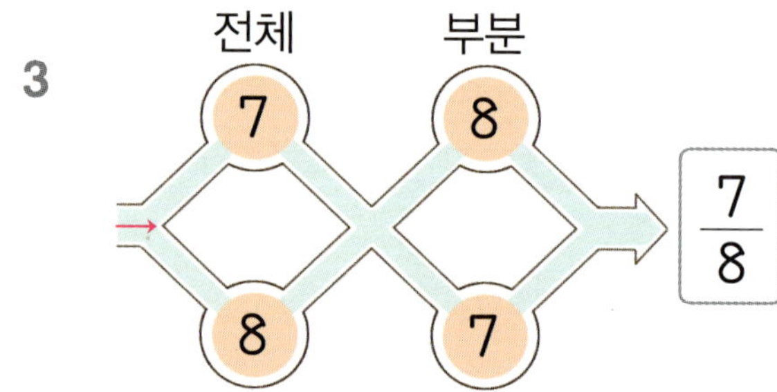

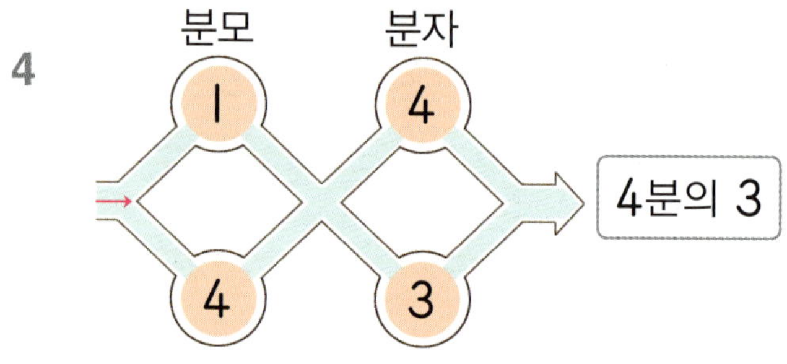

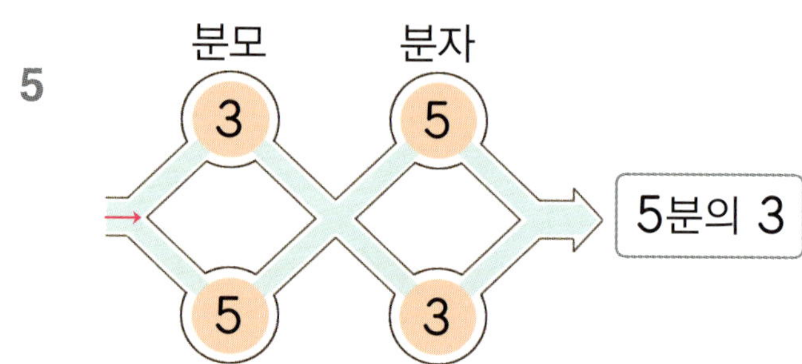

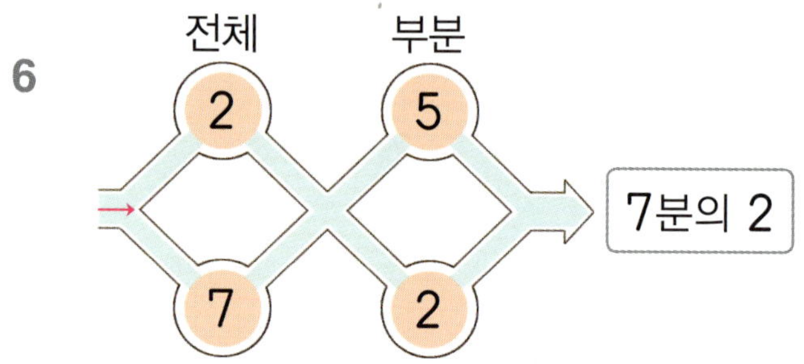

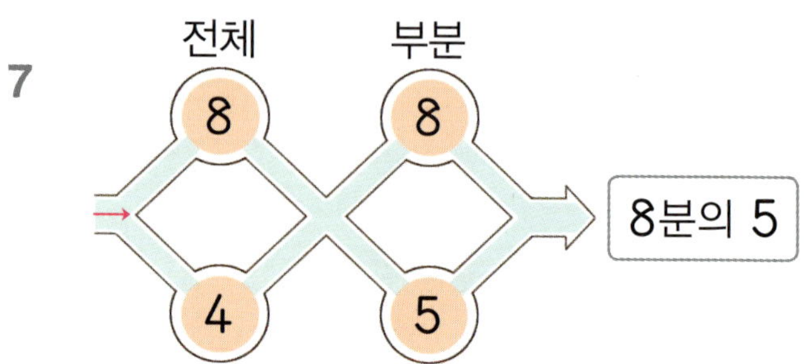

● 두 분수의 크기를 비교하여 더 큰 분수에 ○표 하세요.

8
$\dfrac{1}{2}$ $\dfrac{1}{3}$

9
$\dfrac{1}{4}$ $\dfrac{1}{3}$

10
$\dfrac{1}{8}$ $\dfrac{1}{6}$

11
$\dfrac{1}{7}$ $\dfrac{1}{9}$

12
$\dfrac{1}{13}$ $\dfrac{1}{11}$

13
$\dfrac{1}{10}$ $\dfrac{1}{15}$

14
$\dfrac{2}{3}$ $\dfrac{1}{3}$

15
$\dfrac{4}{6}$ $\dfrac{5}{6}$

16
$\dfrac{5}{8}$ $\dfrac{1}{8}$

17
$\dfrac{3}{9}$ $\dfrac{4}{9}$

18
$\dfrac{7}{10}$ $\dfrac{9}{10}$

19
$\dfrac{4}{11}$ $\dfrac{1}{11}$

20
$\dfrac{7}{12}$ $\dfrac{5}{12}$

21
$\dfrac{9}{13}$ $\dfrac{10}{13}$

22
$\dfrac{8}{15}$ $\dfrac{7}{15}$

● ☐ 안에 알맞은 수를 써넣으세요.

1 $\frac{1}{3}$이 2개이면 ☐

$\frac{1}{4}$이 2개이면 ☐

2 $\frac{1}{5}$이 3개이면 ☐

$\frac{1}{5}$이 4개이면 ☐

3 $\frac{1}{8}$이 5개이면 ☐

$\frac{1}{9}$이 5개이면 ☐

4 $\frac{1}{10}$이 7개이면 ☐

$\frac{1}{13}$이 9개이면 ☐

5 $\frac{3}{5}$은 $\frac{1}{5}$이 ☐개

$\frac{2}{5}$는 $\frac{1}{5}$이 ☐개

6 $\frac{5}{7}$는 $\frac{1}{7}$이 ☐개

$\frac{3}{7}$은 $\frac{1}{7}$이 ☐개

7 $\frac{6}{10}$은 $\frac{1}{10}$이 ☐개

$\frac{8}{13}$은 $\frac{1}{13}$이 ☐개

8 $\frac{9}{16}$는 $\frac{1}{16}$이 ☐개

$\frac{11}{20}$은 $\frac{1}{20}$이 ☐개

● 분수의 크기를 비교하여 ○ 안에 >, =, < 중 알맞은 것을 써넣으세요.

9 $\dfrac{1}{3}$ ○ $\dfrac{1}{2}$

$\dfrac{1}{3}$ ○ $\dfrac{1}{5}$

10 $\dfrac{1}{6}$ ○ $\dfrac{1}{2}$

$\dfrac{1}{6}$ ○ $\dfrac{1}{5}$

11 $\dfrac{1}{5}$ ○ $\dfrac{1}{3}$

$\dfrac{1}{6}$ ○ $\dfrac{1}{9}$

12 $\dfrac{1}{4}$ ○ $\dfrac{1}{9}$

$\dfrac{1}{7}$ ○ $\dfrac{1}{9}$

13 $\dfrac{1}{10}$ ○ $\dfrac{1}{12}$

$\dfrac{1}{15}$ ○ $\dfrac{1}{11}$

14 $\dfrac{1}{14}$ ○ $\dfrac{1}{10}$

$\dfrac{1}{16}$ ○ $\dfrac{1}{20}$

15 $\dfrac{1}{3}$ ○ $\dfrac{2}{3}$

$\dfrac{3}{4}$ ○ $\dfrac{1}{4}$

16 $\dfrac{4}{6}$ ○ $\dfrac{2}{6}$

$\dfrac{6}{7}$ ○ $\dfrac{5}{7}$

17 $\dfrac{1}{7}$ ○ $\dfrac{3}{7}$

$\dfrac{4}{9}$ ○ $\dfrac{2}{9}$

18 $\dfrac{3}{8}$ ○ $\dfrac{2}{8}$

$\dfrac{2}{9}$ ○ $\dfrac{6}{9}$

19 $\dfrac{5}{10}$ ○ $\dfrac{2}{10}$

$\dfrac{7}{12}$ ○ $\dfrac{5}{12}$

20 $\dfrac{6}{15}$ ○ $\dfrac{10}{15}$

$\dfrac{7}{21}$ ○ $\dfrac{11}{21}$

우유도 같이
마셔야지.

넘치는데요!
헉

우유 사러 또 가야 되는 건가요?

우유는 더 있어.
내가 똑같이 나눠줄게.

여기 있단다.
컵 한 개의 0.7만큼씩
담은 거야.

컵 한 개를 1이라고 하면
7/10 =0.7이란다.

우와~ 우리 엄마
짱 쉽게 설명해 주시네요.

- ▶ 소수 한 자리 수 알아보기
- ▶ 0.1이 몇 개인 수 알아보기
- ▶ mm와 cm 단위의 관계
- ▶ 분수와 소수의 크기 비교

연산력 게임

스마트폰을 이용하여 QR을 찍으면 재미있는 연산 게임을 할 수 있습니다.

01 1보다 작은 소수 한 자리 수 알아보기

✦ 0.4 알아보기

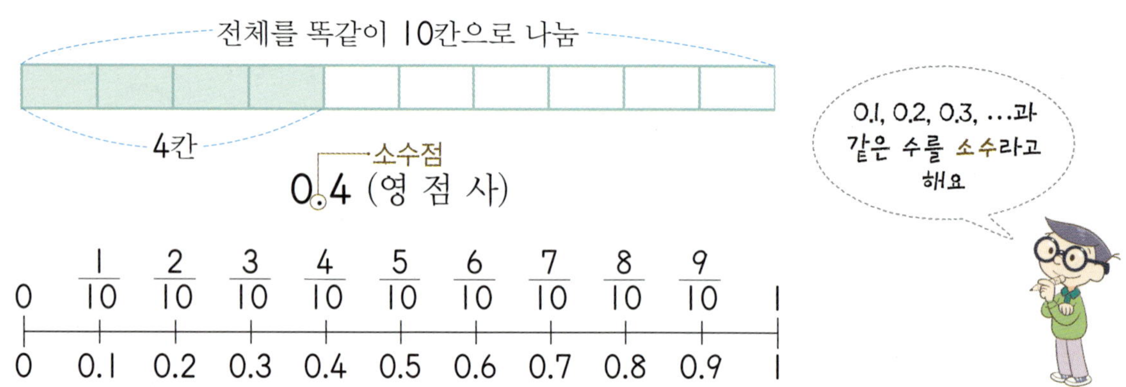

● 색칠한 부분을 소수로 나타내 보세요.

1

2

3

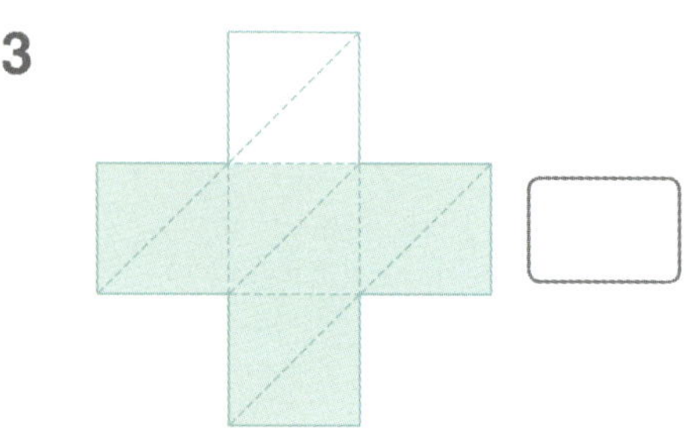

4

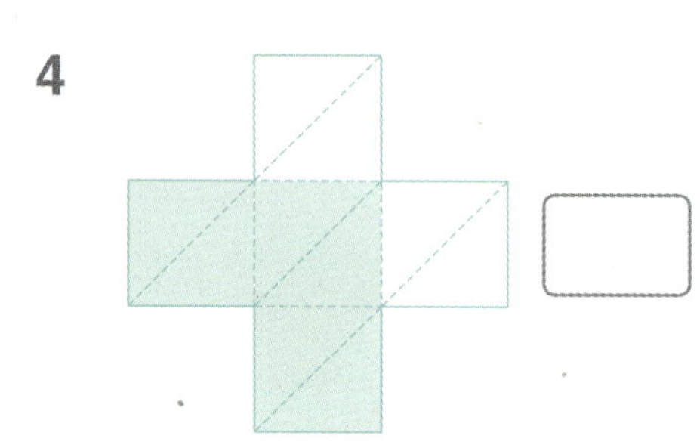

5

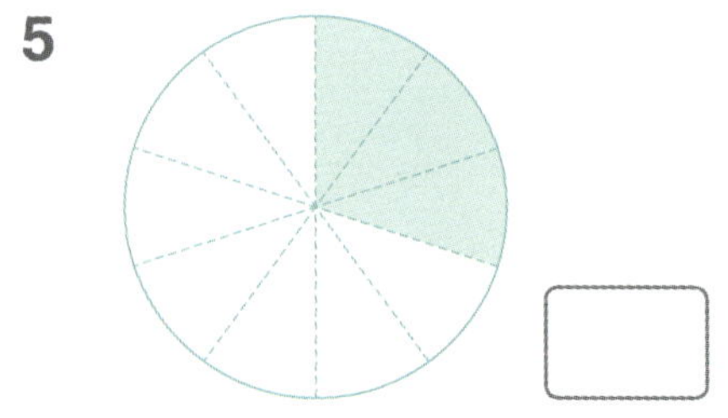

6

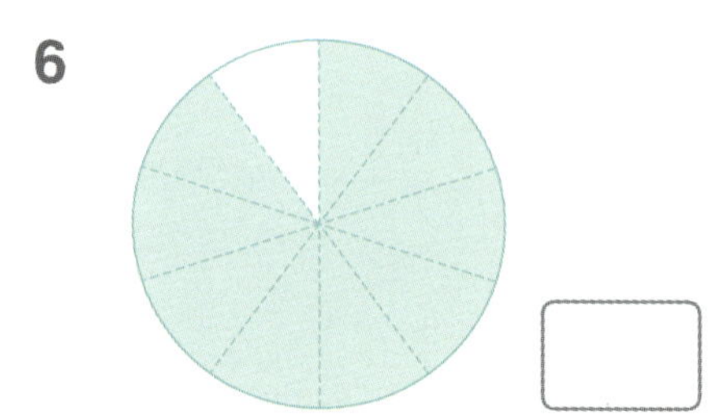

● 피자를 똑같이 10조각으로 나누었습니다. 먹고 남은 것을 소수로 나타내 보세요.

✢ 3.2 알아보기

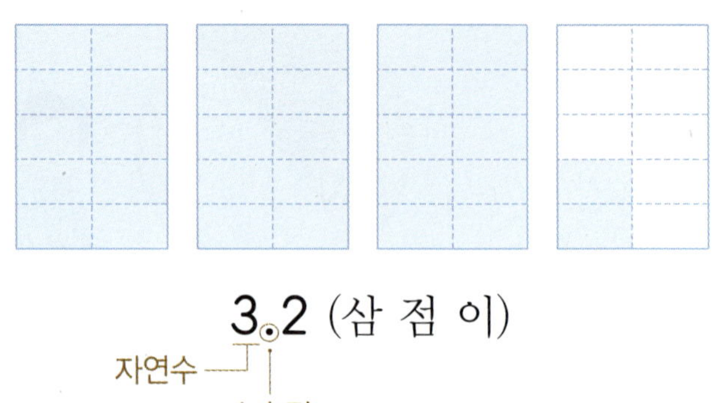

3.2 (삼 점 이)

자연수 ⌐ 소수점

● 색칠한 부분을 소수로 나타내 보세요.

1

2

3
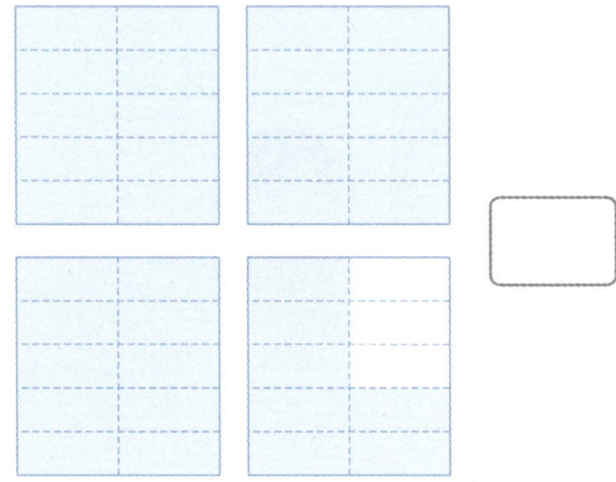

4
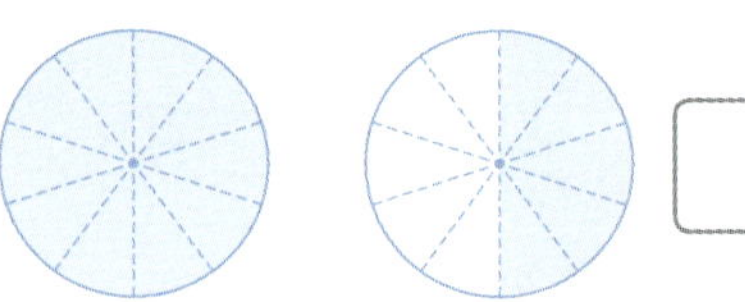

5
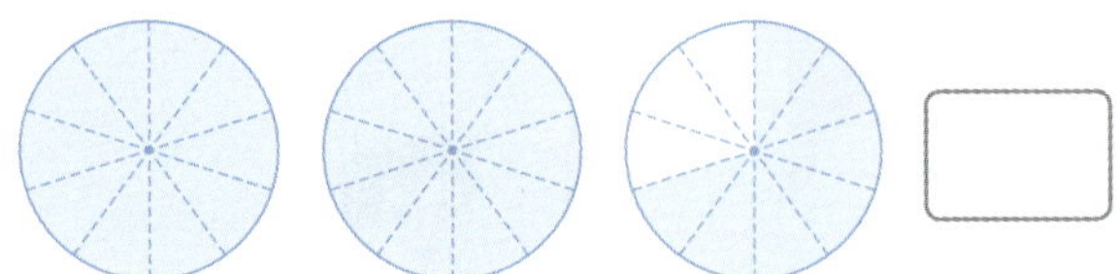

6
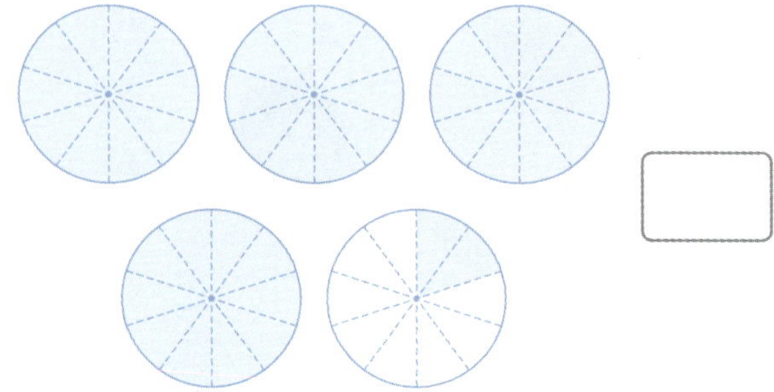

● 젖소에게서 나온 우유를 그림으로 나타낸 것입니다. 모두 몇 L인지 소수로 나타내 보세요.

들이의 단위로 '리터'라고 읽어요.

7 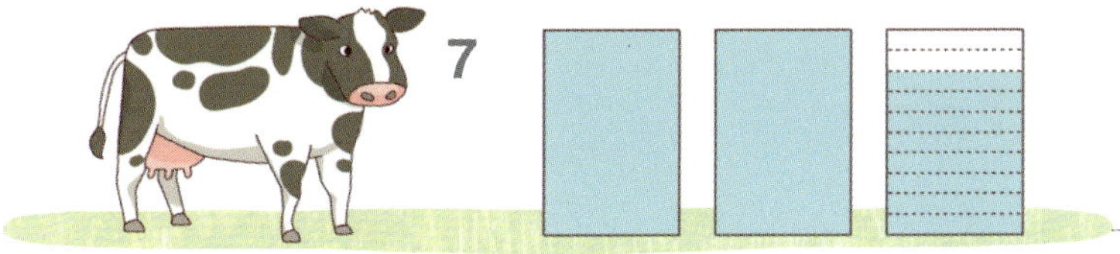 __________ L

8 __________ L

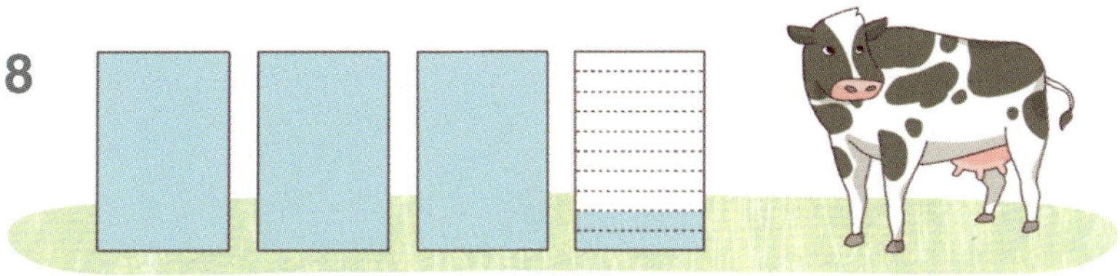

9 __________ L

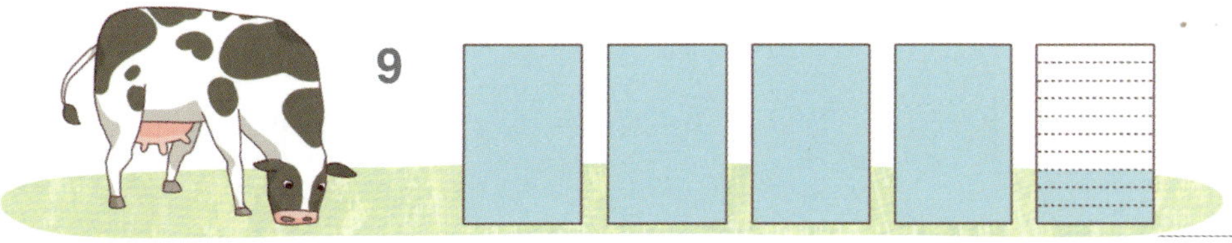

10 __________ L

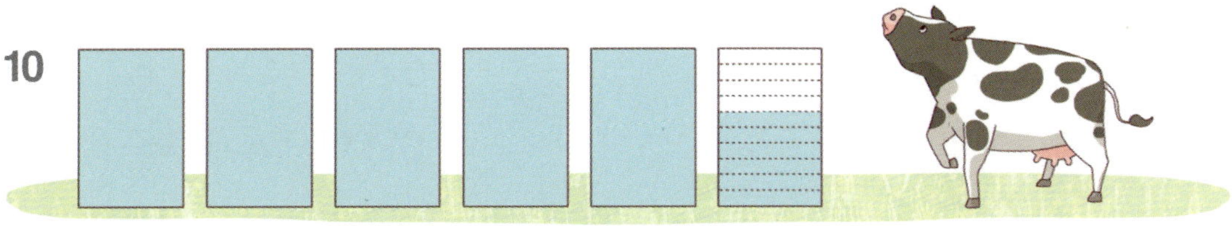

11 __________ L

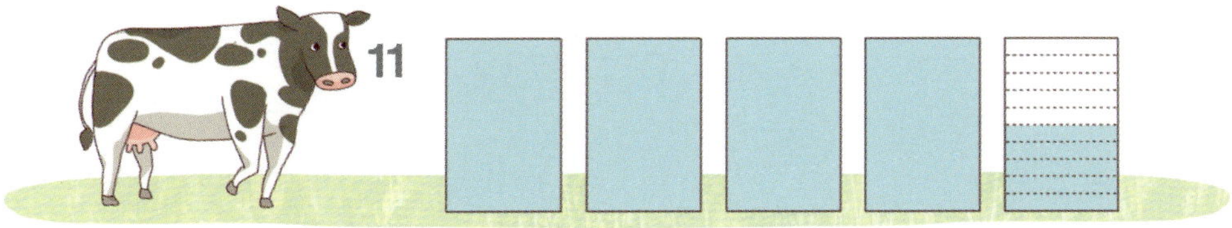

12 __________ L

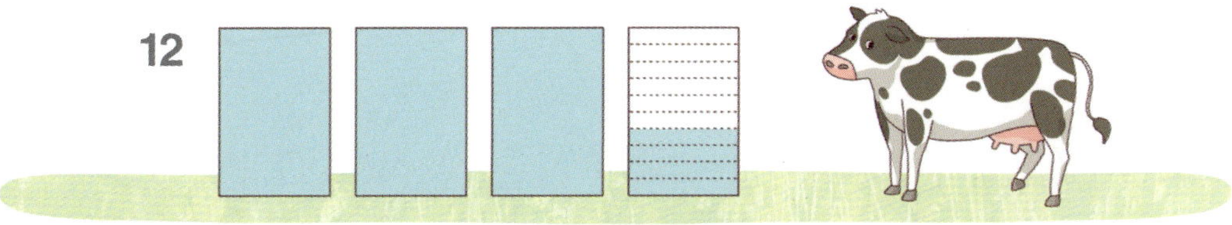

03 0.1이 몇 개인 수 알아보기

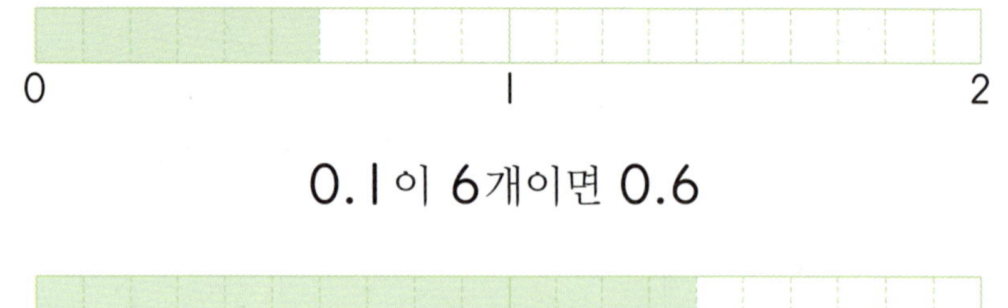

0.1이 6개이면 0.6

0.1이 14개이면 1.4

● □ 안에 알맞은 수를 써넣으세요.

1

0.1이 8개 ➡

2

0.1이 3개 ➡

3

0.1이 13개 ➡

4

0.1이 16개 ➡

5 0.1이 24개 ➡

6 0.1이 37개 ➡

7 0.1이 45개 ➡

8 0.1이 56개 ➡

9 0.1이 62개 ➡

10 0.1이 78개 ➡

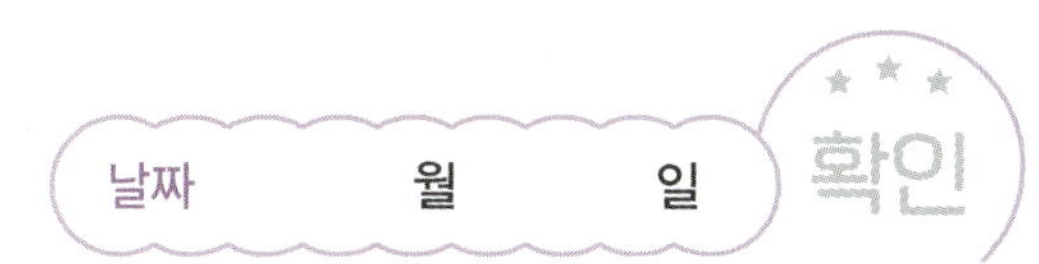

● **보기** 와 같이 잘못된 것이 있는 잎에 ✕표 하세요.

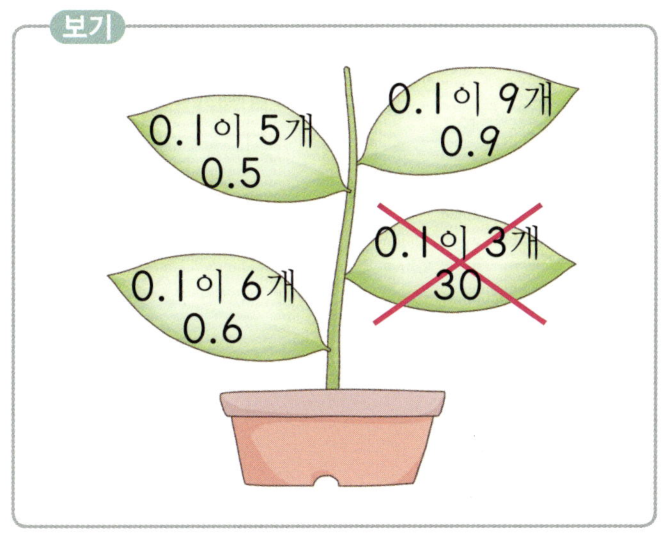

11

12

13

14

15

04 mm와 cm 단위의 관계

✤ **1 mm 알아보기**

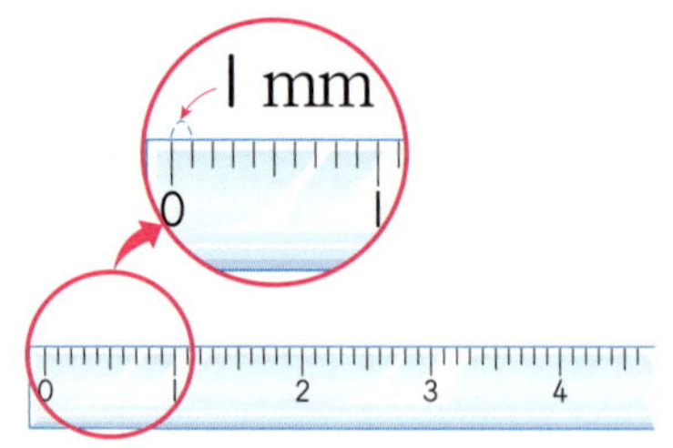

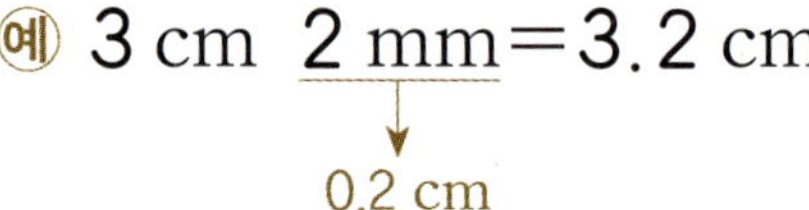

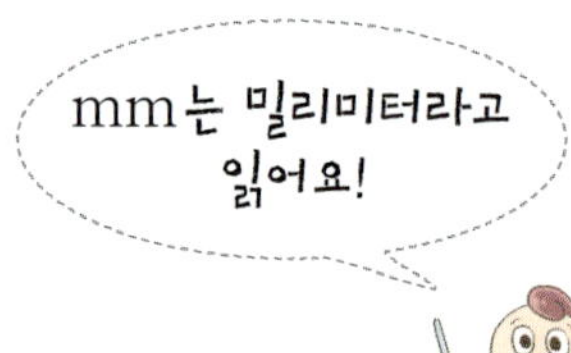

1 mm는 1 cm를 10칸으로 나눈 것 중 한 칸이므로
1 mm=0.1 cm입니다.

예 3 cm 2 mm=3.2 cm

0.2 cm

● **색 테이프의 길이를 소수로 나타내 보세요.**

1

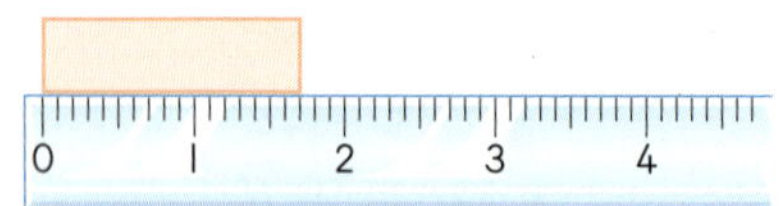

1 cm 7 mm= ☐ cm

2

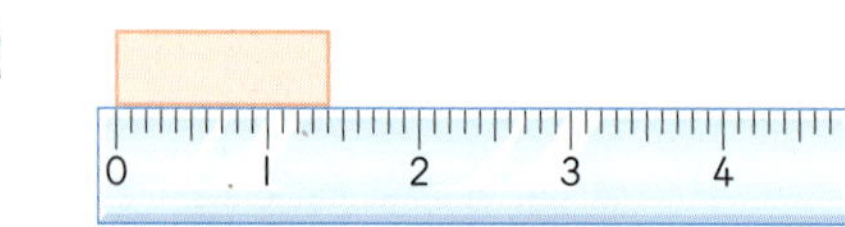

1 cm 4 mm= ☐ cm

3

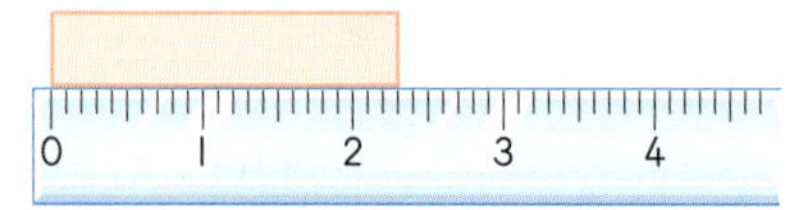

2 cm 3 mm= ☐ cm

4

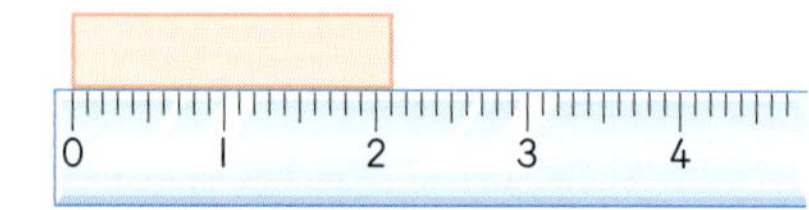

2 cm 1 mm= ☐ cm

5

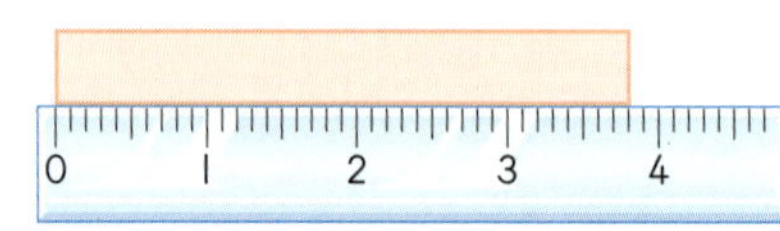

3 cm 8 mm= ☐ cm

6

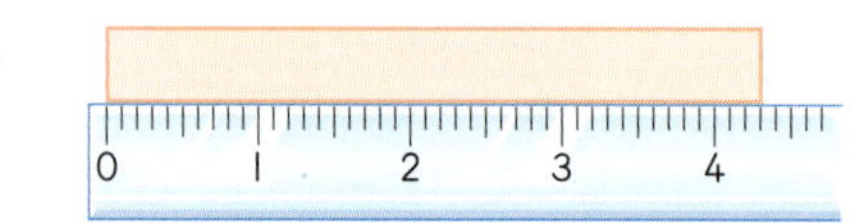

4 cm 3 mm= ☐ cm

7

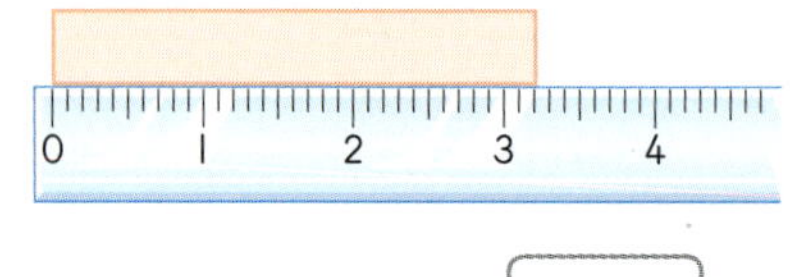

3 cm 2 mm= ☐ cm

8

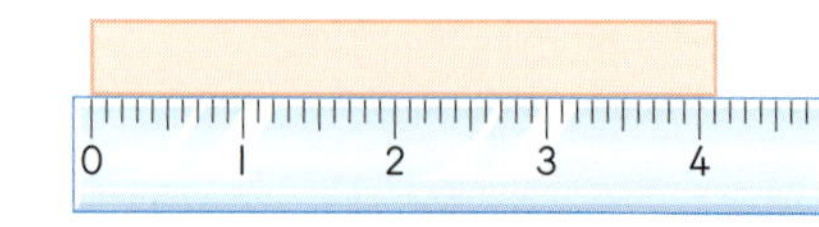

4 cm 1 mm= ☐ cm

● 책상 위에 있는 물건의 길이는 몇 cm인지 소수로 나타내 보세요.

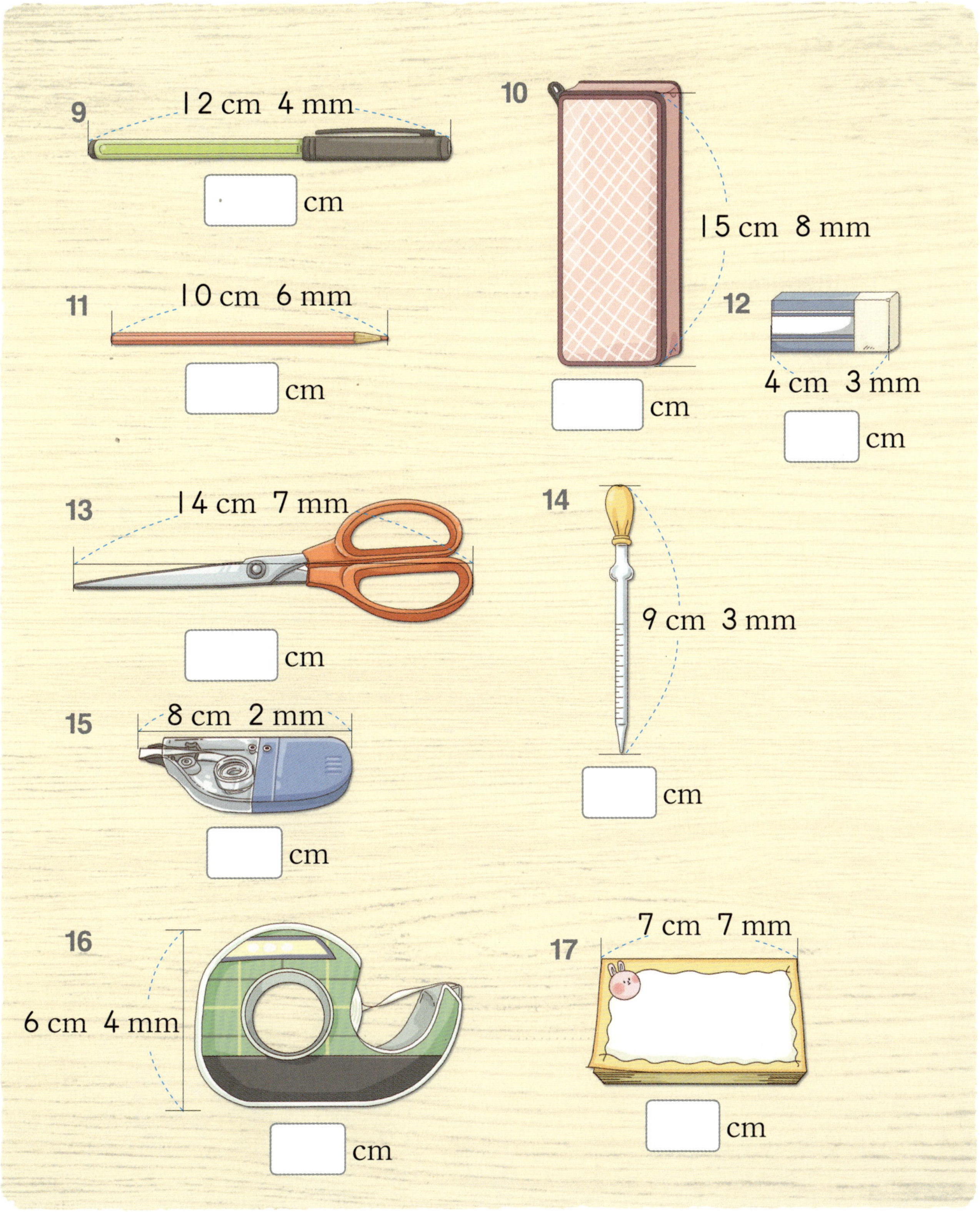

9 12 cm 4 mm

[ ] cm

10 15 cm 8 mm

[ ] cm

11 10 cm 6 mm

[ ] cm

12 4 cm 3 mm

[ ] cm

13 14 cm 7 mm

[ ] cm

14 9 cm 3 mm

[ ] cm

15 8 cm 2 mm

[ ] cm

16 6 cm 4 mm

[ ] cm

17 7 cm 7 mm

[ ] cm

✛ Ⅰ보다 작은 소수의 크기 비교

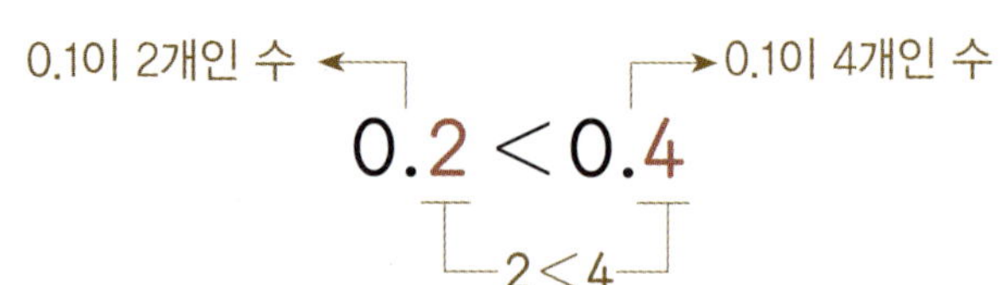

● 두 수의 크기를 비교하여 ○ 안에 >, =, < 중 알맞은 것을 써넣으세요.

1 0.8 ○ 0.6

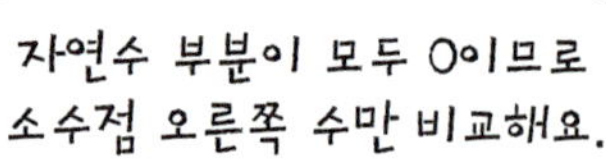

2 0.7 ○ 0.9   **3** 0.6 ○ 0.4

4 0.8 ○ 0.7   **5** 0.5 ○ 0.4

6 0.9 ○ 0.3   **7** 0.8 ○ 0.2

8 0.3 ○ 0.5   **9** 0.7 ○ 0.4

● 같은 색의 줄로 이어진 소수의 크기를 비교하여 더 큰 쪽에 ◯표 하세요.

10

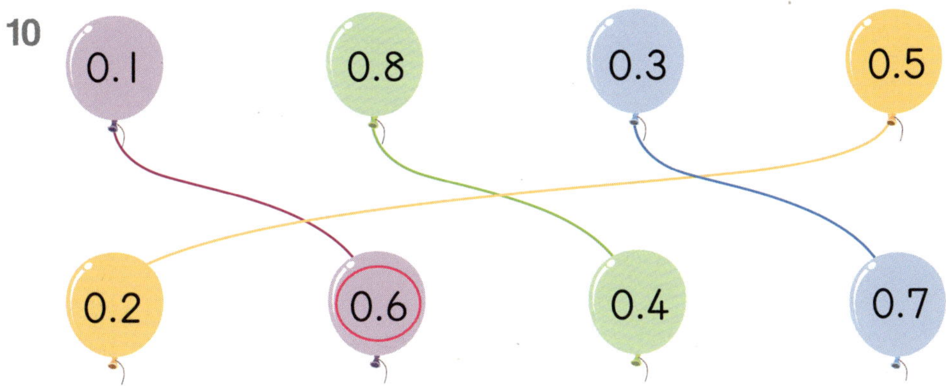

11

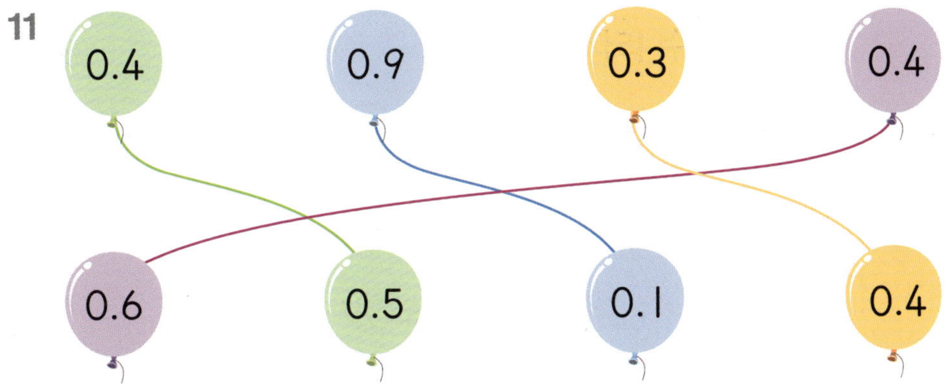

12

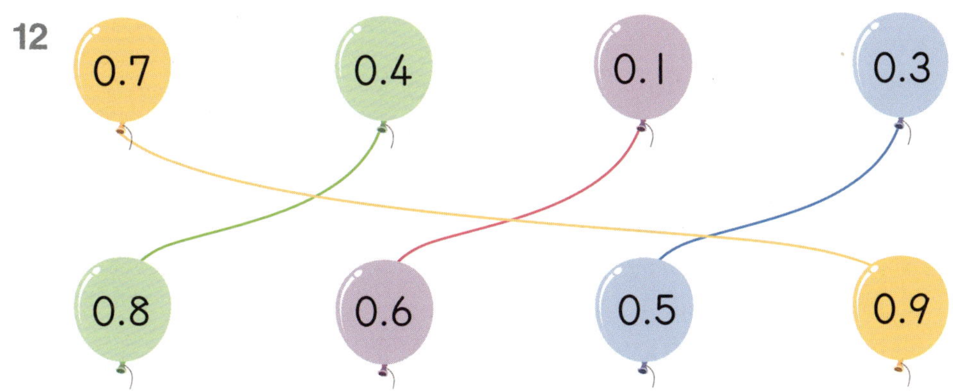

✚ **자연수가 있는 소수의 크기 비교**

- 자연수가 같은 경우

$$5.3 > 5.1$$
$$3 > 1$$

- 자연수가 다른 경우

$$4.7 < 5.2$$
$$4 < 5$$

● 두 수의 크기를 비교하여 ○ 안에 >, =, < 중 알맞은 것을 써넣으세요.

1 3.6 ◯ 3.4

2 4.5 ◯ 4.7

3 5.8 ◯ 5.6

4 6.4 ◯ 6.9

5 3.6 ◯ 8.2

6 4.3 ◯ 2.7

7 5.3 ◯ 6.4

8 7.5 ◯ 6.9

9 8.1 ◯ 7.6

10 4.3 ◯ 6.2

● 윤아네 반 친구들이 문구점에 왔습니다. 두 물건 중 큰 수가 적힌 것을 산다고 할 때 친구들이 산 물건의 색깔을 구하세요.

11

5.4   6.2

주황색   파란색

내가 산 머리끈은 ☐☐ 이야.

12

7.5   7.3

초록색   보라색

내가 산 머리띠는 ☐☐ 이야.

13

4.8   3.9

보라색   연두색

내가 산 필통은 ☐☐ 이야.

14

5.7   6.7

초록색   분홍색

내가 산 동전지갑은 ☐☐ 이야.

15

3.2   3.5

노란색   파란색

내가 산 실내화는 ☐☐ 이야.

16

2.8   3.1

주황색   보라색

내가 산 빗자루 세트는 ☐☐ 이야.

17

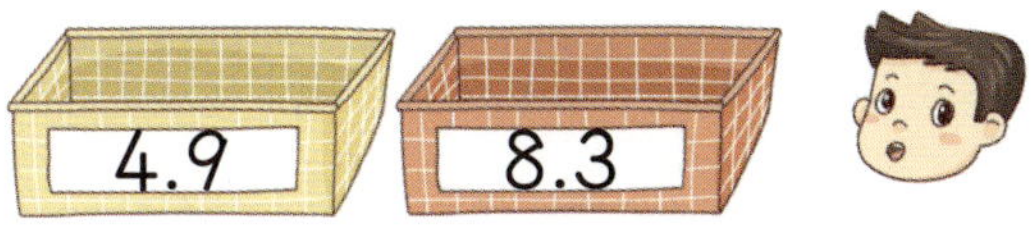

4.9   8.3

노란색   빨간색

내가 산 바구니는 ☐☐ 이야.

07 분수와 소수의 크기 비교

✤ $\dfrac{3}{10}$ 과 0.4의 크기 비교

$$\overset{0.3}{\dfrac{3}{10}} \ \bigcirc\!\!\!< \ 0.4 = \dfrac{4}{10}$$

● 두 수의 크기를 비교하여 ◯ 안에 >, =, < 중 알맞은 것을 써넣으세요.

1 $\dfrac{5}{10}$ ◯ 0.5

2 0.3 ◯ $\dfrac{6}{10}$

3 0.8 ◯ $\dfrac{7}{10}$

4 $\dfrac{4}{10}$ ◯ 0.9

5 $\dfrac{6}{10}$ ◯ 0.7

6 0.6 ◯ $\dfrac{3}{10}$

7 0.4 ◯ $\dfrac{2}{10}$

8 0.8 ◯ $\dfrac{8}{10}$

9 $\dfrac{5}{10}$ ◯ 0.9

10 $\dfrac{7}{10}$ ◯ 0.5

● 친구들이 가지고 있는 풍선 중 더 작은 수가 적힌 풍선이 먼저 터집니다. 먼저 터지는 풍선에 ✕표 하세요.

11

12

13

14

15

16

17

18

● 보기 와 같이 주어진 카드를 한 번씩만 사용하여 만들 수 있는 소수를 ☐ 안에 알맞게 써넣으세요.

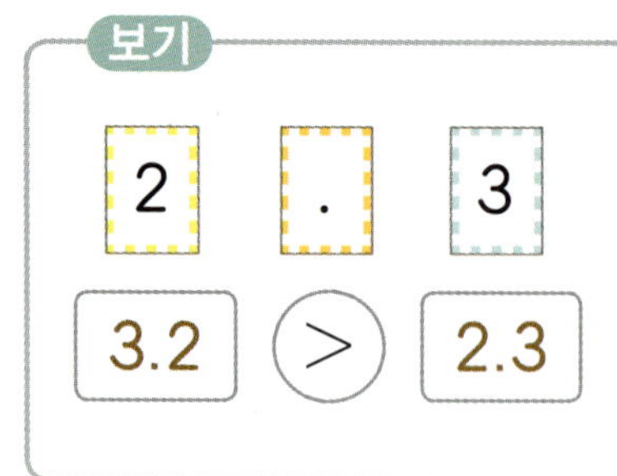

1 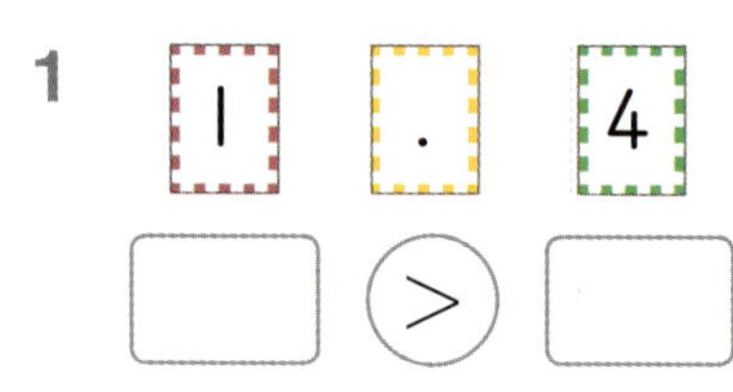

2 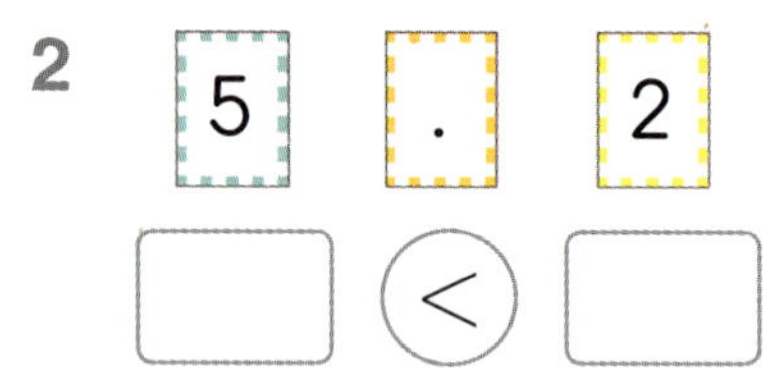

3 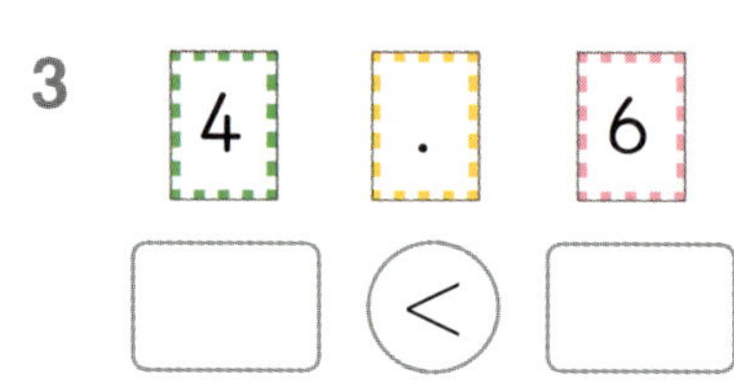

4 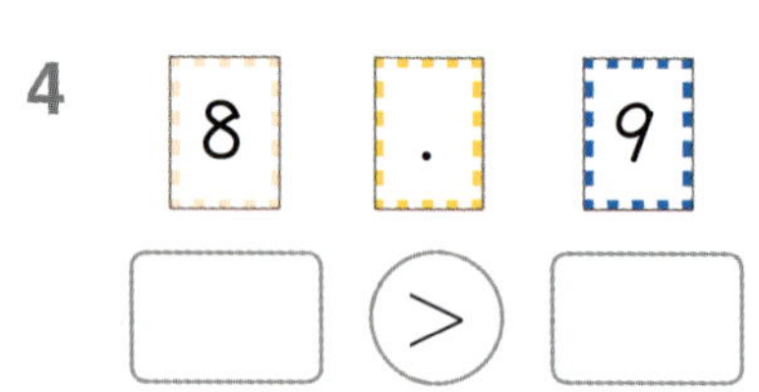

5 

6 

7 

8 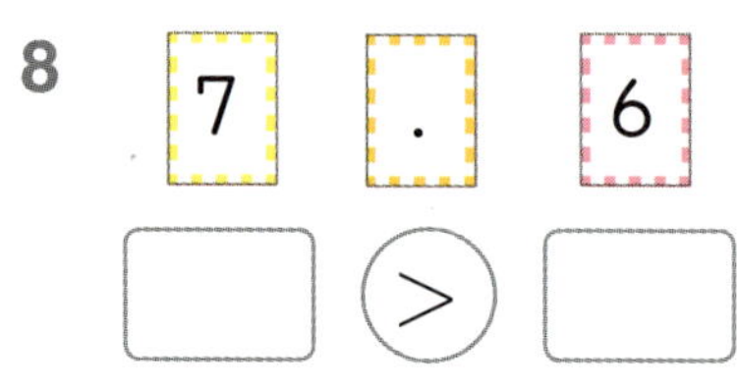

9 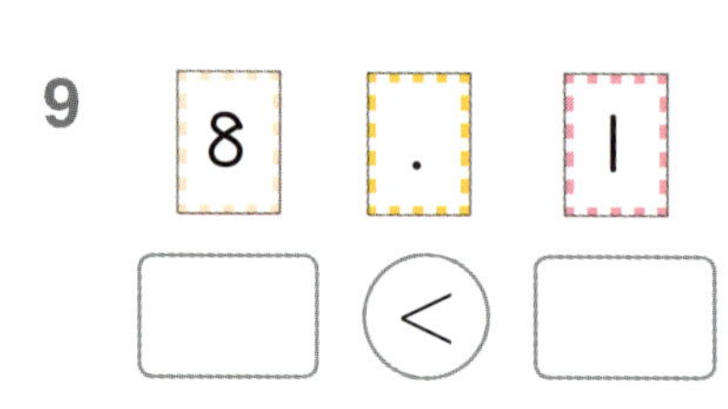

10 

11 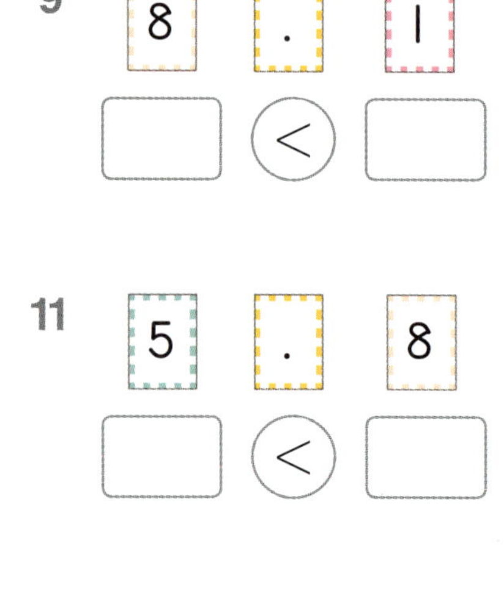

● 두 수의 크기를 비교하여 더 작은 수를 위에 쓰려고 합니다. 빈칸에 알맞은 수를 써넣으세요.

12 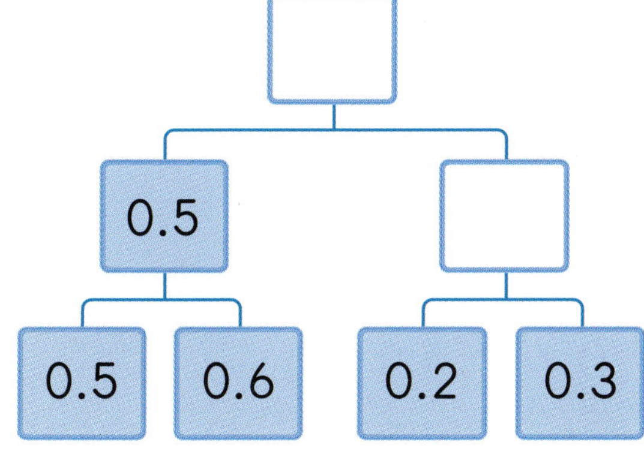

13 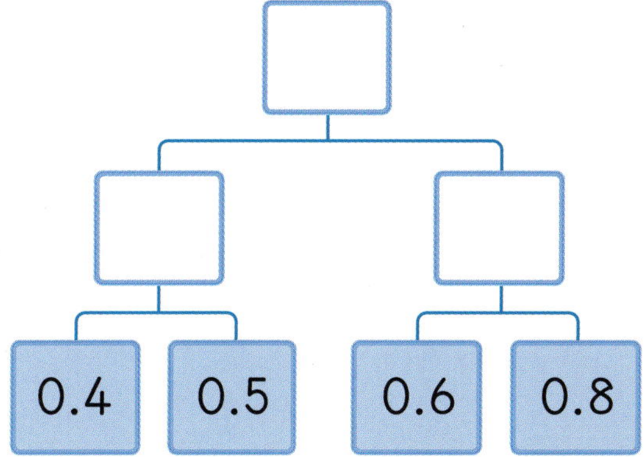

14 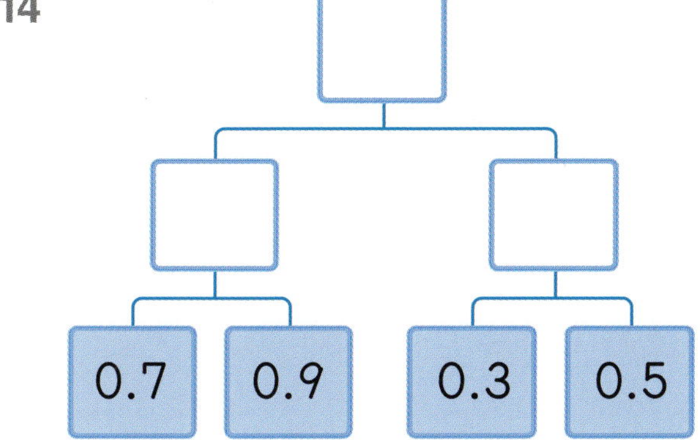

15 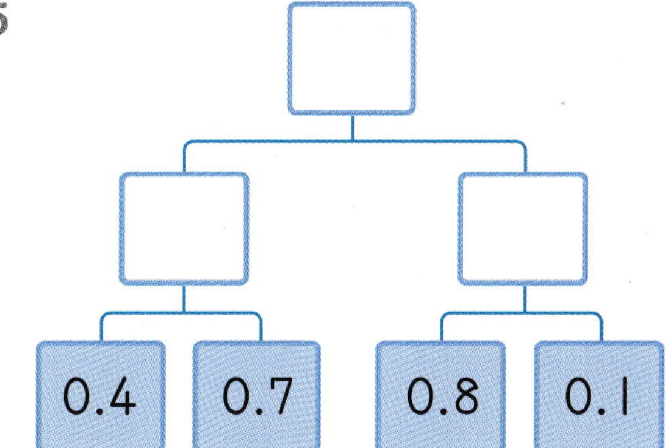

16 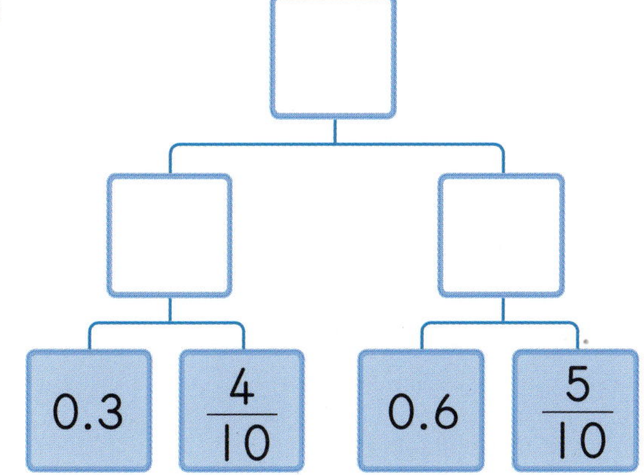

17 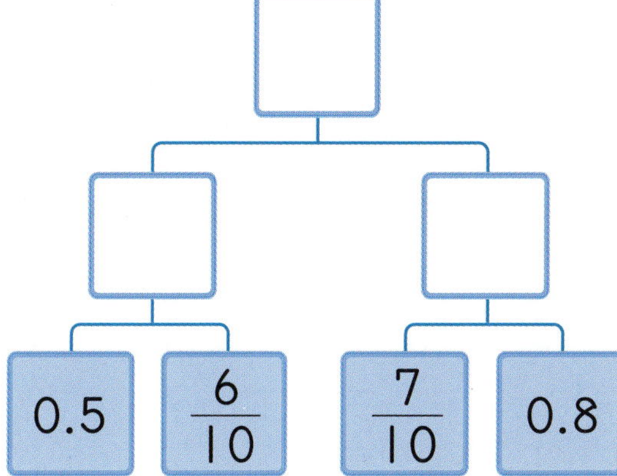

● 소수를 쓰고 읽어 보세요.

1 | 0.1이 23개 | 쓰기 ___________
        | | 읽기 ___________

2 | 0.1이 35개 | 쓰기 ___________
        | | 읽기 ___________

3 | 0.1이 47개 | 쓰기 ___________
        | | 읽기 ___________

4 | 0.1이 54개 | 쓰기 ___________
        | | 읽기 ___________

● ☐ 안에 알맞은 수를 써넣으세요.

5 0.9는 0.1이 ☐개

6 0.8은 0.1이 ☐개

7 2.5은 0.1이 ☐개

8 3.4는 0.1이 ☐개

9 0.1이 27개이면 ☐

10 0.1이 38개이면 ☐

11 0.1이 12개이면 ☐

12 0.1이 13개이면 ☐

13 0.1이 36개이면 ☐

14 0.1이 18개이면 ☐

● 몇 cm인지 소수로 나타내 보세요.

15 3 mm = ☐ cm

5 mm = ☐ cm

16 6 mm = ☐ cm

8 mm = ☐ cm

17 5 cm 4 mm = ☐ cm

9 cm 1 mm = ☐ cm

18 6 cm 3 mm = ☐ cm

8 cm 2 mm = ☐ cm

● 두 수의 크기를 비교하여 ○ 안에 >, =, < 중 알맞은 것을 써넣으세요.

19 0.4 ◯ 0.2

0.5 ◯ 0.7

20 0.1 ◯ 0.3

0.4 ◯ 0.2

21 0.8 ◯ 0.9

0.6 ◯ 0.7

22 0.8 ◯ 0.6

0.2 ◯ 0.9

23 0.6 ◯ $\frac{4}{10}$

$\frac{5}{10}$ ◯ 0.2

24 $\frac{5}{10}$ ◯ 0.6

0.3 ◯ $\frac{8}{10}$

25 $\frac{9}{10}$ ◯ 0.3

0.4 ◯ $\frac{6}{10}$

26 0.2 ◯ $\frac{7}{10}$

$\frac{7}{10}$ ◯ 0.3

☀ 연속한 수의 덧셈을 해 볼까요?

$1+2+3+4+5+6+7+8+9+10$은 얼마일까요?
아래처럼 1부터 차례대로 모두 더하려니 힘들었죠?

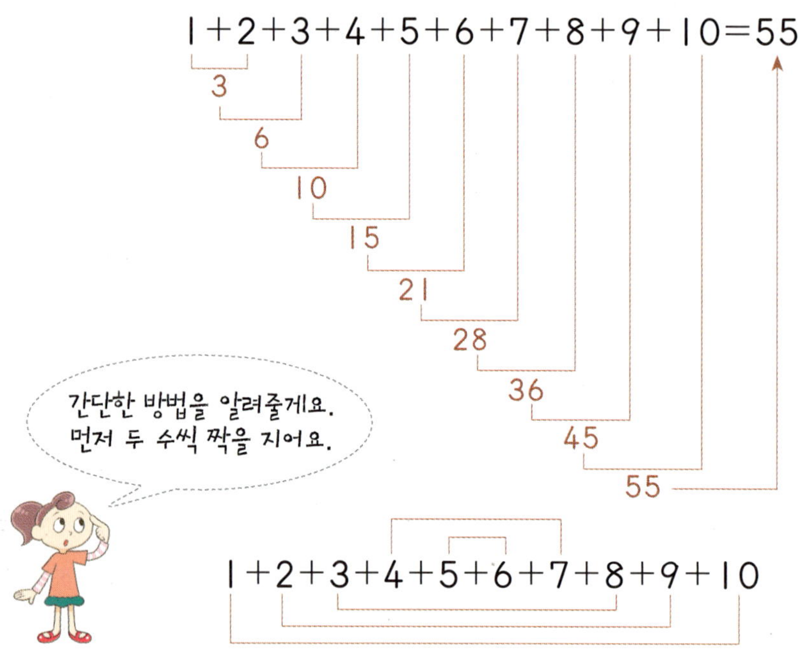

짝 지은 수를 더하면 11이 5개이니까
$1+2+3+4+5+6+7+8+9+10=11\times5=55$가 됩니다.

✿ 같은 방법으로 다음 수의 합을 구해 볼까요?

1 $1+2+3+4+\cdots+17+18+19+20$

2 $1+2+3+4+\cdots+97+98+99+100$

뭘 좋아할지 몰라 다 준비했어♥
전과목 교재

전과목 시리즈 교재

●무등생 해법시리즈
– 국어/수학	1~6학년, 학기용
– 사회/과학	3~6학년, 학기용
– SET(전과목/국수, 국사과)	1~6학년, 학기용

●똑똑한 하루 시리즈
– 똑똑한 하루 독해	예비초~6학년, 총 14권
– 똑똑한 하루 글쓰기	예비초~6학년, 총 14권
– 똑똑한 하루 어휘	예비초~6학년, 총 14권
– 똑똑한 하루 한자	예비초~6학년, 총 14권
– 똑똑한 하루 수학	1~6학년, 총 12권
– 똑똑한 하루 계산	예비초~6학년, 총 14권
– 똑똑한 하루 도형	예비초~6학년, 총 8권
– 똑똑한 하루 사고력	1~6학년, 총 12권
– 똑똑한 하루 사회/과학	3~6학년, 학기용
– 똑똑한 하루 안전	1~2학년, 총 2권
– 똑똑한 하루 Voca	3~6학년, 학기용
– 똑똑한 하루 Reading	초3~초6, 학기용
– 똑똑한 하루 Grammar	초3~초6, 학기용
– 똑똑한 하루 Phonics	예비초~초등, 총 8권

●독해가 힘이다 시리즈
– 초등 수학도 독해가 힘이다	1~6학년, 학기용
– 초등 문해력 독해가 힘이다 문장제수학편	1~6학년, 총 12권
– 초등 문해력 독해가 힘이다 비문학편	3~6학년, 총 8권

영어 교재

●초등영어 교과서 시리즈
파닉스(1~4단계)	3~6학년, 학년용
영단어(1~4단계)	3~6학년, 학년용

●LOOK BOOK 영단어
3~6학년, 단행본

●원서 읽는 LOOK BOOK 영단어
3~6학년, 단행본

국가수준 시험 대비 교재

●해법 기초학력 진단평가 문제집
2~6학년·중1 신입생, 총 6권

똑똑한 하루
빅터
연산
정답 및 풀이
3·A
초등 3 수준
천재교육

정답 및 풀이 포인트 3가지

▶ 쉽게 찾을 수 있는 정답

▶ 알아보기 쉽게 정리된 정답

▶ 혼자서도 이해할 수 있는 친절한 문제 풀이

1　덧셈

01　여러 가지 방법으로 덧셈하기 (1)　8~9쪽

1. (계산 순서대로) 560, 566
2. (계산 순서대로) 880, 888
3. (계산 순서대로) 540, 549
4. (계산 순서대로) 5, 650, 655
5. (계산 순서대로) 70, 9, 770, 779
6. (계산 순서대로) 80, 9, 980, 989
7. (계산 순서대로) 50, 9, 650, 659
8. (계산 순서대로) 80, 8, 880, 888
9. (계산 순서대로) 70, 7, 570, 577
10. (계산 순서대로) 900, 5, 970, 975
11. (계산 순서대로) 300, 8, 390, 398
12. (계산 순서대로) 800, 7, 880, 887

김홍도, 신윤복

1. 백의 자리, 십의 자리, 일의 자리 수끼리 더한 다음 계산합니다.

02　여러 가지 방법으로 덧셈하기 (2)　10~11쪽

1. 888
2. 974
3. (계산 순서대로) 900, 95, 995
4. (계산 순서대로) 900, 77, 977
5. (계산 순서대로) 86, 500, 900, 89, 989
6. (계산 순서대로) 200, 14, 700, 56, 756
7. (계산 순서대로) 800, 77, 877
8. (계산 순서대로) 800, 96, 896
9. (계산 순서대로) 600, 58, 658
10. (계산 순서대로) 600, 76, 676
11. (계산 순서대로) 400, 200, 600, 88, 688
12. (계산 순서대로) 200, 4, 600, 67, 667

빈센트 반 고흐

1. 세 자리 수를 (몇백)+(몇십몇)으로 생각하여 몇백끼리 더한 다음 몇십몇끼리 더하여 계산합니다.

03　받아올림이 없는 (세 자리 수)+(세 자리 수)　12~13쪽

1. 577	2. 978	3. 979
4. 778	5. 957	6. 549
7. 869	8. 876	9. 967

10.

11.

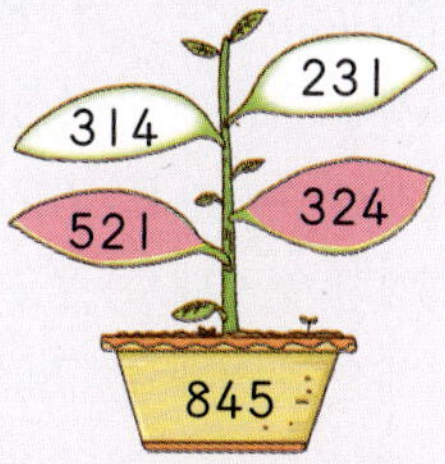

12.

13.

14.

15.

04　받아올림이 1번 있는 (세 자리 수)+(세 자리 수) (1)　14~15쪽

1. 581	2. 992	3. 973
4. 793	5. 762	6. 666
7. 874	8. 771	9. 965
10. 643	11. 875	

12.

```
    3 0 7
  + 4 2 9
    7 3 6  (g)
```

13.

```
    2 1 4
  + 3 0 7
    5 2 1  (g)
```

14.

```
    5 6 8
  + 2 1 4
    7 8 2  (g)
```

15.

```
    1 3 6
  + 4 2 9
    5 6 5  (g)
```

05 받아올림이 1번 있는 (세 자리 수)+(세 자리 수) ⑵　16~17쪽

1. 866　　2. 947　　3. 857
4. 549　　5. 827　　6. 803
7. 638　　8. 938　　9. 739
10. 807　　11. 826
12. (계산 순서대로) 436, 908
13. (계산 순서대로) 624, 908
14. (계산 순서대로) 739, 909
15. (계산 순서대로) 747, 909
16. (계산 순서대로) 418, 909

12.
$$\begin{array}{r} 141 \\ +295 \\ \hline 436 \end{array} \quad \begin{array}{r} 436 \\ +472 \\ \hline 908 \end{array}$$

13.
$$\begin{array}{r} 451 \\ +173 \\ \hline 624 \end{array} \quad \begin{array}{r} 624 \\ +284 \\ \hline 908 \end{array}$$

14.
$$\begin{array}{r} 348 \\ +391 \\ \hline 739 \end{array} \quad \begin{array}{r} 739 \\ +170 \\ \hline 909 \end{array}$$

15.
$$\begin{array}{r} 185 \\ +562 \\ \hline 747 \end{array} \quad \begin{array}{r} 747 \\ +162 \\ \hline 909 \end{array}$$

16.
$$\begin{array}{r} 235 \\ +183 \\ \hline 418 \end{array} \quad \begin{array}{r} 418 \\ +491 \\ \hline 909 \end{array}$$

06 받아올림이 1번 있는 (세 자리 수)+(세 자리 수) ⑶　18~19쪽

1. 1086　　2. 1279　　3. 1397
4. 1592　　5. 1178　　6. 1198
7. 1288　　8. 1384　　9. 1067
10. 1238 ; 1238
11. 1267 ; 1267
12. 431, 745, 1176 ; 1176
13. 402, 710, 1112 ; 1112
14. 402, 716, 1118 ; 1118
15. 614, 472, 1086 ; 1086

07 받아올림이 2번 있는 (세 자리 수)+(세 자리 수) ⑴　20~21쪽

1. 514　　2. 815　　3. 432
4. 931　　5. 923　　6. 916
7. 730　　8. 605　　9. 865
10. 440　　11. 844　　12. 861
13. 945　　14. 740　　15. 600
16. 922　　17. 770　　18. 802

08 받아올림이 2번 있는 (세 자리 수)+(세 자리 수) ⑵　22~23쪽

1. 1193　　2. 1172　　3. 1177
4. 1192　　5. 1453　　6. 1354
7. 1271　　8. 1260　　9. 1184
10. 1255　　11. 1065　　12. 1191
13. 1141　　14. 1060　　15. 1094
16. 1380　　17. 1192　　18. 1272

수수께끼 수학책을 불에 구우면? ; 수학 익힘책

09 받아올림이 2번 있는 (세 자리 수)+(세 자리 수) ⑶　24~25쪽

1. 1139　　2. 1215　　3. 1214
4. 1228　　5. 1506　　6. 1738
7. 1128　　8. 1407　　9. 1334
10. 1135　　11. 1318
12. 960, 655, 1615
13. 675, 850, 1525
14. 592, 625, 1217
15. 850, 170, 1020
16. 783, 755, 1538
17. 986, 162, 1148

10 받아올림이 3번 있는 (세 자리 수)+(세 자리 수)

26~27쪽

1. 1330
2. 1541
3. 1105
4. 1111
5. 1050
6. 1220
7. 1652
8. 1041
9. 1424
10.

11 집중 연산 ❶

28~29쪽

1. 911, 610, 954
2. 715, 880, 1247
3. 1088, 1064, 1107
4. 911, 811, 1275
5. 1039, 1319, 787

6.

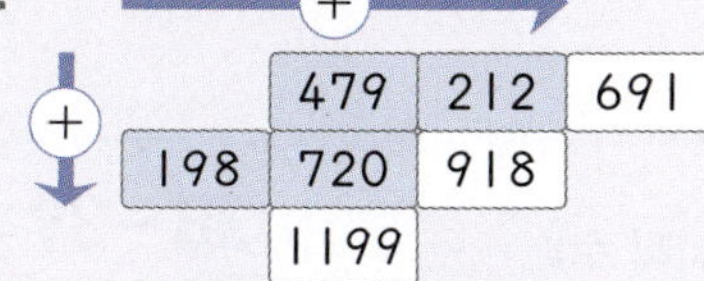

7.

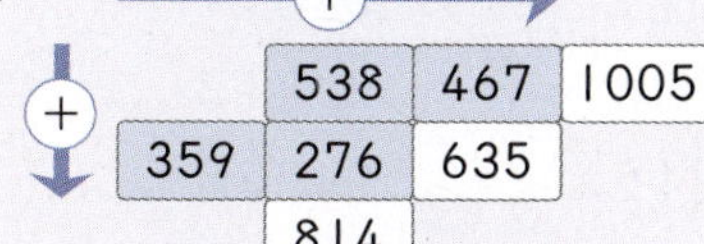

8.

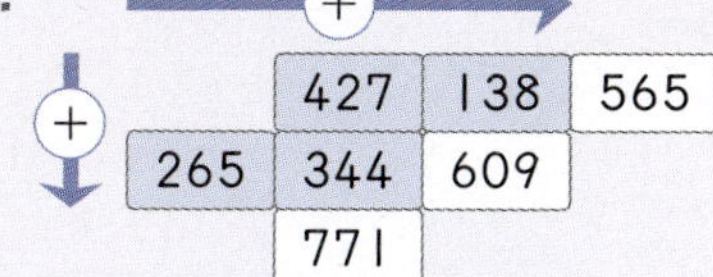

9.

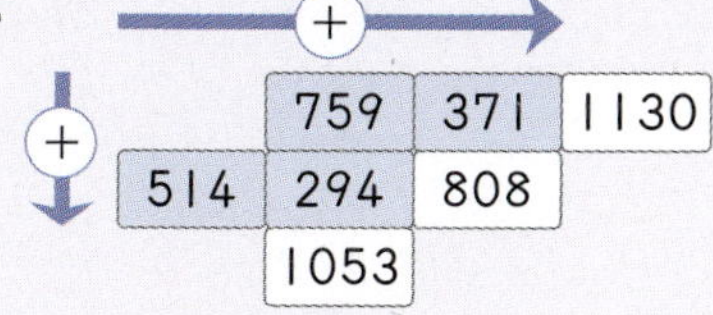

10.

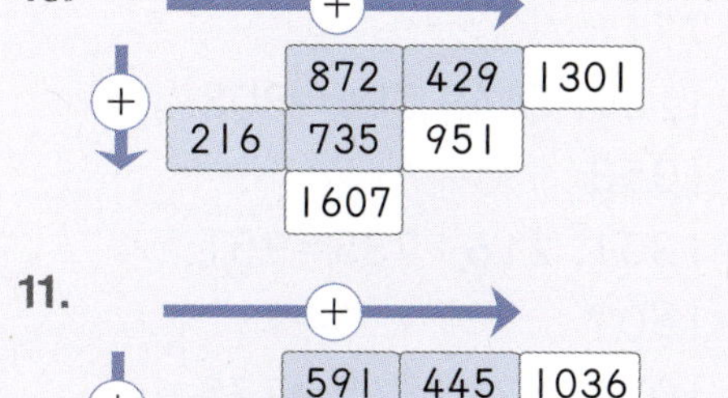

11.

591 445 1036 / 328 647 975 / 1238

12.

675 238 913 / 162 451 613 / 1126

13.

477 165 642 / 862 395 1257 / 872

1.
$$\begin{array}{r} 546 \\ +192 \\ \hline 738 \end{array} \quad \begin{array}{r} 738 \\ +216 \\ \hline 954 \end{array}, \quad \begin{array}{r} 719 \\ +192 \\ \hline 911 \end{array}, \quad \begin{array}{r} 394 \\ +216 \\ \hline 610 \end{array}$$

2.
$$\begin{array}{r} 482 \\ +178 \\ \hline 660 \end{array} \quad \begin{array}{r} 660 \\ +587 \\ \hline 1247 \end{array}, \quad \begin{array}{r} 537 \\ +178 \\ \hline 715 \end{array}, \quad \begin{array}{r} 293 \\ +587 \\ \hline 880 \end{array}$$

3.
$$\begin{array}{r} 827 \\ +237 \\ \hline 1064 \end{array}, \quad \begin{array}{r} 675 \\ +432 \\ \hline 1107 \end{array}, \quad \begin{array}{r} 419 \\ +432 \\ \hline 851 \end{array} \quad \begin{array}{r} 851 \\ +237 \\ \hline 1088 \end{array}$$

4.
$$\begin{array}{r} 516 \\ +295 \\ \hline 811 \end{array}, \quad \begin{array}{r} 948 \\ +327 \\ \hline 1275 \end{array}, \quad \begin{array}{r} 289 \\ +327 \\ \hline 616 \end{array} \quad \begin{array}{r} 616 \\ +295 \\ \hline 911 \end{array}$$

5.
$$\begin{array}{r} 285 \\ +147 \\ \hline 432 \end{array} \quad \begin{array}{r} 432 \\ +355 \\ \hline 787 \end{array}, \quad \begin{array}{r} 892 \\ +147 \\ \hline 1039 \end{array}, \quad \begin{array}{r} 964 \\ +355 \\ \hline 1319 \end{array}$$

6. 479+212=691, 198+720=918, 479+720=1199

7. 538+467=1005, 359+276=635, 538+276=814

8. 427+138=565, 265+344=609, 427+344=771
9. 759+371=1130, 514+294=808, 759+294=1053
10. 872+429=1301, 216+735=951, 872+735=1607
11. 591+445=1036, 328+647=975, 591+647=1238
12. 675+238=913, 162+451=613, 675+451=1126
13. 477+165=642, 862+395=1257, 477+395=872

12 집중 연산 ❷ 30~31쪽

1. 659
2. 677
3. 1059
4. 794
5. 529
6. 1057
7. 951
8. 1181
9. 1053
10. 901
11. 1205
12. 1051
13. 1313
14. 800
15. 1733
16. 375, 581
17. 728, 741
18. 1468, 1333
19. 865, 1139
20. 658, 1316
21. 1500, 1104
22. 1324, 1213
23. 1413, 984
24. 924, 1382
25. 1403, 1139

2 뺄셈

01 여러 가지 방법으로 뺄셈하기 (1) 34~35쪽

1. (계산 순서대로) 6, 130, 136
2. (계산 순서대로) 100, 3, 130, 133
3. (계산 순서대로) 20, 420, 421
4. (계산 순서대로) 70, 3, 370, 373
5. (계산 순서대로) 700, 3, 780, 783
6. (계산 순서대로) 200, 50, 250, 254
7. (계산 순서대로) 440, 449

8. (계산 순서대로) 320, 324
9. (계산 순서대로) 640, 643
10. (계산 순서대로) 200, 1, 220, 221
11. (계산 순서대로) 400, 8, 410, 418
12. (계산 순서대로) 200, 1, 210, 211

김정호, 장영실

02 여러 가지 방법으로 뺄셈하기 (2) 36~37쪽

1. (계산 순서대로) 12, 412
2. (계산 순서대로) 300, 333
3. (계산 순서대로) 200, 33, 233
4. (계산 순서대로) 400, 14, 414
5. (계산 순서대로) 400, 56, 400, 22, 422
6. (계산 순서대로) 700, 96, 300, 81, 381
7. (계산 순서대로) 100, 12, 112
8. (계산 순서대로) 100, 62, 162
9. (계산 순서대로) 24, 100, 13, 113
10. (계산 순서대로) 700, 56, 500, 42, 542
11. (계산 순서대로) 77, 23, 300, 54, 354
12. (계산 순서대로) 300, 100, 200, 21, 221

03 받아내림이 없는 (세 자리 수)−(세 자리 수) 38~39쪽

1. 202
2. 517
3. 811
4. 343
5. 206
6. 213
7. 351
8. 215
9. 310

10.
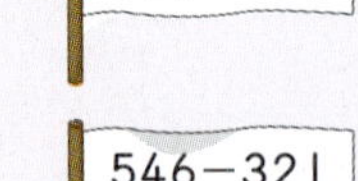

11.
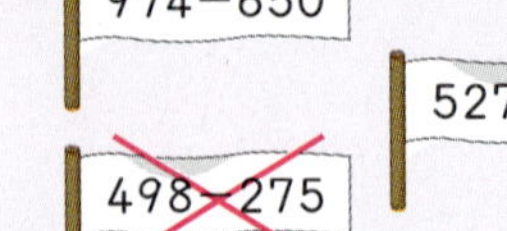

12.
728−518
853−643
~~471−251~~

13.
293−181
~~925−803~~
658−546

14.
537−235
~~924−722~~
849−547

10. 589−364=225, 546−321=225,
774−522=252

11. 974−650=324, 498−275=223,
527−203=324

12. 728−518=210, 853−643=210,
471−251=220

13. 293−181=112, 925−803=122,
658−546=112

14. 537−235=302, 849−547=302,
924−722=202

04 받아내림이 1번 있는 (세 자리 수)−(세 자리 수)   40~41쪽

1. 235   2. 505   3. 407
4. 387   5. 253   6. 161
7. 217   8. 525   9. 334
10. 461   11. 166

12.

	7	2	5
−	6	4	3
		8	2	(g)

13.

	8	1	9
−	5	3	6
	2	8	3	(g)

14.

	7	2	5
−	1	8	2
	5	4	3	(g)

15.

	8	1	9
−	3	7	0
	4	4	9	(g)

05 받아내림이 2번 있는 (세 자리 수)−(세 자리 수)   42~43쪽

1. 276   2. 245   3. 487
4. 477   5. 369   6. 399
7. 329   8. 84   9. 99

10.

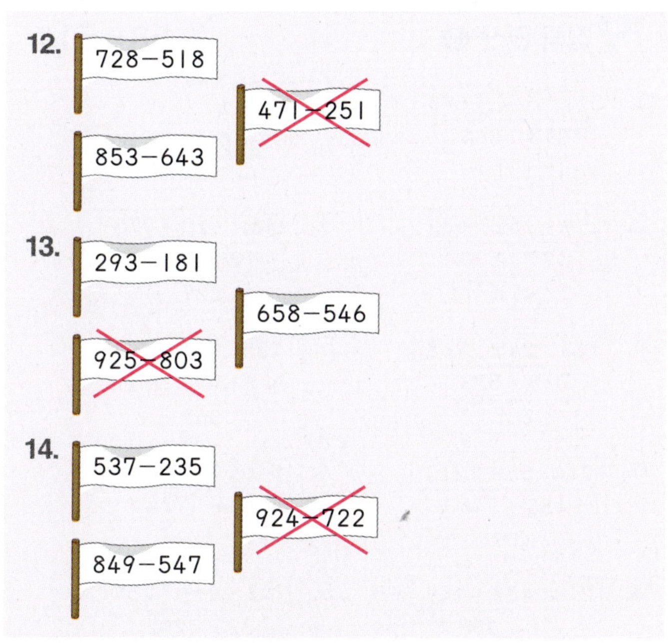

10. 470−175=295, 852−593=259,
713−449=264, 435−268=167,
861−374=487, 658−179=479,
820−354=466, 405−187=218,
700−589=111, 950−671=279

06 받아내림이 2번 있는 (네 자리 수)−(세 자리 수) (1)   44~45쪽

1. 519   2. 648   3. 913
4. 813   5. 829   6. 809
7. 809   8. 917   9. 117
10. 936 ; 936
11. 429 ; 429
12. 1567−618=949 ; 949
13. 1187−618=569 ; 569
14. 1565−837=728 ; 728
15. 1187−469=718 ; 718

07 받아내림이 2번 있는 (네 자리 수)−(세 자리 수) (2) 46~47쪽

1. 398
2. 187
3. 791
4. 682
5. 956
6. 863
7. 681
8. 192
9. 53
10. 630
11. 750, 670
12. 1024, 153, 871
13. 1267, 571, 696
14. 1405, 661, 744
15. 1640, 680, 960
16. 1335, 762, 573
17. 1043, 671, 372

08 받아내림이 3번 있는 (네 자리 수)−(세 자리 수) 48~49쪽

1. 849
2. 966
3. 895
4. 578
5. 677
6. 798
7. 499
8. 798
9. 857
10. 227

11.
```
   1 6 5 0
 −   8 7 5
   ───────
     7 7 5  (개)
```

12.
```
   1 6 5 0
 −   7 9 4
   ───────
     8 5 6  (개)
```

13.
```
   1 3 4 2
 −   7 9 4
   ───────
     5 4 8  (개)
```

14.
```
   1 0 2 1
 −   8 7 5
   ───────
     1 4 6  (개)
```

15.
```
   1 3 4 2
 −   8 7 5
   ───────
     4 6 7  (개)
```

09 집중 연산 ❶ 50~51쪽

1.
527	134	698
393	564	
171		

2.
279	152	682
127	530	
403		

3.
748	620	975
128	355	
227		

4.
563	245	768
318	523	
205		

5.
1785	940	462
845	478	
367		

6.
1014	559	213
455	346	
109		

7.
1040	376	1100
664	724	
60		

8.
1210	432	789
778	357	
421		

9.
742	519	257
223	262	
39		

10.
	516	
948	305	643
632	211	
316		

11.
	842	
407	259	148
116	583	
291		

12.
	637	
1025	450	575
219	187	
806		

13.
	1085	
810	632	178
445	453	
365		

14.
	568	
420	153	267
289	415	
131		

15.
	360	
627	171	456
448	189	
179		

16.
	792	
1214	425	789
793	367	
421		

17.
	1179	
1070	210	860
865	969	
205		

1. 527−134=393, 698−134=564, 564−393=171

2. 279−152=127, 682−152=530, 530−127=403

3. 748−620=128, 975−620=355, 355−128=227

4. 563−245=318, 768−245=523,
   523−318=205
5. 1785−940=845, 940−462=478,
   845−478=367
6. 1014−559=455, 559−213=346,
   455−346=109
7. 1040−376=664, 1100−376=724,
   724−664=60
8. 1210−432=778, 789−432=357,
   778−357=421
9. 742−519=223, 519−257=262,
   262−223=39
10. 948−305=643, 516−305=211,
    948−632=316
11. 407−259=148, 842−259=583,
    407−116=291
12. 1025−450=575, 637−450=187,
    1025−219=806
13. 810−632=178, 1085−632=453,
    810−445=365
14. 420−153=267, 568−153=415,
    420−289=131
15. 627−171=456, 360−171=189,
    627−448=179
16. 1214−425=789, 792−425=367,
    1214−793=421
17. 1070−210=860, 1179−210=969,
    1070−865=205

16. 114, 375   17. 207, 719
18. 164, 216   19. 87, 191
20. 238, 238   21. 67, 45
22. 567, 795   23. 616, 985
24. 506, 534   25. 834, 916

3 나눗셈

01 똑같이 나누기 (1) 56~57쪽

1. 4   2. 8, 4, 2
3. 10, 2, 5   4. 10, 5, 2
5. 12, 2, 6   6. 12, 4, 3

7.  ; 2

8. ; 9, 3, 3

9.  ; 6, 2, 3

10. ; 6, 3, 2

11. ; 12, 2, 6

12.  ; 12, 3, 4

10 집중 연산 ❷ 52~53쪽

1. 433	2. 115	3. 424
4. 364	5. 141	6. 492
7. 223	8. 658	9. 145
10. 691	11. 679	12. 708
13. 827	14. 729	15. 363

02 똑같이 나누기 (2) 58~59쪽

1. 2   2. 12, 4, 3
3. 18, 6, 3   4. 18, 9, 2
5. 16, 4, 4   6. 16, 8, 2
7. 5   8. 6
9. 6   10. 5
11. 3   12. 4

03 곱셈과 나눗셈의 관계　60~61쪽

1. 2, 3
2. 2, 5
3.
$4 \times 2 = 8$
$8 \div 4 = \boxed{2}$
$8 \div \boxed{2} = \boxed{4}$

4.
$6 \times 2 = \boxed{12}$
$12 \div 6 = \boxed{2}$
$12 \div \boxed{2} = \boxed{6}$

5.
$8 \times 2 = \boxed{16}$
$\boxed{16} \div 2 = \boxed{8}$
$\boxed{16} \div 8 = \boxed{2}$

6.
$7 \times 3 = \boxed{21}$
$\boxed{21} \div 7 = \boxed{3}$
$\boxed{21} \div 3 = \boxed{7}$

7. 9, 2
8. 8, 6
9. 45 ; 45, 5 ; 45, 9
10. 28 ; 28, 7 ; 28, 4
11. 42 ; 42, 6 ; 42, 7
12. 56 ; 56, 7 ; 56, 8

04 곱셈식에서 나눗셈의 몫 구하기　62~63쪽

1. 5
2. 3
3. 7, 7
4. 5, 5
5. 6, 6
6. 8, 8
7. 4, 4
8. 8, 8
9. 8, 8
10. 8, 8
11. 7, 7
12. 9, 9
13. 6, 5 ; 5, 6
14. 9, 5 ; 5, 9
15. 7, 7 ; 7, 7
16. 4, 8 ; 8, 4

05 곱셈구구로 나눗셈의 몫 구하기　64~65쪽

1. 3, 6, 8
2. 2, 5, 9
3. 3, 5, 7
4. 4, 5, 9
5. 5, 7, 9
6. 4, 7, 8

7. 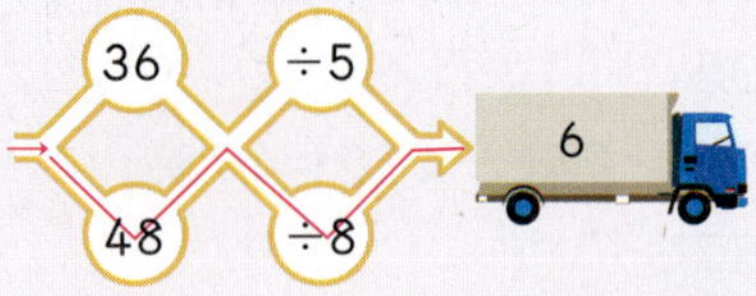
36 ÷5
48 ÷8
6

8.
72 ÷9
56 ÷6
8

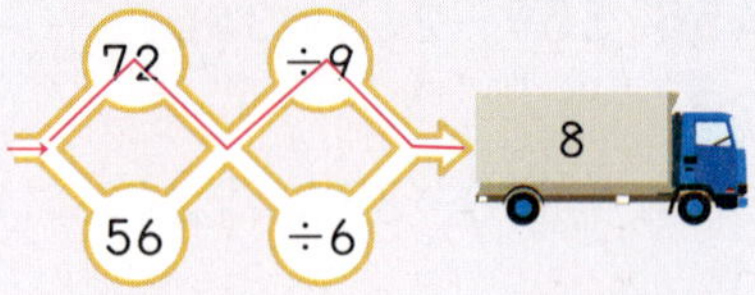

9.
28 ÷5
35 ÷3
7

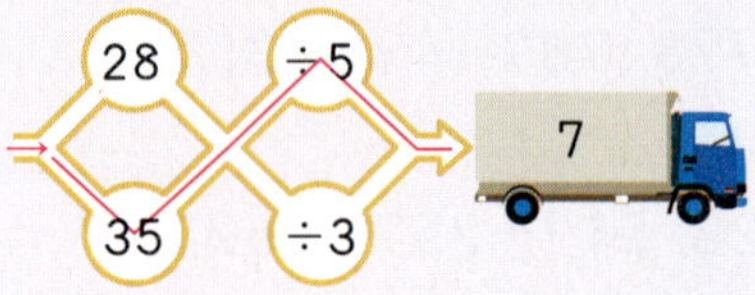

10.
36 ÷8
54 ÷4
9

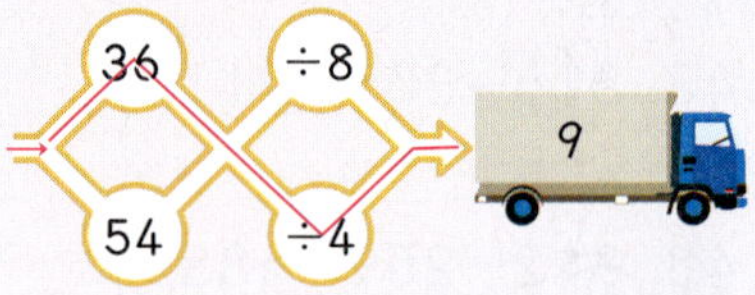

11.
16 ÷4
28 ÷8
4

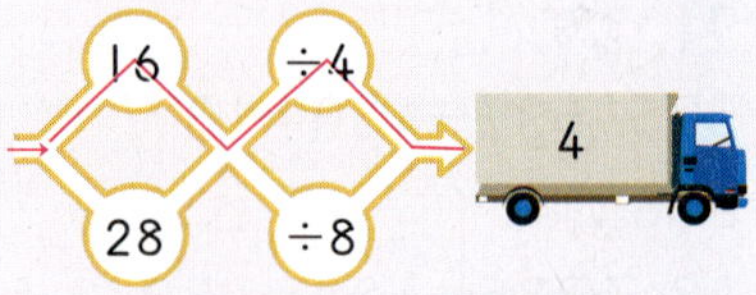

12.
30 ÷5
15 ÷6
5

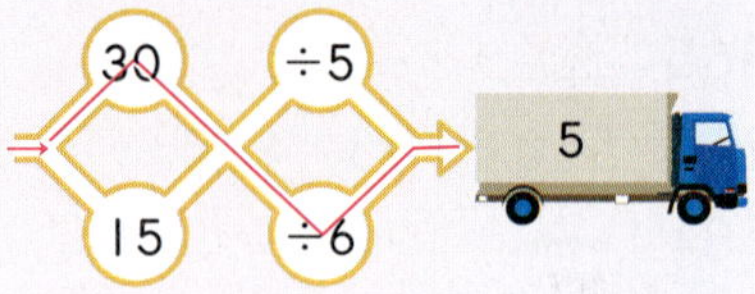

13.
32 ÷6
24 ÷4
8

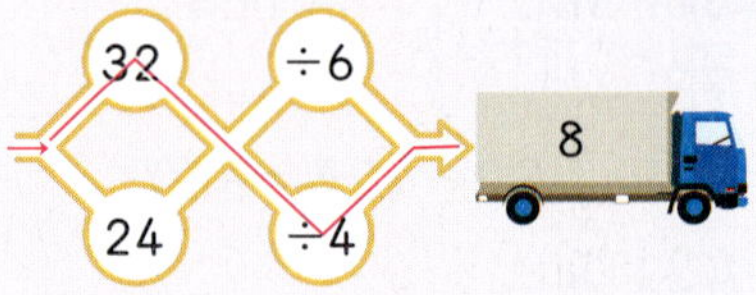

06 나눗셈을 세로로 쓰고 계산하기　66~67쪽

1.
```
    1
5 ) 5
    5
    0
```

2.
```
    3
3 ) 9
    9
    0
```

3.
```
    4
2 ) 8
    8
    0
```

4.
```
    3
6 ) 1 8
    1 8
    0
```

5.
```
    7
4 ) 2 8
    2 8
    0
```

6.
```
    3
9 ) 2 7
    2 7
    0
```

7.
```
      3
8 ) 2 4
    2 4
      0
```

8.
```
      9
7 ) 6 3
    6 3
      0
```

9.
```
      9
9 ) 8 1
    8 1
      0
```

10. 스
```
    4
1 ) 4
    4
    0
```

11. 의
```
    1
7 ) 7
    7
    0
```

12. 글
```
    3
2 ) 6
    6
    0
```

13. 선
```
      2
5 ) 1 0
    1 0
      0
```

14. 무
```
      7
8 ) 5 6
    5 6
      0
```

15. 라
```
      6
7 ) 4 2
    4 2
      0
```

16. 늬
```
      9
6 ) 5 4
    5 4
      0
```

17. 상
```
      5
6 ) 3 0
    3 0
      0
```

18. 줄
```
      8
9 ) 7 2
    7 2
      0
```

줄무늬 상의, 선글라스 ;

07 집중 연산 ❶　68~69쪽

1. 3

2. 16, 4, 4

3. 18−6−6−6=0 ; 18, 6, 3

4. 18−9−9=0 ; 18, 9, 2

5. 21−7−7−7=0 ; 21, 7, 3

6. 25−5−5−5−5−5=0 ; 25, 5, 5

7. 24−6−6−6−6=0 ; 24, 6, 4

8. 24−8−8−8=0 ; 24, 8, 3

9. 4, 3

10. $4 \times 6 = 24$(또는 $6 \times 4 = 24$)
$24 \div 4 = 6$
$24 \div 6 = 4$

11. $4 \times 8 = 32$(또는 $8 \times 4 = 32$)
$32 \div 4 = 8$
$32 \div 8 = 4$

12. $3 \times 6 = 18$(또는 $6 \times 3 = 18$)
$18 \div 3 = 6$
$18 \div 6 = 3$

13. $4 \times 9 = 36$(또는 $9 \times 4 = 36$)
$36 \div 4 = 9$
$36 \div 9 = 4$

14. $8 \times 9 = 72$(또는 $9 \times 8 = 72$)
$72 \div 8 = 9$
$72 \div 9 = 8$

08 집중 연산 ❷　70~71쪽

1.
```
    9
1 ) 9
    9
    0
```

2.
```
    2
2 ) 4
    4
    0
```

3.
```
    3
2 ) 6
    6
    0
```

4.
```
      5
5 ) 2 5
    2 5
      0
```

5.
```
      4
9 ) 3 6
    3 6
      0
```

6.
```
      6
8 ) 4 8
    4 8
      0
```

7.
```
      7
4 ) 2 8
    2 8
      0
```

8.
```
      7
7 ) 4 9
    4 9
      0
```

9.
```
      8
3 ) 2 4
    2 4
      0
```

10.
```
      6
2 ) 1 2
    1 2
      0
```

11.
```
      7
3 ) 2 1
    2 1
      0
```

12.
```
      9
4 ) 3 6
    3 6
      0
```

13.
```
      9
7 ) 6 3
    6 3
      0
```

14.
```
      8
8 ) 6 4
    6 4
      0
```

15.
```
      9
5 ) 4 5
    4 5
      0
```

16. 1, 4   **17.** 7, 9   **18.** 5, 8
19. 4, 3   **20.** 9, 9   **21.** 6, 9
22. 8, 4   **23.** 9, 7   **24.** 4, 7
25. 3, 5

4 곱셈

01 (몇십)×(몇)   **74~75**쪽

1. 40, 70   2. 40, 80
3. 60, 90   4. 80, 50
5. 60, 80, 80   6. 30, 70, 60
7. 20   8. 40
9. 7, 70   10. 10, 9, 90
11. 3, 60   12. 20, 4, 80
13. 2, 60   14. 30, 3, 90

02 (몇)×(몇십)   **76~77**쪽

1. 20, 40   2. 40, 60
3. 60, 90   4. 80, 80
5. 60, 60, 70   6. 50, 80, 90
7. 40, 50, 50
8. 3×30=90, 4×20=80, 8×10=80
9. 7×10=70, 3×20=60, 1×60=60
10. 5×10=50, 2×30=60, 1×40=40

03 올림이 없는 (두 자리 수)×(한 자리 수)   **78~79**쪽

1. 36   2. 28   3. 39
4. 66   5. 84   6. 62
7. 96   8. 68   9. 99

10.

11.

12.

04 올림이 없는 (한 자리 수)×(두 자리 수)   **80~81**쪽

1. 26, 28   2. 48, 88
3. 88, 88   4. 44, 64

5. 39, 99, 99
6. 84, 62, 68
7. 44
8. 36
9. 42
10. 88
11. 23, 69
12. 34, 68
13. 41, 82
14. 32, 96

05 십의 자리에서 올림이 있는 (두 자리 수)×(한 자리 수) 82~83쪽

1. 102
2. 148
3. 164
4. 129
5. 186
6. 105
7. 216
8. 166
9. 364
10. 124

11.
	6	1
×		3
1	8	3	(mL)

12.
	9	3
×		2
1	8	6	(mL)

13.
	3	1
×		7
2	1	7	(mL)

14.
	6	1
×		2
1	2	2	(mL)

15.
	9	3
×		3
2	7	9	(mL)

16.
	3	1
×		9
2	7	9	(mL)

17.
	6	1
×		4
2	4	4	(mL)

06 십의 자리에서 올림이 있는 (한 자리 수)×(두 자리 수) 84~85쪽

1. 122, 188
2. 219, 243
3. 168, 208
4. 355, 455
5. 328, 546, 213
6. 369, 357, 182
7. 368
8. 159
9. 426
10. 105
11. 549
12. 279
13. 568
14. 455
15. 567
16. 246
17. 368
18. 728

07 일의 자리에서 올림이 있는 (두 자리 수)×(한 자리 수) 86~87쪽

1. 84
2. 85
3. 78
4. 72
5. 87
6. 80
7. 92
8. 84
9. 74
10. 57

11.
	2	5
×		2
	5	0	(km)

12.
	1	6
×		4
	6	4	(km)

13.
	2	7
×		2
	5	4	(km)

14.
	1	9
×		4
	7	6	(km)

15.
	2	5
×		3
	7	5	(km)

16.
	1	6
×		5
	8	0	(km)

17.
	2	7
×		3
	8	1	(km)

18.
	1	9
×		5
	9	5	(km)

08 일의 자리에서 올림이 있는 (한 자리 수)×(두 자리 수) 88~89쪽

1. 52
2. 90
3. 96
4. 96
5. 81
6. 84
7. 70
8. 78
9. 90
10. 80
11. 60
12. 84
13. 72
14. 72
15. 74
16. 84
17. 96
18. 57
19. 98
20. 92

09 올림이 2번 있는 (두 자리 수)×(한 자리 수) 90~91쪽

1. 216
2. 312
3. 174
4. 315
5. 402
6. 296
7. 234
8. 172
9. 372

10. 380

11.
$$\begin{array}{r} 2\ 4 \\ \times \quad 5 \\ \hline 1\ 2\ 0 \end{array}\ \text{(kcal)}$$

12.
$$\begin{array}{r} 2\ 5 \\ \times \quad 7 \\ \hline 1\ 7\ 5 \end{array}\ \text{(kcal)}$$

13.
$$\begin{array}{r} 9\ 9 \\ \times \quad 4 \\ \hline 3\ 9\ 6 \end{array}\ \text{(kcal)}$$

14.
$$\begin{array}{r} 2\ 5 \\ \times \quad 8 \\ \hline 2\ 0\ 0 \end{array}\ \text{(kcal)}$$

15.
$$\begin{array}{r} 2\ 4 \\ \times \quad 7 \\ \hline 1\ 6\ 8 \end{array}\ \text{(kcal)}$$

16.
$$\begin{array}{r} 2\ 5 \\ \times \quad 9 \\ \hline 2\ 2\ 5 \end{array}\ \text{(kcal)}$$

17.
$$\begin{array}{r} 7\ 6 \\ \times \quad 6 \\ \hline 4\ 5\ 6 \end{array}\ \text{(kcal)}$$

18.
$$\begin{array}{r} 9\ 9 \\ \times \quad 7 \\ \hline 6\ 9\ 3 \end{array}\ \text{(kcal)}$$

10 올림이 2번 있는 (한 자리 수)×(두 자리 수) 92~93쪽

1. 170　　2. 280　　3. 108
4. 258　　5. 168　　6. 168
7. 252　　8. 192　　9. 156

10.
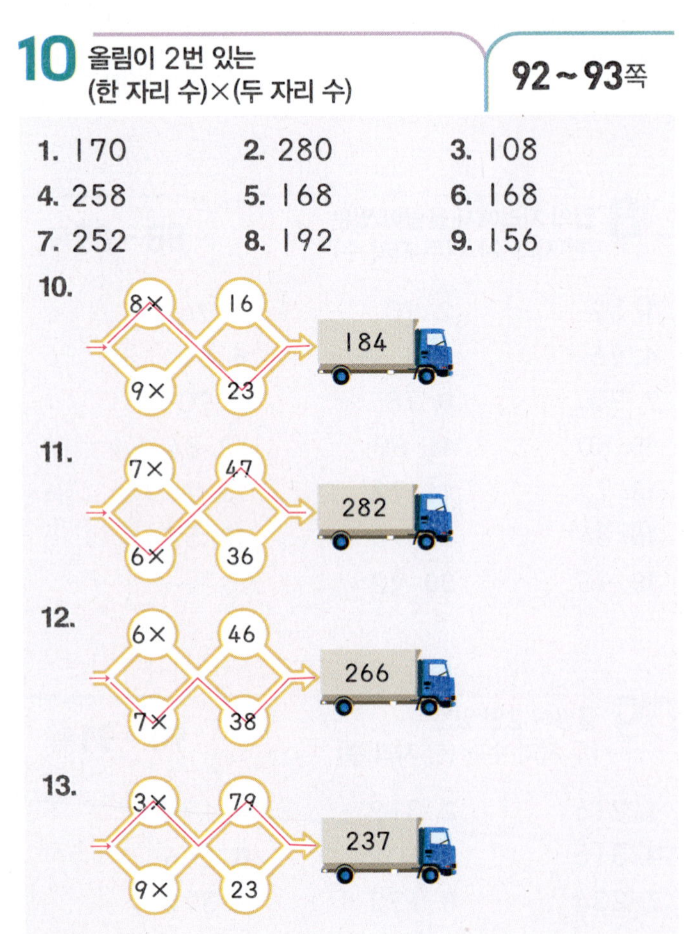

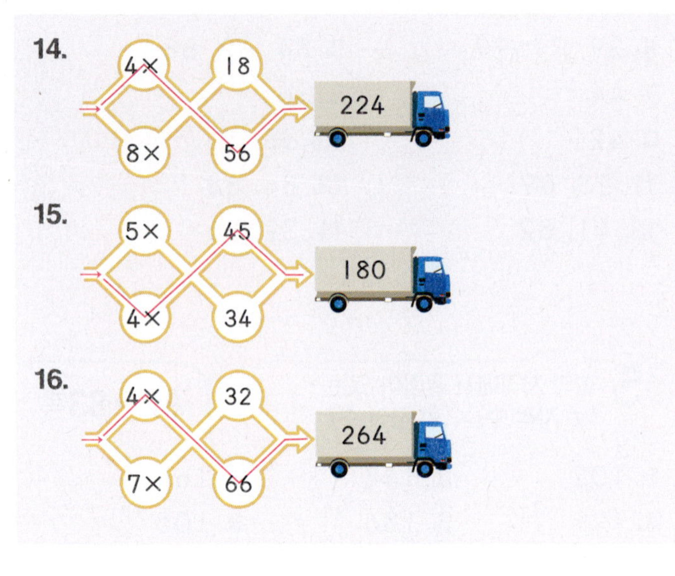

11 집중 연산 ❶ 94~95쪽

1. 70, 90, 60　　2. 66, 63, 86
3. 65, 186, 78　　4. 360, 405, 195
5. 288, 232, 96　　6. 182, 196, 312

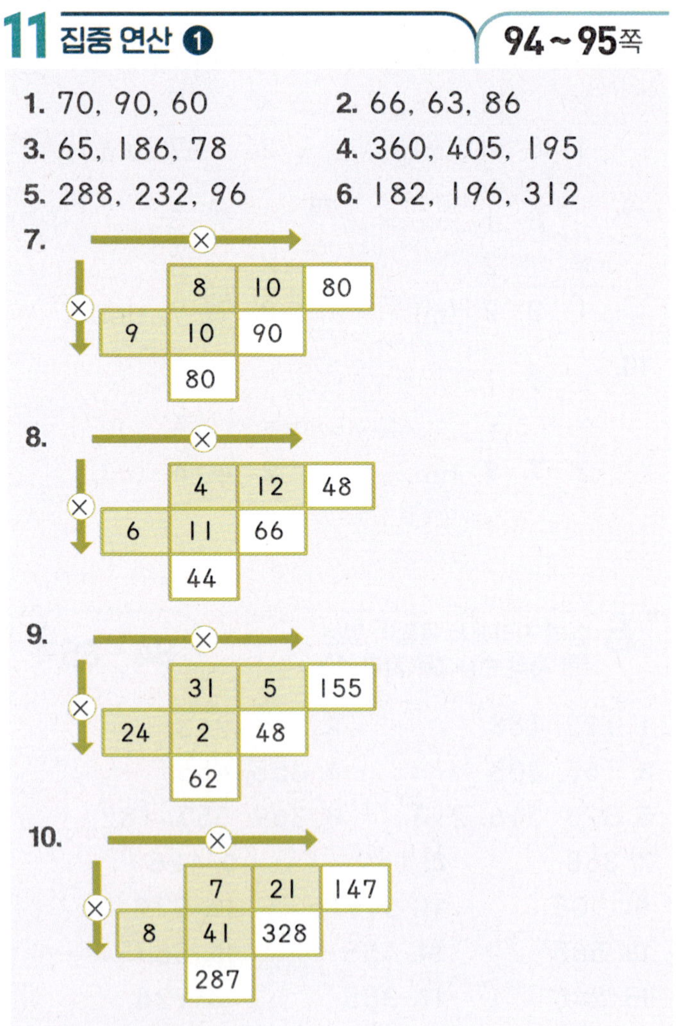

11.

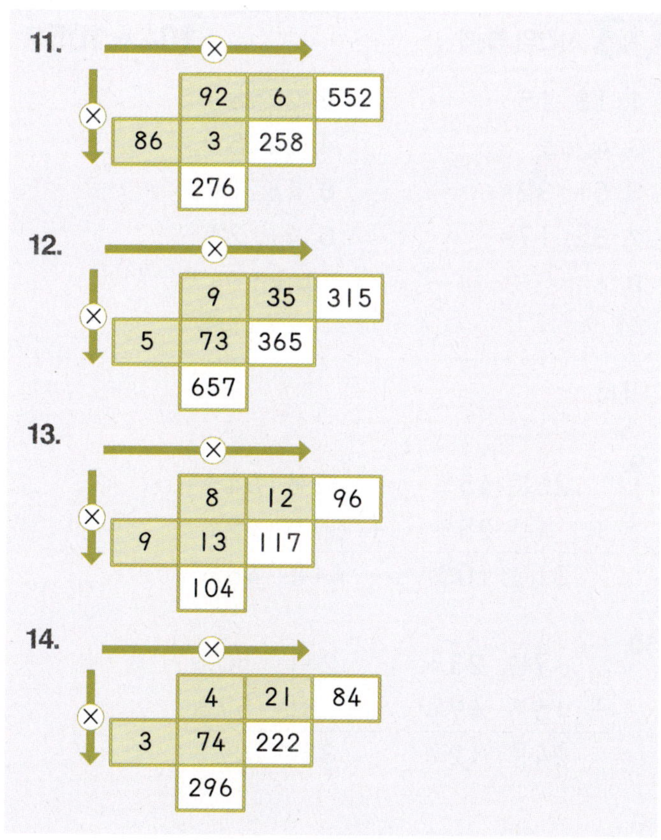

	92	6	552
86	3	258
	276		

12.

	9	35	315
5	73	365
	657		

13.

	8	12	96
9	13	117
	104		

14.

	4	21	84
3	74	222
	296		

1. $2\times10=20 \Rightarrow 20\times3=60$,
$7\times10=70$, $30\times3=90$

2. $21\times3=63$, $43\times2=86$,
$11\times2=22 \Rightarrow 22\times3=66$

3. $2\times13=26 \Rightarrow 26\times3=78$,
$5\times13=65$, $62\times3=186$

4. $81\times5=405$, $65\times3=195$,
$24\times3=72 \Rightarrow 72\times5=360$

5. $58\times4=232$, $8\times12=96$,
$6\times12=72 \Rightarrow 72\times4=288$

6. $3\times26=78 \Rightarrow 78\times4=312$,
$7\times26=182$, $49\times4=196$

7. $8\times10=80$, $9\times10=90$, $8\times10=80$

8. $4\times12=48$, $6\times11=66$, $4\times11=44$

9. $31\times5=155$, $24\times2=48$, $31\times2=62$

10. $7\times21=147$, $8\times41=328$, $7\times41=287$

11. $92\times6=552$, $86\times3=258$, $92\times3=276$

12. $9\times35=315$, $5\times73=365$, $9\times73=657$

13. $8\times12=96$, $9\times13=117$, $8\times13=104$

14. $4\times21=84$, $3\times74=222$, $4\times74=296$

12 집중 연산 ❷　　96~97쪽

1. 90	**2.** 60	**3.** 88
4. 68	**5.** 102	**6.** 288
7. 78	**8.** 95	**9.** 252
10. 360	**11.** 384	**12.** 675
13. 292	**14.** 430	**15.** 434
16. 80, 80		**17.** 90, 60
18. 39, 69		**19.** 105, 205
20. 78, 87		**21.** 368, 219
22. 112, 200		**23.** 90, 68
24. 185, 245		**25.** 136, 380

5 시간의 합과 차

01 시각 읽기, 초와 분 사이의 관계　　100~101쪽

1. 65	**2.** 2, 2
3. 74	**4.** 24
5. 92	**6.** 39
7. 120	**8.** 1, 45
9. 145	**10.** 1, 54

11.

12.

13.

14.

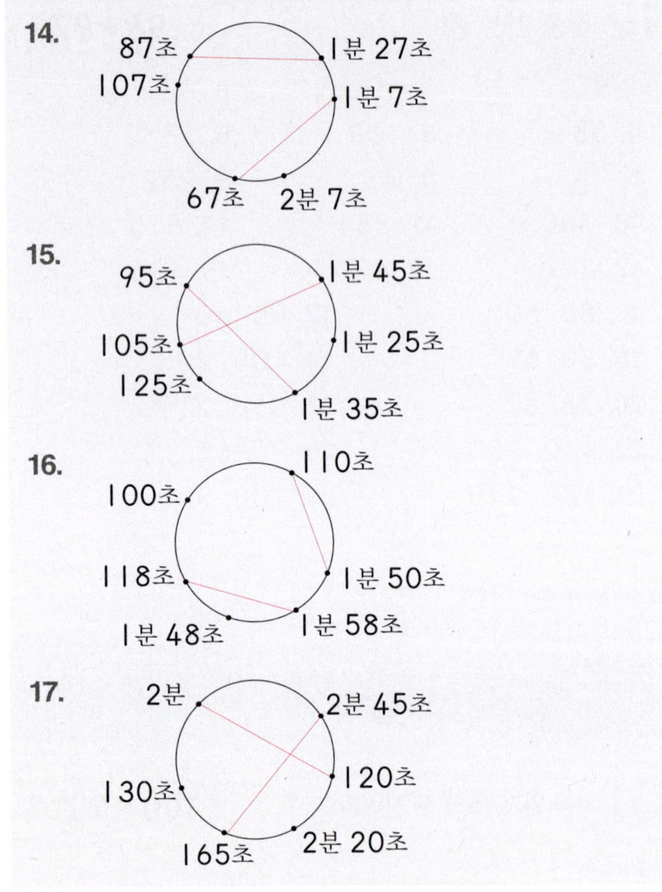

11. 102초=1분 42초, 1분 22초=82초
12. 126초=2분 6초, 1분 26초=86초
13. 1분 40초=100초, 101초=1분 41초
14. 107초=1분 47초, 2분 7초=127초
15. 125초=2분 5초, 1분 25초=85초
16. 100초=1분 40초, 1분 48초=108초
17. 130초=2분 10초, 2분 20초=140초

02 시간의 합 (1) **102~103**쪽

1. 21, 42	2. 31, 51
3. 37, 43	4. 44, 40
5. 43, 11	6. 35, 31
7. 50, 52	8. 52, 51
9. 27, 53	10. 42, 26
11. 50, 23	12. 35, 50
13. 44, 35	14. 33, 41

03 시간의 합 (2) **104~105**쪽

1. 18, 15	2. 27, 8
3. 42, 2	4. 34, 5
5. 51, 32	6. 44, 11
7. 32, 17	8. 41, 27
9. 1 ; ○, ×, ×	10. 1 ; ○, ×, ×
11. 2 ; ×, ○, ○	

동하

9.

```
   26분 45초          3분 54초
 +  4분 25초        + 37분 52초
 ─────────          ─────────
   31분 10초     ,    41분 46초
```

10.

```
    7분 23초          24분 50초
 + 16분 49초        +  8분 57초
 ─────────          ─────────
   24분 12초     ,    33분 47초
```

04 시간의 합 (3) **106~107**쪽

1. 5, 15, 42	2. 8, 6, 54
3. 7, 40, 2	4. 11, 23, 6
5. 11, 17, 32	6. 10, 31, 19
7. 7, 42, 40	8. 9, 55, 4
9. 6, 48, 7	10. 8, 2, 52
11. 8, 33, 48	12. 11, 9, 56
13. 10, 59, 21	14. 10, 9, 57

10. 4시 10분 22초+3시간 52분 30초
    =8시 2분 52초
11. 1시 17분 58초+7시간 15분 50초
    =8시 33분 48초
12. 6시 35분 16초+4시간 34분 40초
    =11시 9분 56초
13. 7시 6분 51초+3시간 52분 30초
    =10시 59분 21초
14. 2시 54분 7초+7시간 15분 50초
    =10시 9분 57초

05 시간의 합 (4)   108~109쪽

1. 5, 36, 6	2. 5, 21, 25
3. 7, 8, 43	4. 10, 34, 15
5. 7, 10, 25	6. 7, 16, 12
7. 8, 25, 25	8. 4, 13, 18
9. 4, 1, 12	10. 4, 3, 5
11. 3, 37, 7	12. 4, 10, 2
13. 4, 2, 4	14. 4, 2, 5

25분 24초	15분 27초	17분 55초
잣	대	토
7분 48초	26분 24초	18분 53초
은	리	추
15분 42초	10분 36초	25분 34초
도	행	밤

; 밤

06 시간의 차 (1)   110~111쪽

1. 13, 15	2. 3, 18
3. 17, 24	4. 9, 6
5. 28, 16	6. 28, 8
7. 18, 17	8. 35, 18
9. 7, 16	10. 12, 23
11. 24, 30	12. 12, 12
13. 17, 14	14. 7, 5
15. 12, 7	16. 5, 2

10. 30분 47초−18분 24초=12분 23초
11. 42분 54초−18분 24초=24분 30초
12. 37분 52초−25분 40초=12분 12초
13. 42분 54초−25분 40초=17분 14초
14. 37분 52초−30분 47초=7분 5초
15. 42분 54초−30분 47초=12분 7초
16. 42분 54초−37분 52초=5분 2초

07 시간의 차 (2)   112~113쪽

1. 5, 44	2. 4, 42
3. 5, 41	4. 13, 54
5. 19, 19	6. 6, 42
7. 25, 48	8. 23, 52
9. 7, 48	10. 15, 27
11. 17, 55	12. 18, 53
13. 10, 36	14. 15, 42
15. 26, 24	16. 25, 24

08 시간의 차 (3)   114~115쪽

1. 1, 54, 14	2. 5, 44, 17
3. 6, 57, 17	4. 2, 50, 15
5. 1, 47, 32	6. 1, 31, 7
7. 3, 42, 7	8. 5, 34, 27
9. 50, 8	10. 1, 52, 20
11. 16, 40	12. 16, 8
13. 1, 19, 27	14. 25, 32

9. 2시 6분 50초−1시 16분 42초=50분 8초
10. 4시 17분 30초−2시 25분 10초
    =1시간 52분 20초
11. 6시 14분 56초−5시 58분 16초=16분 40초
12. 5시 8분 43초−4시 52분 35초=16분 8초
13. 8시 11분 40초−6시 52분 13초
    =1시간 19분 27초
14. 11시 10분 37초−10시 45분 5초
    =25분 32초

09 시간의 차 (4)   116~117쪽

1. 1, 41, 30	2. 3, 48, 51
3. 2, 42, 35	4. 8, 52, 46
5. 6, 49, 42	6. 4, 59, 32
7. 5, 46, 45	8. 6, 35, 15
9. 1, 51, 32	10. 6, 10, 43
11. 3, 45, 18	12. 5, 18, 50
13. 7, 29, 29	14. 9, 21, 56

저녁 식사

9. ||시 8분 |5초−9시간 |6분 43초
　　=|시 5|분 32초

10. ||시 8분 |5초−4시간 57분 32초
　　=6시 |0분 43초

11. ||시 8분 |5초−7시간 22분 57초
　　=3시 45분 |8초

12. ||시 8분 |5초−5시간 49분 25초
　　=5시 |8분 50초

13. ||시 8분 |5초−3시간 38분 46초
　　=7시 29분 29초

14. ||시 8분 |5초−|시간 46분 |9초
　　=9시 2|분 56초

10 집중 연산 ❶　118~119쪽

1. 70초에 ◯표
2. 84초에 ◯표
3. 95초에 ◯표
4. |25초에 ◯표
5. |32초에 ◯표
6. |50초에 ◯표
7. |분 |8초에 ◯표
8. |분 34초에 ◯표
9. |분 50초에 ◯표
10. 2분에 ◯표
11. 2분 |0초에 ◯표
12. 3분에 ◯표
13. 4|분 55초
14. |시간 |분 ||초
15. |0시 |0분 4|초
16. 8시간 |5분 38초
17. 36분 3|초
18. |5분 36초
19. 8시 38분 48초
20. 3시간 23분 38초

11 집중 연산 ❷　120~121쪽

1. 53분 52초
2. 33분 23초
3. 5|분 2초
4. |3분 |9초
5. 7시 40분
6. 7시 46분 |4초
7. ||시 4분 33초
8. 6시간 26분 57초
9. |2시간 |0초
10. 6시간 59분 |7초
11. 34분 36초
12. |7분 8초
13. 5|분 3초
14. |9분 5초
15. 9시 39분 4초
16. 7시 35분 44초

17. 8시간 32분 |0초
18. 2시간 9분 2|초
19. ||시 20분 |4초
20. 4시 50분 48초
21. |2시간 33분 5초
22. 3시간 43분 39초

6 길이의 합과 차

01 cm와 mm 단위의 관계　124~125쪽

1. 40
2. 250
3. |5
4. 54
5. 5
6. 36
7. 3, 5
8. 24, 5
9. ㅂ
10. ㄹ
11. ㅇ
12. ㄱ
13. ㄷ
14. ㅅ
15. ㅊ
16. ㅈ
17. ㅋ

02 km와 m 단위의 관계　126~127쪽

1. 4000
2. 9000
3. |600
4. 4820
5. 6
6. 8
7. 3, 500
8. 2, 450
9.

03 길이의 합 (1) 128~129쪽

1. 19, 3	**2.** 23, 6	**3.** 46, 7
4. 22, 3	**5.** 24, 2	**6.** 30, 3
7. 33, 4	**8.** 24, 6	**9.** 76, 2
10. 88, 1	**11.** 80, 3	**12.** 92, 2
13. 88, 9	**14.** 100, 8	

11. 23 cm 9 mm+56 cm 4 mm=80 cm 3 mm
12. 23 cm 9 mm+68 cm 3 mm=92 cm 2 mm
13. 32 cm 5 mm+56 cm 4 mm=88 cm 9 mm
14. 32 cm 5 mm+68 cm 3 mm=100 cm 8 mm

04 길이의 합 (2) 130~131쪽

1. 10, 400	**2.** 20, 510	**3.** 9, 150
4. 23, 10	**5.** 22, 20	**6.** 36, 30
7. 36, 40	**8.** 45, 107	**9.** 9, 20
10. 6, 260	**11.** 6, 130	**12.** 8, 50
13. 8, 350	**14.** 8, 510	**15.** 8, 200

9. 5 km 40 m+3 km 980 m=9 km 20 m
10. 3 km 310 m+2 km 950 m=6 km 260 m
11. 3 km 180 m+2 km 950 m=6 km 130 m
12. 3 km 470 m+4 km 580 m=8 km 50 m
13. 5 km 40 m+3 km 310 m=8 km 350 m
14. 3 km 470 m+5 km 40 m=8 km 510 m
15. 4 km 220 m+3 km 980 m=8 km 200 m

05 길이의 차 (1) 132~133쪽

1. 15, 3	**2.** 15, 5	**3.** 25, 5
4. 7, 6	**5.** 17, 6	**6.** 21, 3
7. 9, 8	**8.** 7, 5	**9.** 3, 4
10. 15, 6	**11.** 9, 6	**12.** 26, 8
13. 15, 9	**14.** 12, 9	**15.** 27, 4
16. 19, 5		

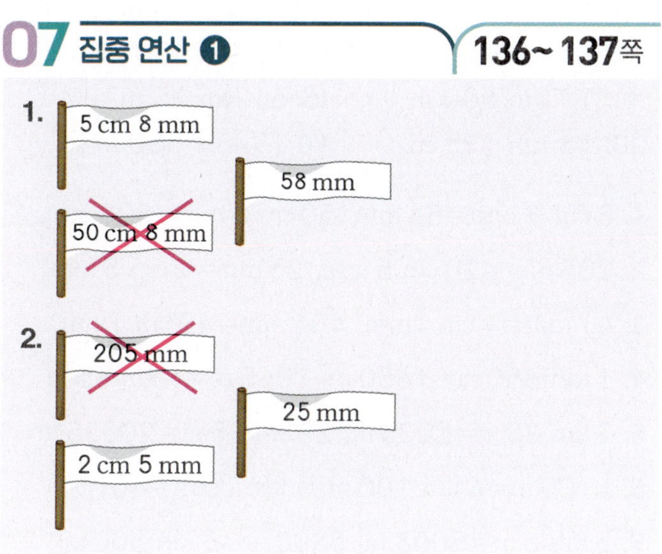

19 cm 5 mm 감	15 cm 6 mm 사	15 cm 9 mm 귤
12 cm 9 mm 과	26 cm 8 mm 애	27 cm 4 mm 모
3 cm 4 mm 밤	20 cm 5 mm 배	9 cm 6 mm 실

; 배

06 길이의 차 (2) 134~135쪽

1. 4, 660	**2.** 26, 75	**3.** 4, 840
4. 3, 530	**5.** 27, 825	**6.** 7, 875
7. 4, 86	**8.** 34, 572	**9.** 37, 98
10. 33, 75	**11.** 28, 885	**12.** 24, 920
13. 19, 760	**14.** 14, 555	**15.** 9, 255
16. 3, 435		

9. 42 km 195 m−5 km 97 m=37 km 98 m
10. 42 km 195 m−9 km 120 m=33 km 75 m
11. 42 km 195 m−13 km 310 m=28 km 885 m
12. 42 km 195 m−17 km 275 m=24 km 920 m
13. 42 km 195 m−22 km 435 m=19 km 760 m
14. 42 km 195 m−27 km 640 m=14 km 555 m
15. 42 km 195 m−32 km 940 m=9 km 255 m
16. 42 km 195 m−38 km 760 m=3 km 435 m

07 집중 연산 ❶ 136~137쪽

1.

2.

3.

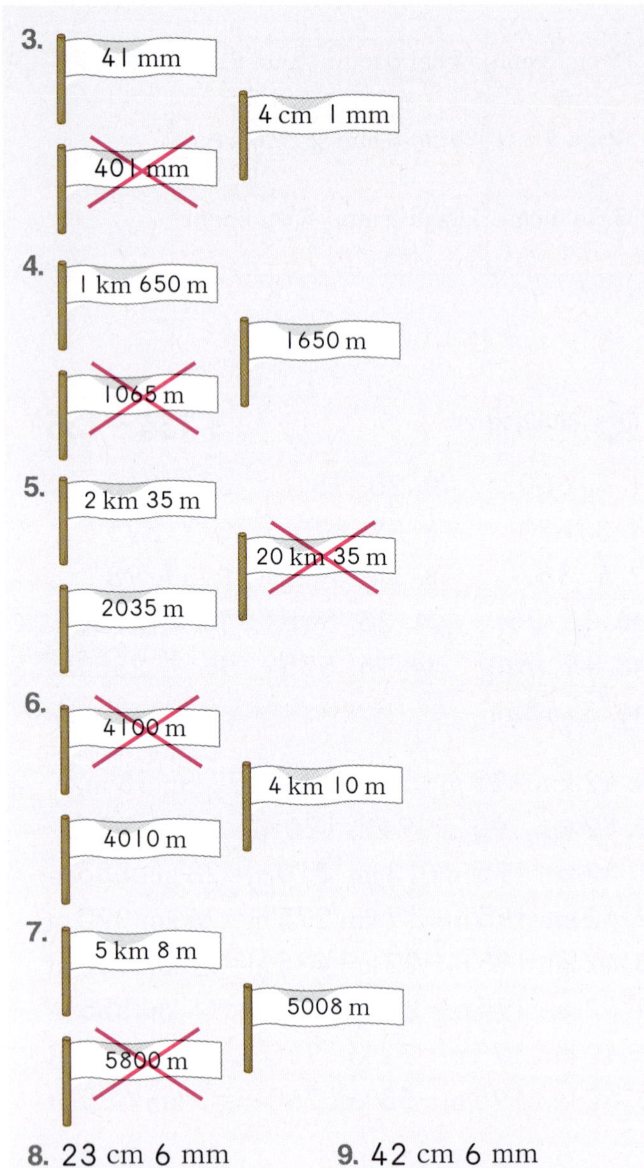

8. 23 cm 6 mm　　9. 42 cm 6 mm
10. 17 cm 1 mm　　11. 24 cm 8 mm
12. 25 cm 8 mm　　13. 46 km 130 m
14. 10 km 600 m　　15. 61 km 25 m
16. 18 km 135 m　　17. 17 km 550 m

1. 5 cm 8 mm=58 mm, 50 cm 8 mm=508 mm

2. 205 mm=20 cm 5 mm, 25 mm=2 cm 5 mm

3. 41 mm=4 cm 1 mm, 401 mm=40 cm 1 mm

4. 1 km 650 m=1650 m, 1065 m=1 km 65 m

5. 2 km 35 m=2035 m, 20 km 35 m=20035 m

6. 4100 m=4 km 100 m, 4 km 10 m=4010 m

7. 5 km 8 m=5008 m, 5800 m=5 km 800 m

---

08 집중 연산 ❷　　138~139쪽

1. 23, 9　　　　2. 25, 3
3. 33, 314　　4. 4, 145
5. 50, 2　　　6. 24, 5
7. 53, 135　　8. 3, 750
9. 46, 870　　10. 16, 875
11. 24 cm 7 mm　　12. 14 cm 2 mm
13. 12 km 650 m　　14. 20 km 450 m
15. 39 km　　　　16. 22 km 4 m
17. 5 cm 5 mm　　18. 16 cm 6 mm
19. 6 km 375 m　　20. 4 km 220 m
21. 23 km 550 m　　22. 24 km 985 m

$$
\begin{array}{r}
\text{7.}\quad 19\ \text{km}\ 720\ \text{m} \\
+\ 33\ \text{km}\ 415\ \text{m} \\
\hline
53\ \text{km}\ 135\ \text{m}
\end{array}
\qquad
\begin{array}{r}
\text{8.}\quad \overset{10}{\cancel{11}}\ \text{km}\ \overset{1000}{2}10\ \text{m} \\
-\ \ 7\ \text{km}\ 460\ \text{m} \\
\hline
3\ \text{km}\ 750\ \text{m}
\end{array}
$$

$$
\begin{array}{r}
\text{9.}\quad 30\ \text{km}\ \ 80\ \text{m} \\
+\ 16\ \text{km}\ 790\ \text{m} \\
\hline
46\ \text{km}\ 870\ \text{m}
\end{array}
\qquad
\begin{array}{r}
\text{10.}\quad \overset{24}{25}\ \text{km}\ \overset{1000}{} \\
-\ \ 8\ \text{km}\ 125\ \text{m} \\
\hline
16\ \text{km}\ 875\ \text{m}
\end{array}
$$

7　분수

01 분수 알아보기 (1)　　142~143쪽

1. 3　　　2. 3, 3　　　3. 4, 1, $\dfrac{1}{4}$

4. 5, 3, $\dfrac{3}{5}$　　5. 4, 2, $\dfrac{2}{4}$　　6. $\dfrac{1}{2}$

7. $\dfrac{1}{3}$　　8. $\dfrac{1}{6}$　　9. $\dfrac{5}{6}$

10. $\dfrac{1}{4}$　　11. $\dfrac{5}{8}$　　12. $\dfrac{3}{4}$

13. $\dfrac{2}{8}$

02 분수 알아보기 (2) 144~145쪽

1. $\dfrac{1}{3}$ 2. $\dfrac{3}{6}$ 3. $\dfrac{5}{8}$

4. $\dfrac{2}{5}$ 5. $\dfrac{5}{6}$ 6. $\dfrac{4}{8}$

7. $\dfrac{6}{8}$ 8. $\dfrac{5}{8}$ 9. $\dfrac{3}{10}$

10. $\dfrac{1}{3}$ 11. $\dfrac{1}{3}$ 12. $\dfrac{1}{2}$

13. $\dfrac{1}{3}$ 14. $\dfrac{1}{3}$ 15. $\dfrac{1}{4}$

16. $\dfrac{1}{2}$ 17. $\dfrac{1}{3}$

03 단위분수가 몇 개인지 알아보기 146~147쪽

1. 3 2. 4 3. 5

4. 7 5. 2 6. 3

7. $\dfrac{5}{7}$ 8. $\dfrac{7}{8}$ 9. $\dfrac{4}{9}$

10. $\dfrac{9}{10}$ 11. 3 12. 4

13. 6 14. 5 15. 7

16. 8 17. 10 18. 9

19. 13 20. 14

수수께끼

8 주	7 불	9 음	12 름
15 이	14 마	13 당	5 번
4 공	10 소	6 호	3 기

; 이름

04 단위분수의 크기 비교 148~149쪽

1. > 2. 4, =, 4 3. 4, >, 5

4. 8, <, 6 5. $\dfrac{1}{4}$, >, $\dfrac{1}{6}$ 6. $\dfrac{1}{6}$, <, $\dfrac{1}{3}$

7. 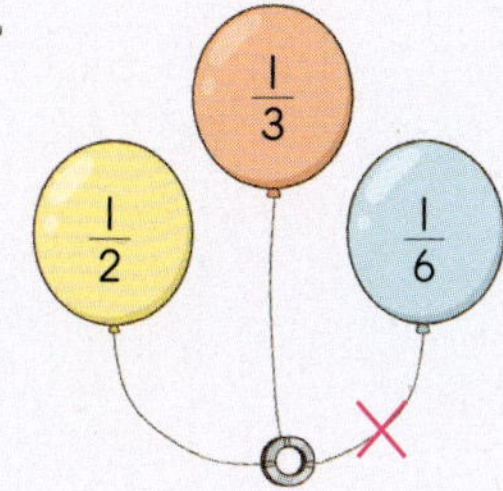

8. 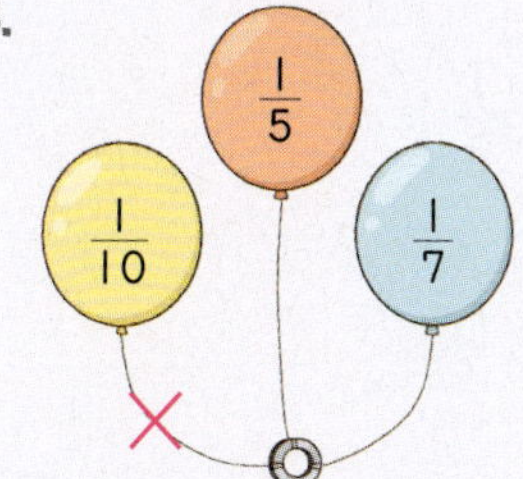

9. 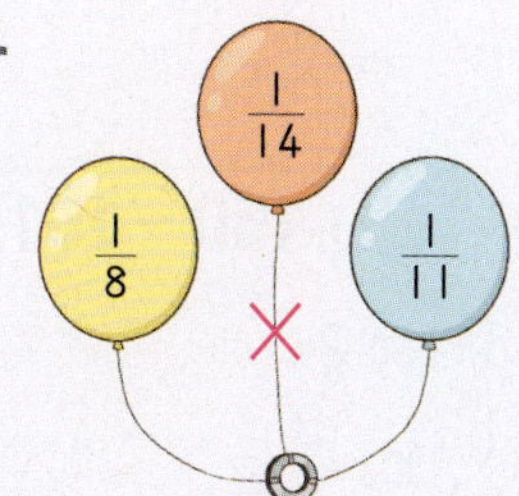

10. 

11. 

12.

7. $\dfrac{1}{5}<\dfrac{1}{2}$, $\dfrac{1}{5}<\dfrac{1}{3}$, $\dfrac{1}{5}>\dfrac{1}{6}$

8. $\dfrac{1}{8}>\dfrac{1}{10}$, $\dfrac{1}{8}<\dfrac{1}{5}$, $\dfrac{1}{8}<\dfrac{1}{7}$

9. $\dfrac{1}{12}<\dfrac{1}{8}$, $\dfrac{1}{12}>\dfrac{1}{14}$, $\dfrac{1}{12}<\dfrac{1}{11}$

10. $\dfrac{1}{7}<\dfrac{1}{6}$, $\dfrac{1}{7}<\dfrac{1}{4}$, $\dfrac{1}{7}>\dfrac{1}{9}$

11. $\dfrac{1}{13}<\dfrac{1}{11}$, $\dfrac{1}{13}>\dfrac{1}{14}$, $\dfrac{1}{13}<\dfrac{1}{8}$

12. $\dfrac{1}{15}>\dfrac{1}{20}$, $\dfrac{1}{15}<\dfrac{1}{12}$, $\dfrac{1}{15}<\dfrac{1}{10}$

05 분모가 같은 분수의 크기 비교   **150~151**쪽

1. 2, >, 1
2. 3, >, 2
3. $\dfrac{4}{5}$, >, $\dfrac{3}{5}$
4. $\dfrac{1}{6}$, <, $\dfrac{3}{6}$
5. $\dfrac{3}{8}$, <, $\dfrac{5}{8}$
6. $\dfrac{4}{6}$, >, $\dfrac{3}{6}$

7. 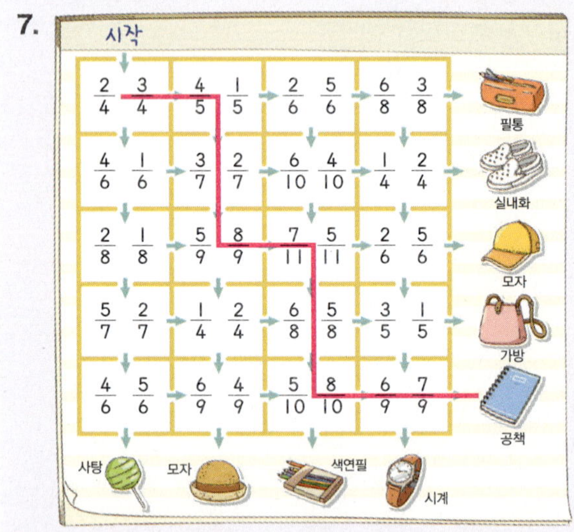

공책

7. $\dfrac{2}{4}<\dfrac{3}{4}$ ➡ $\dfrac{4}{5}>\dfrac{1}{5}$ ➡ $\dfrac{3}{7}>\dfrac{2}{7}$ ➡ $\dfrac{5}{9}<\dfrac{8}{9}$ ➡ $\dfrac{7}{11}>\dfrac{5}{11}$

➡ $\dfrac{6}{8}>\dfrac{5}{8}$ ➡ $\dfrac{5}{10}<\dfrac{8}{10}$ ➡ $\dfrac{6}{9}<\dfrac{7}{9}$

06 집중 연산 ❶   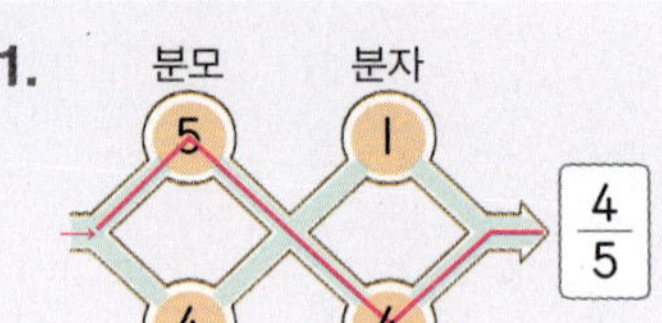 **152~153**쪽

1. 분모 5, 분자 1, 4, 4 → $\dfrac{4}{5}$

2. 전체 9, 부분 4, 5, 9 → $\dfrac{4}{9}$

3. 전체 7, 부분 8, 8, 7 → $\dfrac{7}{8}$

4. 분모 1, 분자 4, 4, 3 → 4분의 3

5. 분모 3, 분자 5, 5, 3 → 5분의 3

6. 전체 2, 부분 5, 7, 2 → 7분의 2

7. 전체 8, 부분 8, 4, 5 → 8분의 5

8. $\dfrac{1}{2}$에 ◯표
9. $\dfrac{1}{3}$에 ◯표
10. $\dfrac{1}{6}$에 ◯표
11. $\dfrac{1}{7}$에 ◯표
12. $\dfrac{1}{11}$에 ◯표
13. $\dfrac{1}{10}$에 ◯표

14. $\dfrac{2}{3}$에 ○표 **15.** $\dfrac{5}{6}$에 ○표

16. $\dfrac{5}{8}$에 ○표 **17.** $\dfrac{4}{9}$에 ○표

18. $\dfrac{9}{10}$에 ○표 **19.** $\dfrac{4}{11}$에 ○표

20. $\dfrac{7}{12}$에 ○표 **21.** $\dfrac{10}{13}$에 ○표

22. $\dfrac{8}{15}$에 ○표

8. 분자가 1인 단위분수이므로 분모의 크기를 비교하면

$2<3$입니다. ➡ $\dfrac{1}{2}>\dfrac{1}{3}$

9. 분자가 1인 단위분수이므로 분모의 크기를 비교하면

$4>3$입니다. ➡ $\dfrac{1}{4}<\dfrac{1}{3}$

14. 분모가 같으므로 분자의 크기를 비교하면 $2>1$입니다.

➡ $\dfrac{2}{3}>\dfrac{1}{3}$

15. 분모가 같으므로 분자의 크기를 비교하면 $4<5$입니다.

➡ $\dfrac{4}{6}<\dfrac{5}{6}$

07 집중 연산 ❷   **154~155**쪽

1. $\dfrac{2}{3},\dfrac{2}{4}$ **2.** $\dfrac{3}{5},\dfrac{4}{5}$

3. $\dfrac{5}{8},\dfrac{5}{9}$ **4.** $\dfrac{7}{10},\dfrac{9}{13}$

5. 3, 2   **6.** 5, 3

7. 6, 8   **8.** 9, 11

9. <, >   **10.** <, <

11. <, >   **12.** >, >

13. >, <   **14.** <, >

15. <, >   **16.** >, >

17. <, >   **18.** >, <

19. >, >   **20.** <, <

8 소수

01 1보다 작은 소수 한 자리 수 알아보기   **158~159**쪽

1. 0.5	**2.** 0.7	**3.** 0.8
4. 0.6	**5.** 0.3	**6.** 0.9
7. 0.7	**8.** 0.5	**9.** 0.3
10. 0.6	**11.** 0.4	**12.** 0.8
13. 0.2	**14.** 0.1	

1. 색칠한 부분은 전체를 똑같이 10으로 나눈 것 중의 5이므로 소수로 나타내면 0.5입니다.

02 자연수가 있는 소수 한 자리 수 알아보기   **160~161**쪽

1. 1.3	**2.** 1.6	**3.** 3.7
4. 1.5	**5.** 2.7	**6.** 4.2
7. 2.8	**8.** 3.2	**9.** 4.3
10. 5.6	**11.** 4.5	**12.** 3.4

1. 색칠한 부분은 1과 0.3만큼이므로 소수로 나타내면 1.3입니다.

03 0.1이 몇 개인 수 알아보기   **162~163**쪽

1. 0.8	**2.** 0.3
3. 1.3	**4.** 1.6
5. 2.4	**6.** 3.7
7. 4.5	**8.** 5.6
9. 6.2	**10.** 7.8

11.

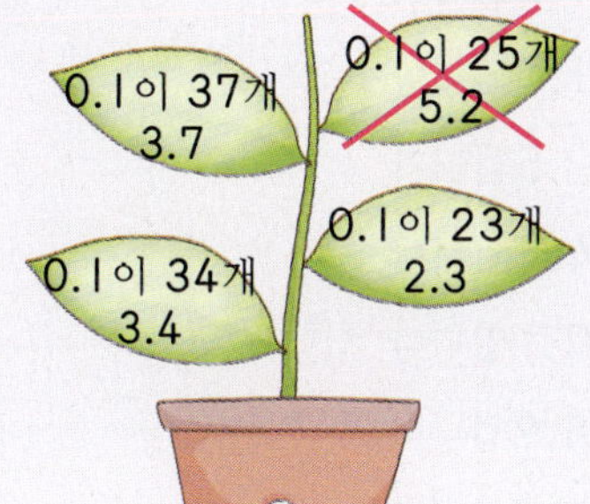

12.

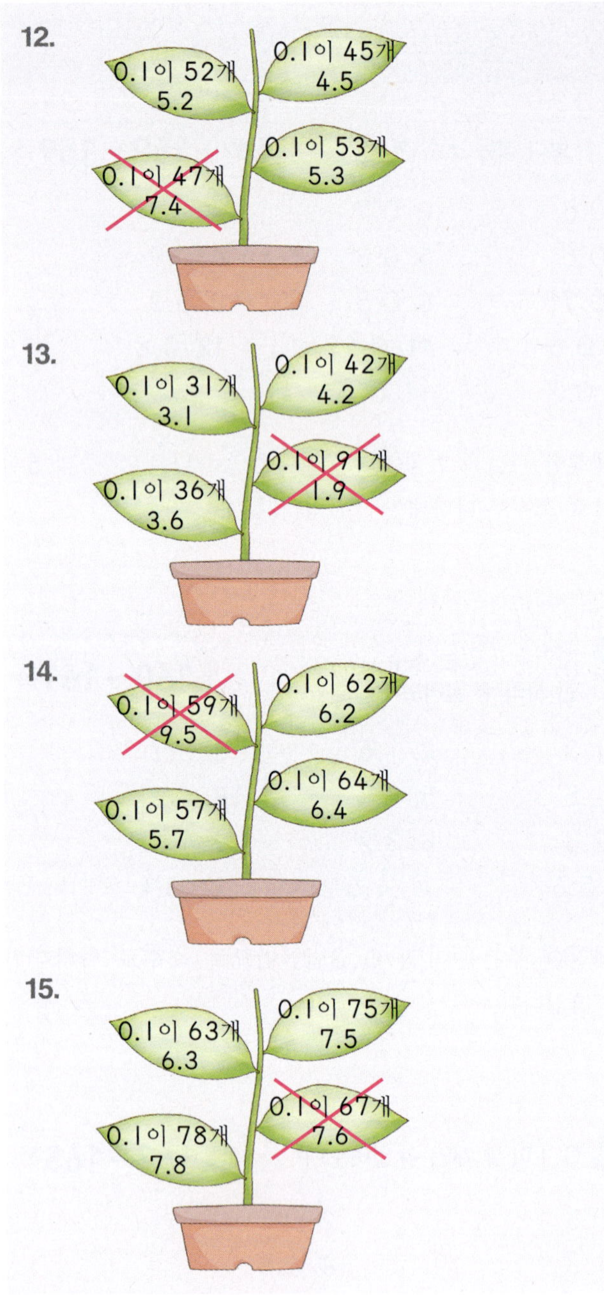

13.

14.

15.

1. 0.1이 8개이면 0.8입니다.

2. 0.1이 3개이면 0.3입니다.

3. 0.1이 13개이면 1.3입니다.

4. 0.1이 16개이면 1.6입니다.

11. 0.1이 25개이면 2.5입니다.

12. 0.1이 47개이면 4.7입니다.

13. 0.1이 91개이면 9.1입니다.

14. 0.1이 59개이면 5.9입니다.

15. 0.1이 67개이면 6.7입니다.

04 mm와 cm 단위의 관계 164~165쪽

1. 1.7 2. 1.4 3. 2.3
4. 2.1 5. 3.8 6. 4.3
7. 3.2 8. 4.1 9. 12.4
10. 15.8 11. 10.6 12. 4.3
13. 14.7 14. 9.3 15. 8.2
16. 6.4 17. 7.7

9. 1 mm=0.1 cm이므로 12 cm 4 mm=12.4 cm입니다.

10. 1 mm=0.1 cm이므로 15 cm 8 mm=15.8 cm입니다.

11. 1 mm=0.1 cm이므로 10 cm 6 mm=10.6 cm입니다.

12. 1 mm=0.1 cm이므로 4 cm 3 mm=4.3 cm입니다.

05 소수의 크기 비교 (1) 166~167쪽

1. > 2. < 3. >
4. > 5. > 6. >
7. > 8. < 9. >

10.

11.

12.

10. 연두색 줄: $0.8 > 0.4$, 파란색 줄: $0.3 < 0.7$,
$8 > 4$　　　　$3 < 7$

노란색 줄: $0.5 > 0.2$
$5 > 2$

11. 연두색 줄: $0.4 < 0.5$, 파란색 줄: $0.9 > 0.1$,
$4 < 5$　　　　$9 > 1$

노란색 줄: $0.3 < 0.4$, 보라색 줄: $0.4 < 0.6$
$3 < 4$　　　　$4 < 6$

12. 노란색 줄: $0.7 < 0.9$, 연두색 줄: $0.4 < 0.8$,
$7 < 9$　　　　$4 < 8$

보라색 줄: $0.1 < 0.6$, 파란색 줄: $0.3 < 0.5$
$1 < 6$　　　　$3 < 5$

06 소수의 크기 비교 (2) 　168~169쪽

1. >	**2.** <
3. >	**4.** <
5. <	**6.** >
7. <	**8.** >
9. >	**10.** <
11. 파란색	**12.** 초록색
13. 보라색	**14.** 분홍색
15. 파란색	**16.** 보라색
17. 빨간색	

1. $3.6 > 3.4$
$6 > 4$

2. $4.5 < 4.7$
$5 < 7$

5. $3.6 < 8.2$
$3 < 8$

6. $4.3 > 2.7$
$4 > 2$

9. $8.1 > 7.6$
$8 > 7$

10. $4.3 < 6.2$
$4 < 6$

11. $5.4 < 6.2$
$5 < 6$

12. $7.5 > 7.3$
$5 > 3$

13. $4.8 > 3.9$
$4 > 3$

14. $5.7 < 6.7$
$5 < 6$

15. $3.2 < 3.5$
$2 < 5$

16. $2.8 < 3.1$
$2 < 3$

17. $4.9 < 8.3$
$4 < 8$

07 분수와 소수의 크기 비교 　170~171쪽

1. =	**2.** <
3. >	**4.** <
5. <	**6.** >
7. >	**8.** =
9. <	**10.** >

11. 

12. 

13. 

14.

15. 

16. 

17. 

18. 

2. $0.3 = \dfrac{3}{10}$ 이고 $\dfrac{3}{10} < \dfrac{6}{10}$ 이므로 $0.3 < \dfrac{6}{10}$ 입니다.

3. $0.8 = \dfrac{8}{10}$ 이고 $\dfrac{8}{10} > \dfrac{7}{10}$ 이므로 $0.8 > \dfrac{7}{10}$ 입니다.

4. $\dfrac{4}{10} = 0.4$ 이고 $0.4 < 0.9$ 이므로 $\dfrac{4}{10} < 0.9$ 입니다.

5. $\dfrac{6}{10} = 0.6$ 이고 $0.6 < 0.7$ 이므로 $\dfrac{6}{10} < 0.7$ 입니다.

8. $0.8 = \dfrac{8}{10}$ 이고 $\dfrac{8}{10} = \dfrac{8}{10}$ 이므로 $0.8 = \dfrac{8}{10}$ 입니다.

08 집중 연산 ❶　　172~173쪽

1. 4.1, 1.4　　　2. 2.5, 5.2
3. 4.6, 6.4　　　4. 9.8, 8.9
5. 7.3, 3.7　　　6. 4.5, 5.4
7. 2.9, 9.2　　　8. 7.6, 6.7
9. 1.8, 8.1　　　10. 6.2, 2.6
11. 5.8, 8.5

12.
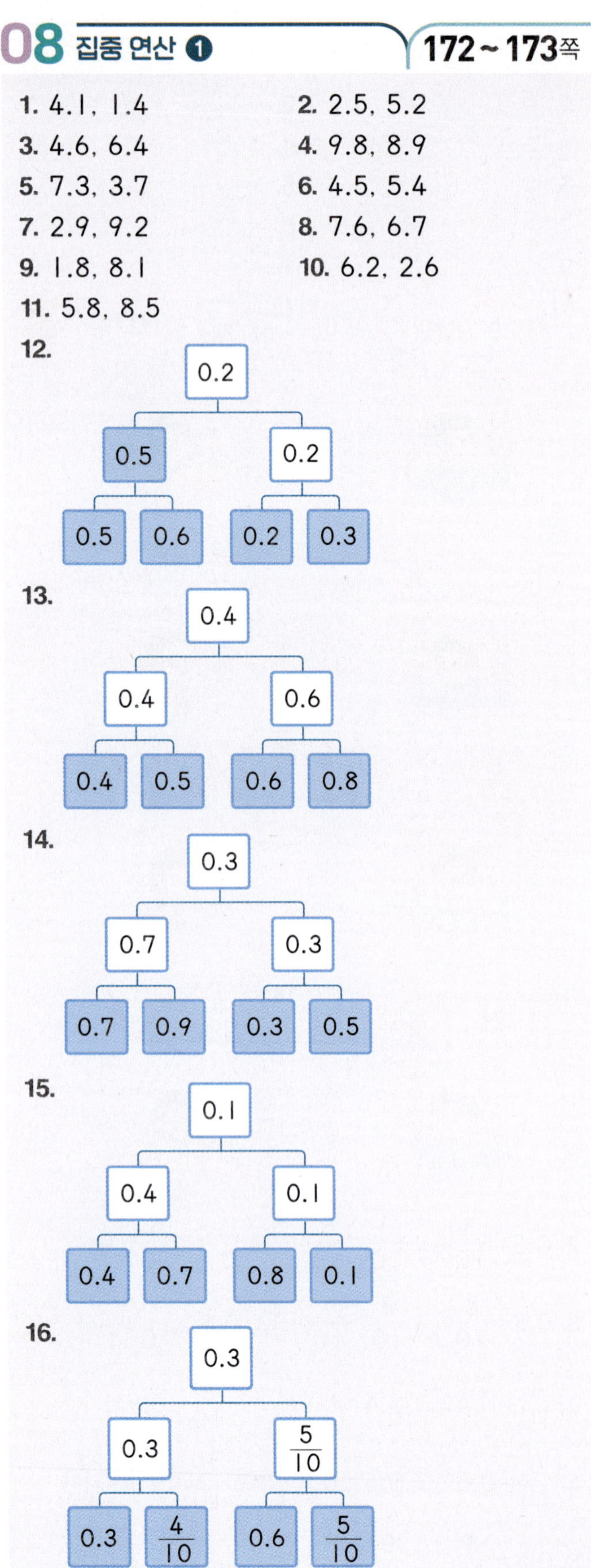

13.

14.

15.

16.

17.
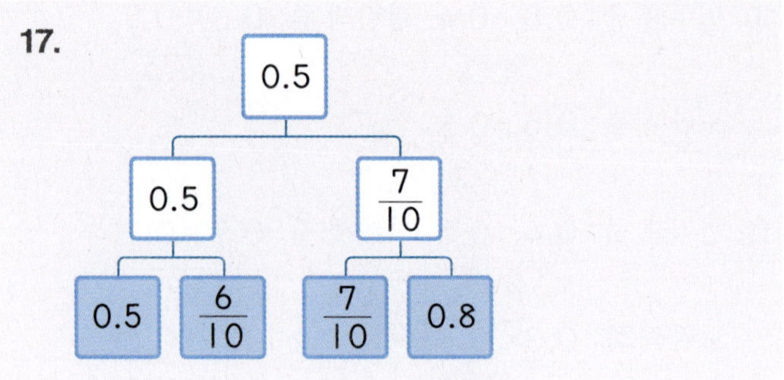

12. 0.2<0.3, 0.5>0.2
13. 0.4<0.5, 0.6<0.8, 0.4<0.6
14. 0.7<0.9, 0.3<0.5, 0.7>0.3
15. 0.4<0.7, 0.8>0.1, 0.4>0.1
16. $0.3<\dfrac{4}{10}$, $0.6>\dfrac{5}{10}$, $0.3<\dfrac{5}{10}$
17. $0.5<\dfrac{6}{10}$, $\dfrac{7}{10}<0.8$, $0.5<\dfrac{7}{10}$

09 집중 연산 ❷　　174~175쪽

1. 2.3 ; 이 점 삼　　　2. 3.5 ; 삼 점 오
3. 4.7 ; 사 점 칠　　　4. 5.4 ; 오 점 사
5. 9　　　6. 8
7. 25　　　8. 34
9. 2.7　　　10. 3.8
11. 1.2　　　12. 1.3
13. 3.6　　　14. 1.8
15. 0.3, 0.5　　　16. 0.6, 0.8
17. 5.4, 9.1　　　18. 6.3, 8.2
19. >, <　　　20. <, >
21. <, <　　　22. >, <
23. >, >　　　24. <, <
25. >, <　　　26. <, >

빅터 연산
플러스 알파　　176쪽

1. 210　　　2. 5050

이쯤에서
실력
체크

수학 단원평가

각종 학교 시험, 한 권으로 끝내자!
수학 단원평가
초등 1~6학년(학기별)

쪽지시험, 단원평가, 서술형 평가 등 다양한 수행평가에 맞는 최신 경향의 문제 수록
A, B, C 세 단계 난이도의 단원평가로 실력을 점검하고 부족한 부분을 빠르게 보충 가능
기본 개념 문제로 구성된 쪽지시험과 단원평가 5회분으로 확실한 단원 마무리

정답은
이안에
있어 !

수학 전문 교재

● 연산 학습

빅터연산	예비초~6학년, 총 20권
창의융합 빅터연산	예비초~4학년, 총 16권

● 개념 학습

개념클릭 해법수학	1~6학년, 학기용

● 수준별 수학 전문서

해결의법칙(개념/유형/응용)	1~6학년, 학기용

● 단원평가 대비

수학 단원평가	1~6학년, 학기용
일등전략 초등 수학	1~6학년, 학기용

● 단기완성 학습

초등 수학전략	1~6학년, 학기용

● 상위권 학습

최고수준 S 수학	1~6학년, 학기용
최고수준 수학	1~6학년, 학기용
최강 TOT 수학	1~6학년, 학년용

● 경시대회 대비

해법 수학경시대회 기출문제	1~6학년, 학기용

예비 중등 교재

● 해법 반편성 배치고사 예상문제	6학년
● 해법 신입생 시리즈(수학/영어)	6학년

맞춤형 학교 시험대비 교재

● 열공 전과목 단원평가	1~6학년, 학기용(1학기 2~6년)

한자 교재

● 한자능력검정시험 자격증 한번에 따기	8~3급, 총 9권
● 씽씽 한자 자격시험	8~5급, 총 4권
● 한자 전략	8~5급II, 총 12권